高等学校电子与通信类专业系列教材

通信原理实践教程

主　编　姜　斌
副主编　居建林
参　编　冯　维　朱　芳
主　审　戴绍港　唐向宏　周雪芳

西安电子科技大学出版社

内容简介

本书是基于武汉凌特公司的通信原理教学平台，依据“通信原理”课程大纲要求编写的实验指导书。全书共39个实验，其中23个为基础验证实验，16个为进阶设计拓展实验。

本书压缩了繁琐的理论指导，紧扣课程实验教学的目标，注重培养学生的实际动手能力和创造能力；对实验案例的分析和讲解力求做到简明、清晰和准确；通过有针对性的实践操作，使学生更高效地掌握相关知识。

本书可作为普通高等学校、成人高等学校通信、电子信息类专业本科生和研究生的教材，也可作为相关专业学生和工程技术人员的参考书。

图书在版编目(CIP)数据

通信原理实践教程/姜斌主编. —西安：西安电子科技大学出版社，2022.8
(2023.8重印)
ISBN 978-7-5606-6551-1

Ⅰ. ①通… Ⅱ. ①姜… Ⅲ. ①通信理论—教材 Ⅳ. ①TN911

中国版本图书馆CIP数据核字(2022)第127218号

策　　划　陈　婷
责任编辑　陈　婷
出版发行　西安电子科技大学出版社(西安市太白南路2号)
电　　话　(029)88202421　88201467　　邮　　编　710071
网　　址　www.xduph.com　　电子邮箱　xdupfxb001@163.com
经　　销　新华书店
印刷单位　陕西天意印务有限责任公司
版　　次　2022年8月第1版　2023年8月第2次印刷
开　　本　787毫米×1092毫米　1/16　印张　12.5
字　　数　294千字
印　　数　1001～3000册
定　　价　34.00元
ISBN 978-7-5606-6551-1 / TN

XDUP 6853001-2

＊＊＊如有印装问题可调换＊＊＊

前　　言

作为高等院校电子信息类专业重要的技术基础课，通信原理具有很强的理论性和实践性，对其进行相应的实验教学对于掌握基础理论知识，培养基本实验技能、专业技术应用能力和职业素质具有重要作用。

本书为通信原理实验课程的配套教材，包括了具有代表性的39个典型实验，其中23个为基础验证实验，16个为进阶拓展实验。全书共分为两个部分：第一部分为基础验证实验，包括信号源和常用仪器使用、信源编码、数字基带传输系统、数字频带传输系统、差错控制编码、同步和复用技术等实验；第二部分为进阶设计拓展实验，包括通信系统综合实验、模拟调制综合实验和新型数字频带调制技术实验。

书中重点阐述了每个实验的目的及原理、实验的内容和步骤以及实验的注意事项等。本书中绝大部分实验的内容丰富，可操作性强，学生可以根据教学学时，结合自己的学习能力进行适当调整。本书既有原理验证型实验，又有综合设计型实验。这样安排既可以保证学生理解与巩固基本知识和理论，训练和掌握基本实验技能，又有助于培养学生通信系统的设计和调试能力，以及独立分析问题、解决问题的能力和严谨的工作作风，为适应日后的工作打下良好的基础。

本书是在杭州电子科技大学通信原理实验课程组全体老师多年积累的丰富教学经验的基础上编写而成的，是集体智慧的结晶。本书由姜斌、居建林、冯维、朱芳等共同编写。姜斌负责全书的统稿和整理工作，居建林负责拟定大纲和审稿，冯维和朱芳负责校对。同时，杭州电子科技大学的戴绍港、唐向宏和周雪芳三位老师为本书的编写提出了许多宝贵的建议和意见。另外，还要特别感谢阮政杰同学在教材编写过程中所做的大量工作。

在本书的编写过程中，有些内容和实验思想参考了国内外众多的相关资料与文献，在此对相关资料的作者表示诚挚的谢意；同时，本书的编写还得到了杭州电子科技大学通信工程学院和武汉凌特电子技术有限公司的大力支持，在此向他们表示衷心的感谢。

由于编者水平有限，经验不足，书中难免有疏漏和不妥之处，恳请广大同行和读者给予批评指正，我们将在今后再版时修订。读者可以通过电子邮件(jiangbin@hdu.edu.cn)与编者联系。

编　者

2022 年 5 月于杭州

目　　录

第一部分　基础验证实验

第二部分　进阶设计拓展实验

第一部分

基础验证实验

第一章 实验准备

本章安排的实验项目内容可分为两部分。第一部分为有关模拟和数字信号的产生及信号特点的内容，实验中通过对信号进行设置，以及对相关仪器进行观察，来加深学生对常用信号的理解。第二部分为常用仪器，如示波器、频谱仪、失真仪、杂音计等的使用内容。

实验 信号源与常用仪器使用实验

一、实验目的

(1) 熟悉各种模拟信号的波形特点、产生方法及其用途。

(2) 熟悉各种数字信号的波形及特点。

(3) 熟悉示波器、频谱仪、噪声计、杂音计的使用方法和简单测量方法。

二、实验原理

1. 基础知识介绍

模拟信号中承载消息的信号参量取值是连续的。如图 1.1.1(a)所示的电话机送出的语音信号，其电压瞬时值是随时间连续变化的。模拟信号有时也称为连续信号，这里连续的含义是指承载消息的参量连续变化，在某一取值范围内可以取无穷多个值，而不一定在时间上也连续。图 1.1.1(b)所示为抽样信号。

数字信号载荷消息的信号参量只有有限个取值，如电报机、计算机输出的信号等。最典型的数字信号是图 1.1.2 所示的只有两种取值的信号，图中码元表示一个符号(数字或字符等)的电波形，它占用一定的时间和带宽。

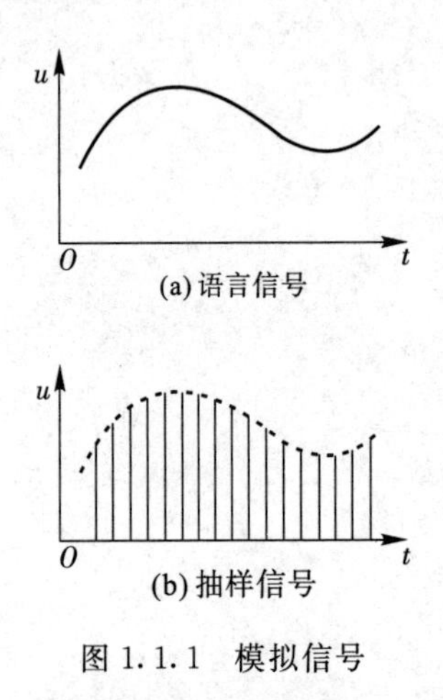

图 1.1.1 模拟信号

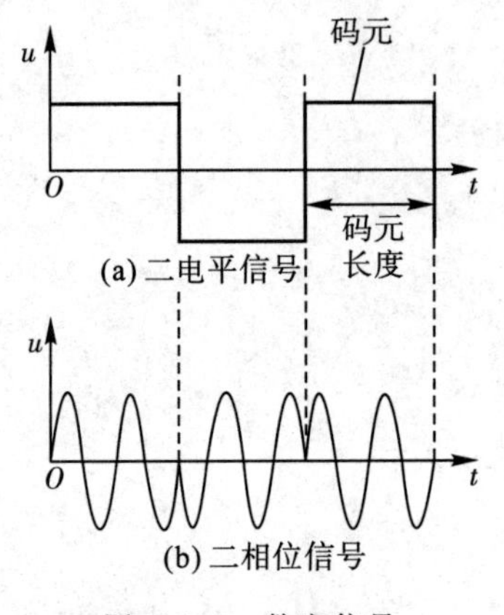

图 1.1.2 数字信号

1）模拟通信系统

模拟通信系统是利用模拟信号来传递信息的通信系统，其模型如图 1.1.3 所示，其中包含两种重要变换。第一种变换在发送端把连续消息变换成原始电信号，在接收端进行相反的变换。这种变换、反变换由信源和信宿来完成。这里所说的原始电信号通常称为基带信号。基带的含义是基本频带，即从信源发出或送达信宿的信号频带，它的频谱通常从零频附近开始，如语音信号的频率范围为 300～3400 Hz，图像信号的频率范围为 0～6 MHz。

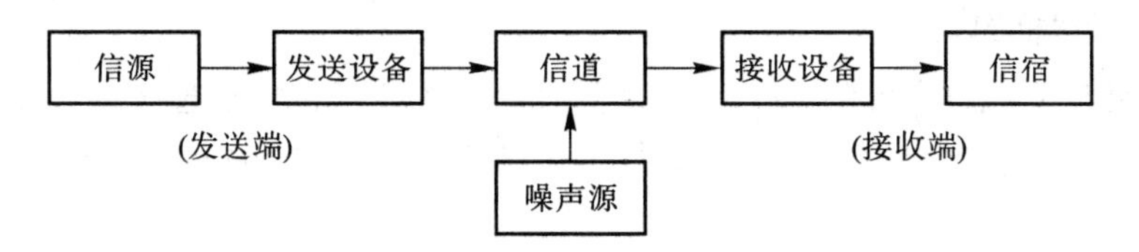

图 1.1.3　模拟通信系统一般模型

有些信道可以直接传输基带信号，而以自由空间作为信道的无线电传输却无法直接传输基带信号。因此，模拟通信系统中常常需要进行第二种变换，即把基带信号变换成适合在信道中传输的信号，并在接收端进行反变换。完成这种变换和反变换的部件通常是调制器和解调器。经过调制以后的信号称为已调信号，它应有两个基本特征：一是携带有信息，二是其频谱通常具有带通形式。因而已调信号又称为带通信号。

应该指出，除了完成上述两种变换的部件外，实际通信系统中可能还有滤波器、放大器、天线等部件。由于上述两种变换起主要作用，而其他过程只是对信号进行放大或缩小等，不会使信号发生质的变化，所以在通信系统模型中不讨论其他部件。为了重点研究调制和解调原理以及噪声对信号传输的影响，可将发送设备和接收设备简化为调制器和解调器，如图 1.1.4 所示。

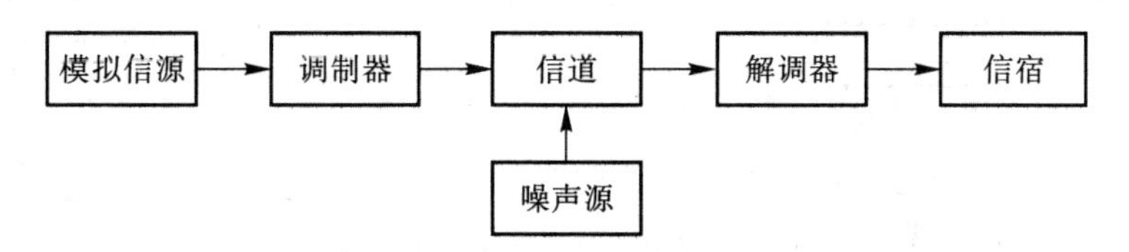

图 1.1.4　模拟通信系统模型

2）数字通信系统

数字通信系统是利用数字信号来传递信息的通信系统，其模型如图 1.1.5 所示。数字通信涉及的技术问题很多，其中主要有信源编码与译码、信道编码与译码、数字调制与解调、同步以及加密与解密等。

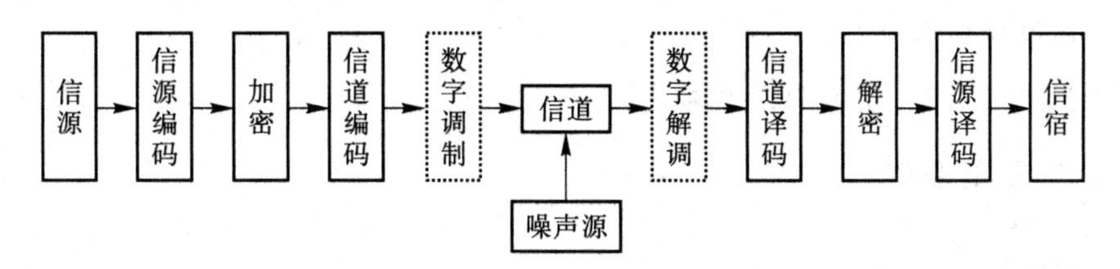

图 1.1.5　数字通信系统模型

在设计和评价一个通信系统时，需要建立一套能反映系统各方面性能的指标体系，也称质量指标，它们是从整个系统的角度综合提出的。

通信系统的性能指标涉及系统的有效性、可靠性、适应性、经济性、标准性和可维护性等。尽管不同的通信业务对系统性能的要求不尽相同，但从研究信息传输的角度来说，有效性和可靠性是通信系统的主要性能指标。所谓有效性，是指传输一定信息量所占用的频带宽度，即频带利用率；可靠性是指传输信息的准确程度，一般使用信噪比或误码率来衡量。不同的通信系统对有效性和可靠性的要求及度量方法也不尽相同。

2. 实验原理框图

本实验使用实验箱内置的 FPGA 模块，通过频率控制、波形选择和 D/A 转换生成不同的模拟信号；通过 PN 码产生器和 FS 帧同步模式选择生成不同的数字信号。本实验原理框图如图 1.1.6 所示。

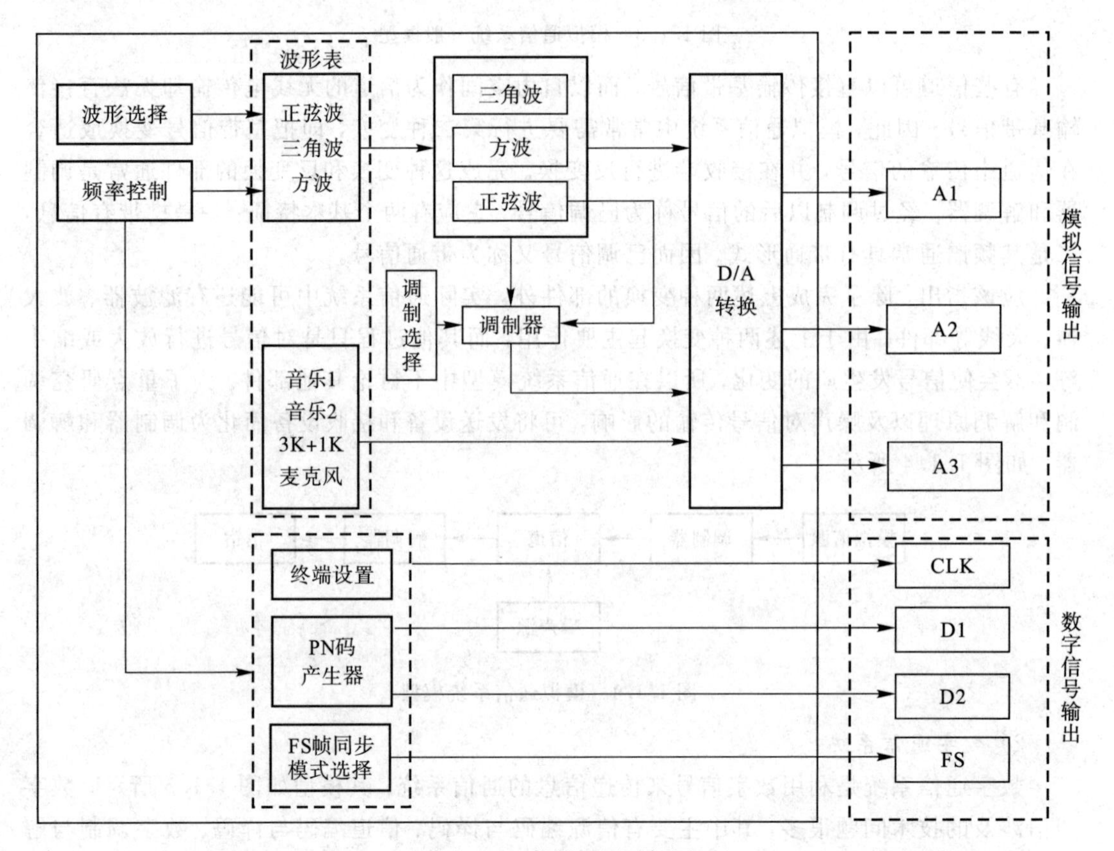

图 1.1.6 信号源原理框图

3. 常用仪器介绍

常用仪器介绍和使用说明详见附录 B。

三、实验内容和步骤

1. 实验仪器

实验仪器包括实验箱、示波器、失真度仪、频谱仪等。

2. 实验步骤

1）实验连线

模块关电，按表 1.1.1 所示进行信号连线，实验交互界面如图 1.1.7 所示。

表 1.1.1 信号连线说明

源端口	目标端口	连线说明
信号源：A1	示波器输入	观测波形
信号源：A2	示波器输入	观测波形
信号源：D1	示波器输入	观测波形
信号源：CLK	示波器输入	观测波形
信号源：FS	示波器输入	观测波形

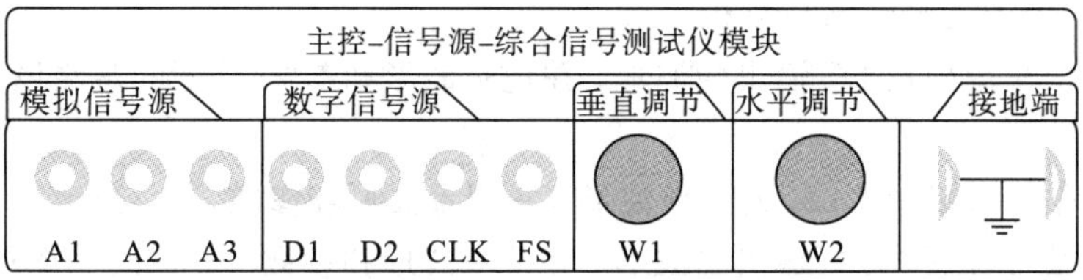

主控-信号源-综合信号测试仪模块
模拟信号源 数字信号源 垂直调节 水平调节 接地端
A1 A2 A3 D1 D2 CLK FS W1 W2

图 1.1.7 实验交互界面

2）检查连线

检查连线是否正确，检查无误后打开实验箱电源。

（1）打开信号源设置：设置 A1 类型为正弦波，频率为 2000 Hz，幅度为 50 左右（滑动幅度滑动条进行设置）。

（2）设置 A2 频率为 4000 Hz，幅度为 50 左右（滑动幅度滑动条进行设置）。

（3）设置 A3 类型为 1K＋3K 正弦波，幅度为 50 左右（滑动幅度滑动条进行设置）。

（4）设置 D1 类型为 PN15，频率为 2000 Hz。

（5）设置 FS 类型为 FS2。

3）模拟信号源波形观测与分析

（1）观测信号源模块 A1 输出的信号波形，记录波形和参数，并尝试改变 A1 为其他类型信号进行观测和记录。

（2）观测信号源模块 A2 输出的信号波形，记录波形和参数。

（3）观测信号源模块 A3 输出的信号波形，记录波形和参数，并尝试改变 A3 为其他类型信号进行观测和记录。

4）模拟信号的特性参数观测与分析

（1）正确连接示波器和失真度仪。

（2）设置 A1 信号频率为 2 kHz 不变，改变 A1 电平的 U_{PP} 分别为“0.5 V”“2 V”“4 V”（参考值），分别记录 A1 输出信号电平的实测峰峰值 U_{PP}、有效值 U_{rms} 和失真度 K。

参考U_{PP}	0.5 V	2 V	4 V
实测峰峰值U_{PP}			
有效值U_{rms}			
失真度K			

(3) 设置A1电平的U_{PP}为3 V不变，改变A1频率分别为“500 Hz”“2000 Hz”“6000 Hz”(参考值)，分别记录A1输出信号电平的实测峰峰值U_{PP}、有效值U_{rms}和失真度K。

参考频率值	500 Hz	2000 Hz	6000 Hz
实测峰峰值U_{PP}			
有效值U_{rms}			
失真度K			

5) 数字信号源波形观测与分析

(1) 观测信号源模块D1输出的波形，并记录波形和参数。D2的观测设置和方法与D1类似。

(2) 观测信号源模块CLK输出的波形，并记录波形和参数。

(3) 观测信号源模块FS输出的波形，并记录波形和参数。尝试改变FS为其他类型进行观测和记录。

6) 频谱观测与分析

设置频谱仪参数中心频率为32 kHz，扫频宽度为64 kHz，分辨率带宽为3 kHz，扫频时间为1 s。

(1) 观测模拟信号A3频谱特性，绘图并标注特征参数。

(2) 设置D1频率为32 kHz，观测数字信号D1、CLK的频谱特性，绘图并标注特征参数。

7) 实验结束

关闭电源，整理数据完成实验报告。

四、思考题

(1) 分析示波器显示峰峰值出现毛刺的原因。

(2) 比较示波器测量的峰峰值和失真度仪测量的有效值，分析产生误差的原因。

(3) 分析时钟信号及数字信号产生的方法，叙述其功用。

(4) 记录波形并与理论信号进行比较分析，叙述产生偏差的原因。

(5) 记录实验过程中遇到的问题并进行分析，提出改进建议。

(6) 简述实验室安全注意事项。

第二章　信源编码实验

信源编码是为了减少信源输出符号序列中的剩余度，提高符号的平均信息量，对信源输出的符号序列所施行的变换。具体来说，就是针对信源输出符号序列的统计特性来寻找某种方法，把信源输出符号序列变换为最短的码字序列，使后者的各码元所载荷的平均信息量最大，同时又能保证无失真地恢复原来的符号序列。

实验2-1　验证抽样定理实验

一、实验目的

（1）掌握自然抽样及平顶抽样的原理和实现方法。

（2）理解低通滤波器的幅频特性、相频特性对抽样信号恢复的影响。

（3）通过信号频谱分析验证抽样定理。

二、实验原理

1. 实验原理

1）低通模拟信号的抽样定理

模拟信号通常是在时间上连续的信号。在一系列离散点上，对这种信号抽取样值称为抽样。理论上，抽样过程可以看作是周期性单位冲激脉冲(impulse)和此模拟信号相乘。抽样结果得到的是一系列周期性的冲激脉冲，其面积和模拟信号的取值成正比。实际上这一过程是用周期性窄脉冲代替冲激脉冲与模拟信号相乘。

抽样所得离散冲激脉冲显然和原始连续模拟信号形状不一样。可以证明，对一个带宽有限的连续模拟信号进行抽样时，若抽样速率足够大，使用这些抽样值就能够完全代表原模拟信号，并且能够由这些抽样值准确地恢复出原模拟信号波形。因此可以只传输这些离散的抽样值，而不需要传输模拟信号本身，接收端就能恢复原模拟信号。描述这一抽样速率条件的定理就是抽样定理。抽样定理为模拟信号的数字化奠定了理论基础。

抽样定理指出：设一个连续模拟信号$m(t)$中的最高频率小于f_H，则以间隔时间为$T_s\leqslant 1/(2f_s)$的周期性冲激脉冲对它抽样时，$m(t)$将被这些抽样值所完全确定。由于抽样时间间隔相等，所以此定理又称为均匀抽样定理。

证明抽样定理可以参考“通信原理”课程相关内容。这里还需要说明恢复原信号的条件是：$f_s\geqslant 2f_H$，即抽样频率f_s应不小于f_H的2倍。这一最低抽样速率$2f_H$称为奈奎斯特抽样速率。与此相应的最大抽样时间间隔称为奈奎斯特抽样间隔。

若抽样速率f_s低于奈奎斯特抽样速率$2f_H$，则相邻周期的频谱间将发生频谱重叠，因而不能正确分离出原始信号频谱$M(f)$。

在实验中理想滤波器是无法实现的。实用滤波器的截止边缘不可能做到如此陡峭，所以实用的抽样频率 f_s 必须比 $2f_H$ 大得多一些。例如，典型电话信号的最高频率通常限制在 3400 Hz，而抽样频率通常采用 8000 Hz。

2）带通模拟信号的抽样

设带通模拟信号的频带限制在 f_L 和 f_H 之间，即其频谱最低频率大于 f_L，最高频率小于 f_H，信号带宽 $B=f_H-f_L$，此带通模拟信号所需最小抽样频率 f_s 为

$$f_s=2B\left(1+\frac{k}{n}\right) \tag{2.1.1}$$

式中，B 为信号带宽，n 为商(f_H/B)的整数部分，k 为商(f_H/B)的小数部分($0\leqslant k<1$)。

带通抽样定理从频率上很容易解释，当信号最高频率 f_H 等于信号带宽 B 的整数时，即 $f_H=nB$ 时(n 为大于 1 的整数)，按照低通抽样定理，抽样频率若满足 $f_s\geqslant 2nB$ 条件，则抽样后的频谱不会发生重叠。然而按照带通抽样定理，若抽样频率满足 $f_s=2B$，则抽样后的频谱仍然不会发生重叠。

当信号最高频率 f_H 不等于信号带宽 B 的整数时，即 $f_H=nB(1+k/n)$ 时(其中 $0\leqslant k<1$)，若要求抽样后频谱仍然不产生重叠，则需要满足其他条件。

2. 实验原理框图

本实验原理框图如图 2.1.1 所示。

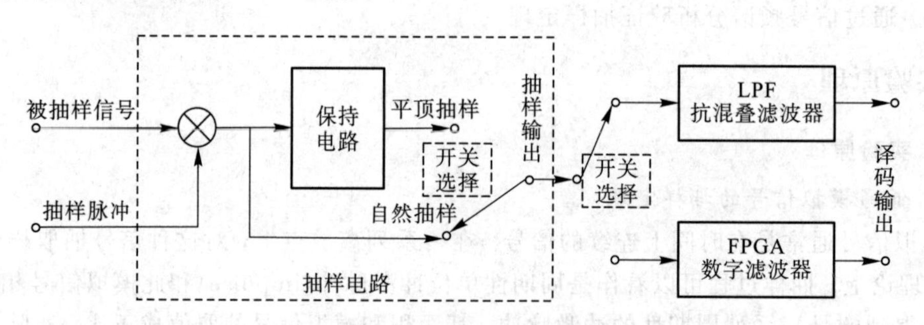

图 2.1.1 抽样定理原理框图

抽样信号由抽样电路产生。将输入的被抽样信号与抽样脉冲相乘就可以得到自然抽样信号，自然抽样的信号经过保持电路得到平顶抽样信号。平顶抽样和自然抽样信号是通过开关 S1 切换输出的。

抽样信号的恢复，将抽样信号经过低通滤波器，即可得到恢复的信号。本实验滤波器可以选用抗混叠滤波器(8 阶 3.4 kHz 的巴特沃斯低通滤波器)或 FPGA 数字滤波器(有 FIR、IIR 两种)。反 sinc 滤波器不是用来恢复抽样信号的，而是用来应对孔径失真现象的。

实验通过不同频率的抽样时钟，从时域和频域两方面观测自然抽样和平顶抽样的输出波形，以及信号恢复的混叠情况，从而了解不同抽样方式的输出差异和联系，验证抽样定理。

三、实验内容和步骤

1. 实验仪器

实验仪器包括实验箱、示波器、失真度仪和频谱仪等。

2. 实验步骤

1）实验连线

模块关电，按表 2.1.1 所示进行信号连线，实验交互界面如图 2.1.2 所示。

表 2.1.1　信号连线说明

源端口	目标端口	连线说明
信号源：A3	模块 3：TH1(被抽样信号)	将被抽样信号送入抽样单元
信号源：A1	模块 3：TH2(抽样脉冲)	提供抽样时钟
模块 3：TH3(抽样输出)	模块 3：TH5(LPF－IN)	送入模拟低通滤波器

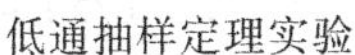

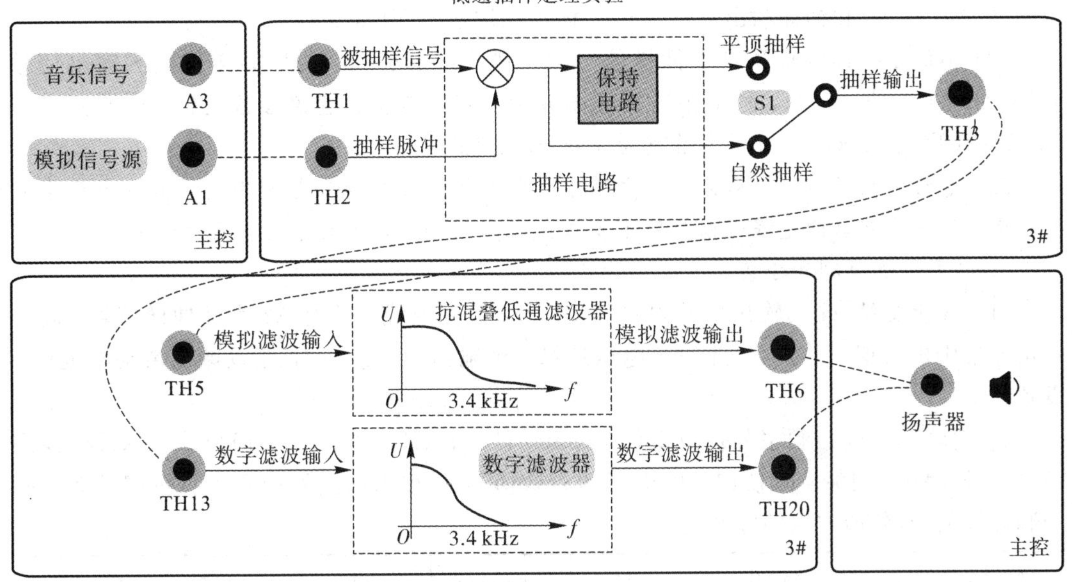

图 2.1.2　实验交互界面

2）检查连线

检查连线是否正确，检查无误后打开实验箱电源。

(1) 将实验模块开电，在显示屏主界面选择【实验项目】→【信源编译码】→【抽样定理实验】。

(2) 点击屏幕中的模拟信号源(抽样脉冲信号 A1)，设置 A1 的输出信号类型为方波，频率为 8000 Hz，占空比为 25%，幅度可设置为 100%(电压峰峰值输出为 3 V 左右即可)。

(3) 点击屏幕中的音乐信号(即被抽样信号 A3)，设置音乐信号的输出为 3 K+1 K 正弦合成波，幅度可设置为 100%(电压峰峰值输出为 3 V 左右即可)。

3）抽样定理观测和分析

(1) 观测并记录抽样脉冲信号 A1 与抽样信号 A3，记录波形和参数。

(2) 观测并记录平顶抽样前后的信号波形：设置 3 号模块的开关 S1 为“平顶抽样”挡位，用示波器分别观测并记录主控模块的 A3 和抽样输出 TH3，记录波形和参数。

(3) 观测并记录自然抽样前后的信号波形：设置 3 号模块的开关 S1 为“自然抽样”挡位，用示波器分别观测并记录主控模块的 A3 和抽样输出 TH3，记录波形和参数。

(4) 观测并对比自然抽样恢复后模拟滤波信号 TH6 与被抽样信号 A3，记录波形和参数。

(5) 满足抽样定理条件下抽样信号的频谱观测和分析。

使用频谱仪观测输出信号 TH6(对比抽样信号 A3)，画出频谱特征图并记录特征参数。建议参数设置：中心频率为 5 kHz、跨屏为 10 kHz、分辨率带宽为 300 Hz、扫描时间为 1 s。

4) 抽样定理验证和分析

(1) 验证不满足条件下的抽样定理。点击屏幕中的模拟信号源，设置 A1 的输出信号频率为 5000 Hz，设置 3 号模块的开关 S1 为“自然抽样”挡位，再次用示波器分别观测并记录被抽样信号 A3 和抽样输出信号 TH3、模拟滤波输出 TH6。

(2) 不满足抽样定理条件下抽样信号的频谱观测和分析。使用频谱仪观测输出信号 TH6(对比抽样信号 A3)，画出频谱特征图并记录特征参数。建议参数设置：中心频率为 5 kHz、跨屏为 10 kHz、分辨率带宽为 300 Hz、扫描时间为 1 s。

注： 通过观测频谱可以看到，当抽样脉冲小于 2 倍被抽样信号频率时，信号会产生混叠。使用数字滤波器的过程可以参照模拟滤波器方法实现，大家可以自己尝试操作。

5) 频率特性观测和分析

(1) 重新设置 A1 的输出信号频率为 8 kHz，改变连线，设置 A2 为被抽样信号。同时点击屏幕中的模拟信号源，设置 A2 电压的峰峰值输出为 2 V 左右(滑动幅度滑动条进行设置)。

(2) 改变 A2 输出频率分别为 250 Hz、500 Hz、1 kHz、2 kHz、3 kHz、3.9 kHz，观测输出信号 TH6，用失真度仪记录的电压的有效值 U_{rms} 和用示波器记录电压的峰峰值，并绘制峰峰值-有效值双纵轴频率图。

频率参考值 f	250 Hz	500 Hz	1 kHz	2 kHz	3 kHz	3.9 kHz
峰峰值 U_{PP}						
有效值 U_{rms}						

6) 实验结束

关闭电源，整理数据完成实验报告。

四、思考题

(1) 分析电路的工作原理，叙述其工作过程。

(2) 滤波器的幅频特性是如何影响抽样恢复信号的？

(3) 简述平顶抽样和自然抽样的原理及实现方法。

(4) 实验任务中采用 1K＋3K 正弦合成波作为被抽样信号，而不是单一频率的正弦波，在实验过程中波形变化的观测上有什么区别？对抽样定理理论和实际的研究有什么意义？

(5) 为什么采用低通滤波器就可以完成 PAM 解调?

(6) 画出系统的频率特性曲线，分析低通滤波器对输出的波形的影响。

(7) 记录实验过程中遇到的问题并进行分析，提出改进建议。

实验 2-2　PCM 调制解调实验

一、实验目的

(1) 掌握 PCM 脉冲编码调制与解调的原理。

(2) 掌握 PCM 脉冲编码调制与解调系统的动态范围和频率特性的定义及测量方法。

(3) 了解脉冲编码调制信号的频谱特性。

(4) 通过对电路组成、波形和所测数据的分析，深入理解这种调制方式的优缺点。

二、实验原理

1. 实验原理

在通信技术中为了获取最大的经济效益，就必须充分利用信道的传输能力，扩大通信容量。因此，采取多路化制式是极为重要的通信手段。最常用的多路复用体制是频分多路复用(FDM)通信系统和时分多路复用(TDM)通信系统。频分多路技术是利用不同频率的正弦载波对基带信号进行调制，把各路基带信号频谱搬移到不同的频段上，在同一信道上传输。时分多路系统则是利用不同时序的脉冲对基带信号进行抽样，把抽样后的脉冲信号按时序排列起来，在同一信道中传输。

PCM 编码即脉冲编码调制，它是一种将模拟语音信号变换成数字信号的编码方式，是在发送端对输入的模拟信号进行抽样、量化和编码的。编码后的 PCM 信号是一个二进制数字序列。在接收端，PCM 信号经译码后还原为量化值序列(含有误差)，再经过低通滤波器滤出高频分量，便可得到重建的模拟信号。在语音通信中，通常采用非均匀量化的 8 位 PCM 编码就能保证满意的通信质量。

模拟信号进行抽样后，其抽样值还是随信号幅度连续变化的，当这些连续变化的抽样值通过有噪声的信道传输时，接收端就不能对所发送的抽样准确地估值。如果发送端用预先规定的有限个电平来表示抽样值，且电平间隔比干扰噪声大，则接收端将有可能对所发送的抽样准确地估值，从而有可能消除随机噪声的影响。

PCM 主要包括抽样、量化与编码三个过程，其调制的过程如图 2.2.1 所示。在抽样前，通常需要预先滤波。预滤波是为了把原始语音信号的频带限制在 300～3400 Hz，所以预滤波会引入一定的频带失真。抽样是把时间连续的模拟信号转换成时间离散、幅度连续的抽样信号；量化是把时间离散、幅度连续的抽样信号转换成时间离散、幅度离散的数字信号；编码是将量化后的信号编码形成一个二进制码组输出。国际标准化的 PCM 码组(电话语音)是用八位码组代表一个抽样值。编码后的 PCM 码组经数字信道传输，在接收端用二进制码组重建模拟信号，在解调过程中，一般采用抽样保持电路。

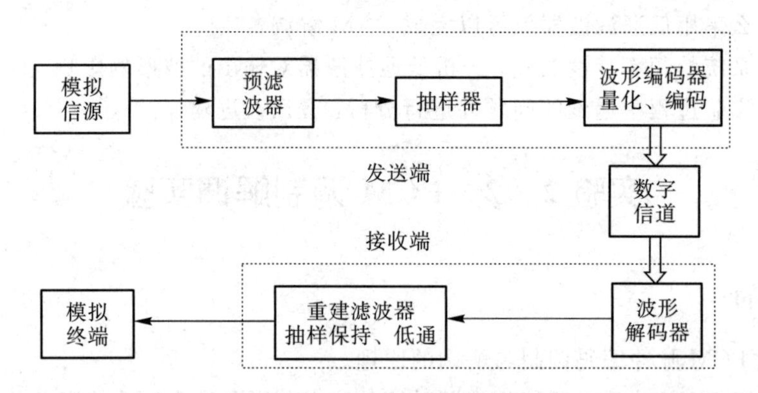

图 2.2.1 PCM 调制原理框图

在整个 PCM 系统中，重建信号的失真主要来源于量化以及信道传输误码。通常，用信号与量化噪声的功率比，即信噪比 S/N 来表示失真。国际电报电话咨询委员会(ITU－T)详细规定了它的指标，还规定比特率为 64 Kb/s，使用 A 律或 μ 律编码律。下面将详细介绍 PCM 编码的整个过程，由于抽样原理已在前面实验中详细讨论过，故在此只讲述量化及编码的原理。

1）量化

从数学上来看，量化就是把一个连续幅度值的无限数集合映射成一个离散幅度值的有限数集合。如图 2.2.2 所示，量化器 Q 输出 L 个量化值 y_k，$k=1, 2, 3, \cdots, L$。y_k 常称为重建电平或量化电平。当量化器输入信号幅度 x 落在 x_k 与 x_{k+1} 之间时，量化器输出电平为 y_k。这个量化过程可以表达为

$$y=Q(x)=Q\{x_k<x\leqslant x_{k+1}\}=y_k, \qquad k=1, 2, 3, \cdots, L \tag{2.2.1}$$

式中，x_k 称为分层电平或判决阈值。通常 $\Delta_k=x_{k+1}-x_k$ 称为量化间隔。

图 2.2.2 模拟信号的量化

模拟信号的量化分为均匀量化和非均匀量化。把输入模拟信号的取值域按等距离分割的量化称为均匀量化。在均匀量化中，每个量化区间的量化电平均取在各区间的中点，如图 2.2.3 所示。其量化间隔(量化台阶)Δv 取决于输入信号的变化范围和量化电平数。当输入信号的变化范围和量化电平数确定后，量化间隔也被确定。例如，输入信号的最小值和最大值分用 a 和 b 表示，量化电平数为 M，那么，均匀量化的量化间隔为

$$\Delta v=\frac{b-a}{M} \tag{2.2.2}$$

量化器输出 m_q 为

$$m_q=q_i, \quad m_{i-1}<m\leqslant m_i$$

式中，m_i 为第 i 个量化区间的终点，可写成：

$$m_i=a+i\Delta v \tag{2.2.3}$$

q_i 为第 i 个量化区间的量化电平，可表示为

$$q_i=\frac{m_i+m_{i-1}}{2}, \qquad i=1, 2, \cdots, M \tag{2.2.4}$$

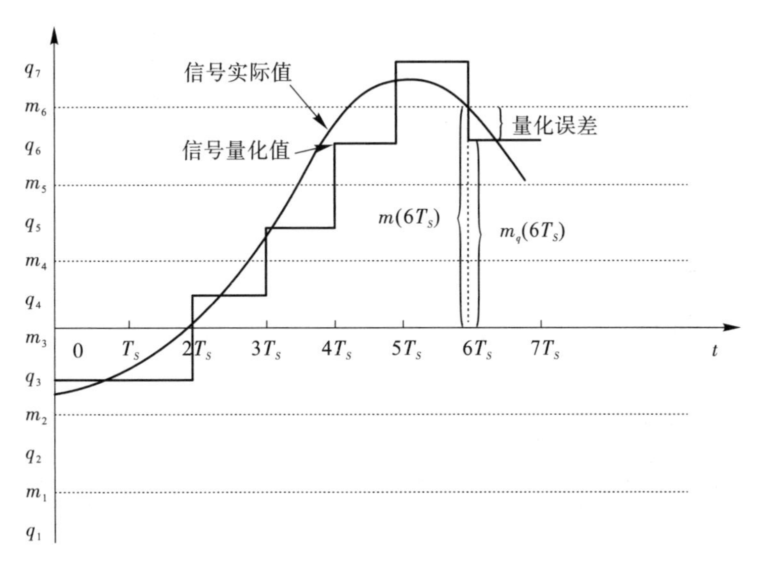

图 2.2.3　均匀量化过程示意图

均匀量化的主要缺点是，无论抽样值大小如何，量化噪声的均方根值都固定不变。因此，当信号 $m(t)$ 较小时，则信号量化噪声功率比也就很小，这样，对于弱信号的量化信噪比就难以达到给定的要求。通常，把满足信噪比要求的输入信号取值范围定义为动态范围，可见，均匀量化时的信号动态范围将受到较大的限制。为了克服这个缺点，实际中，往往采用非均匀量化。

非均匀量化是根据信号的不同区间来确定量化间隔的。对于信号取值小的区间，其量化间隔 Δv 也小；反之，量化间隔就大。它与均匀量化相比，有两个突出的优点。首先，当输入量化器的信号具有非均匀分布的概率密度(实际中常常是这样)时，非均匀量化器的输出端可以得到较高的平均信号量化噪声功率比；其次，非均匀量化时，量化噪声功率的均方根值基本上与信号抽样值成比例。因此量化噪声对大、小信号的影响大致相同，即改善了小信号时的量化信噪比。

实际中，非均匀量化的实际方法通常是将抽样值通过压缩再进行均匀量化。通常使用的压缩器中，大多采用对数式压缩。广泛采用的两种对数压缩律是 μ 压缩律和 A 压缩律。美国采用 μ 压缩律，我国和欧洲各国均采用 A 压缩律。

A 压缩律具有如下特性：

$$y=\frac{Ax}{1+\ln A},\quad 0<X<\frac{1}{A} \tag{2.2.5}$$

$$y=\frac{1+\ln Ax}{1+\ln A},\quad \frac{1}{A}\leqslant X<1 \tag{2.2.6}$$

A 律压扩特性是连续曲线，A 值不同压扩特性亦不同，在电路上实现这样的函数规律是相当复杂的。实际中，往往都采用近似于 A 律函数规律的 13 折线($A=87.6$)的压扩特性。这样，它基本上保持了连续压扩特性曲线的优点，又便于用数字电路实现，图 2.2.4 表示这种压扩特性。

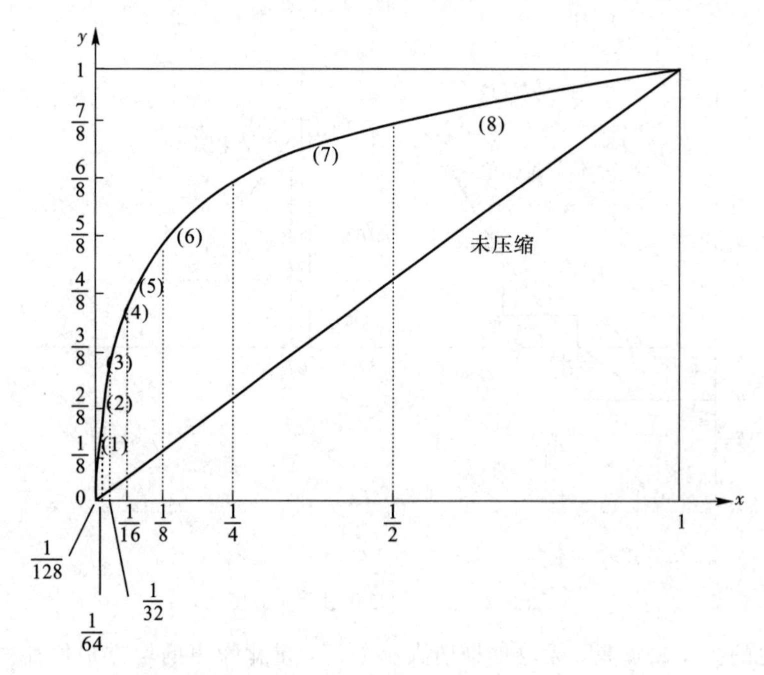

图 2.2.4　13 折线法编码原理

13 折线时的 x 值与计算 x 值的比较关系，如表 2.2.1 所示。

表 2.2.1　13 折线时的 x 值与计算 x 值的比较

y	0	$\frac{1}{8}$	$\frac{2}{8}$	$\frac{3}{8}$	$\frac{4}{8}$	$\frac{5}{8}$	$\frac{6}{8}$	$\frac{7}{8}$	1
x	0	$\frac{1}{128}$	$\frac{1}{60.6}$	$\frac{1}{30.6}$	$\frac{1}{15.4}$	$\frac{1}{7.79}$	$\frac{1}{3.93}$	$\frac{1}{1.98}$	1
按折线分段时的 x	0	$\frac{1}{128}$	$\frac{1}{64}$	$\frac{1}{32}$	$\frac{1}{16}$	$\frac{1}{8}$	$\frac{1}{4}$	$\frac{1}{2}$	1
段落	1	2	3	4	5	6	7	8	
斜率	16	16	8	4	2	1	$\frac{1}{2}$	$\frac{1}{4}$	

由表 2.2.1 可见，13 折线各段落的分界点与曲线十分逼近，同时按 2 的幂次分割有利于数字化。

2）*编码*

所谓编码，就是把量化后的信号变换成二进制码，其相反的过程称为译码。当然，这里的编码和译码与差错控制编码和译码是完全不同的，前者是属于信源编码的范畴。

在现有的编码方法中，若按编码的速度来分，大致可分为低速编码和高速编码两大类。通信中一般都采用第二类。

在满足一定信噪比条件下，编译码系统所对应的音频信号的幅度范围定义为动态范围。通常规定音频信号的频率为 800 Hz(或 1000 Hz)，动态范围应大于 CCITT(国际电报、电话咨询委员会)建议的框架(样板值)，如图 2.2.5 所示。

动态范围的测试框图如图 2.2.6 所示。

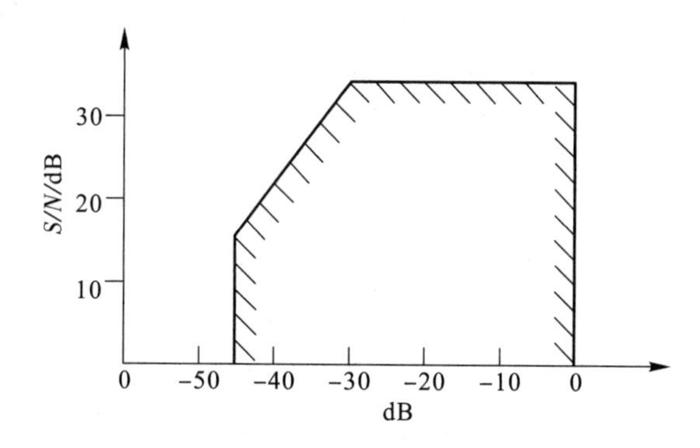

图 2.2.5　PCM 编译码系统动态范围样板值

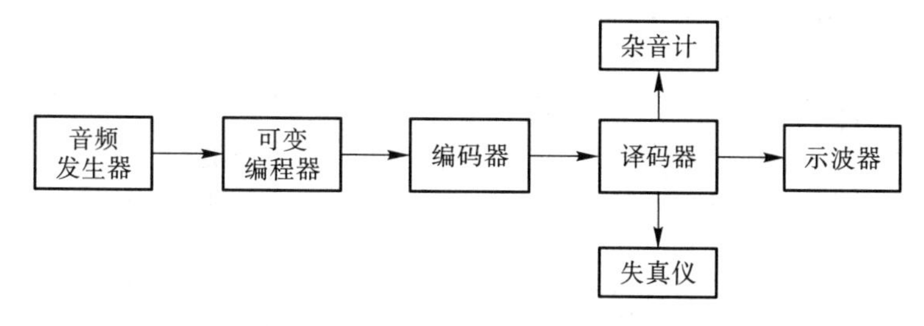

图 2.2.6　动态范围测试框图

2. 实验原理框图

PCM 编码过程是将音乐信号或正弦波信号，经过抗混叠滤波(其作用是滤波 3.4 kHz 以外的频率，防止 A/D 转换时出现混叠的现象)。抗混叠滤波后的信号经 A/D 转换，然后做 PCM 编码。由于 G.711 协议规定 A 律的奇数位取反，μ 律的所有位都取反。因此编码后的数据需要经 G.711 协议的变换输出。PCM 译码过程是 PCM 编码逆向的过程，不再赘述。

本实验原理框图如图 2.2.7 所示。

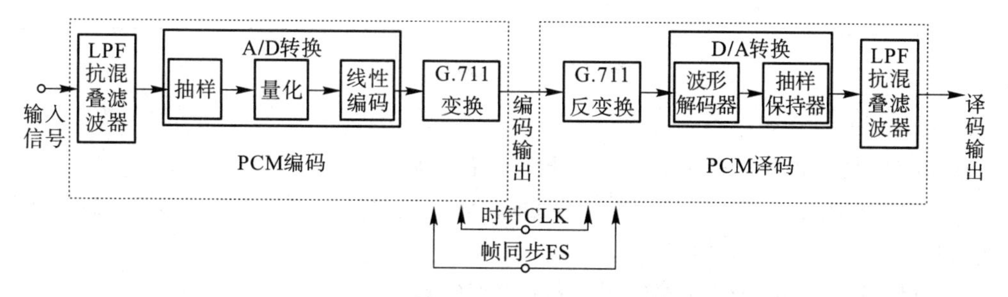

图 2.2.7　PCM 编译码实验框图

三、实验内容和步骤

1. 实验仪器

实验仪器包括实验箱、示波器、失真度仪和噪声计等。

2. 实验步骤

1) 实验连线

模块关电，按表 2.2.2 所示进行信号连线，实验交互界面如图 2.2.8 所示。

表 2.2.2 信号连线说明

源端口	目的端口	连线说明
信号源：A1(正弦波 2 kHz)	模块 3：TH5(LPF - IN)	信号送入前置滤波器
模块 3：TH6(LPF - OUT)	模块 3：TH13(编码-编码输入)	提供音频信号
信号源：CLK(256 kHz)	模块 3：TH9(编码-时钟)	提供编码时钟信号
信号源：FS(8 kHz)	模块 3：TH10(编码-帧同步)	提供编码帧同步信号
模块 3：TH14(编码-编码输出)	模块 3：TH19(译码-输入)	接入译码输入信号
信号源：CLK	模块 3：TH15(译码-时钟)	提供译码时钟信号
信号源：FS	模块 3：TH16(译码-帧同步)	提供译码帧同步信号

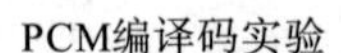

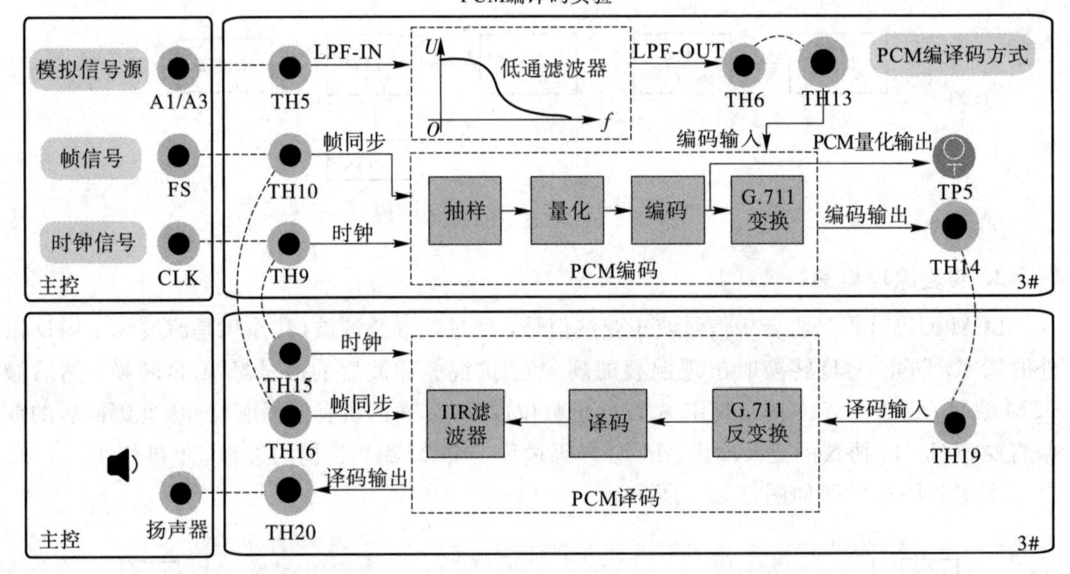

图 2.2.8 实验交互界面

2) 检查连线

检查连线是否正确，检查无误后打开实验箱电源。

(1) 将实验模块开电，在显示屏主界面选择【实验项目】→【信源编译码】→【PCM 编译码实验】。

(2) 点击【PCM 编译码方式】，选择【*A* 律编码】。

(3) 点击屏幕中的【模拟信号源】，设置 A1 的输出信号类型为正弦波、频率为 2 kHz、电压的峰峰值可设置为 3 V 左右。

(4) 点击屏幕中的【时钟信号】，设置时钟信号的频率为 256 kHz，即此时 PCM 编码和译码时钟为 256 kHz 方波。

(5) 点击屏幕中的【帧信号】，设置 FS 输出为 FS1，即编码及译码帧同步信号 FS 为 8 kHz。

3) PCM 编译码观测和分析

(1) 以时钟信号 CLK 为触发源，观测帧信号 FS 波形，记录波形和参数。

(2) 以帧信号 FS 为触发源，观测编码输入信号 TH13，记录波形和参数。记录波形后不要调节示波器，因为正弦波的位置需要和编码输出的位置对应。

（3）在保持设置不变的情况下，以帧信号 FS 为触发源观测 PCM 量化输出 TP5，记录波形和参数。

（4）再以帧信号 FS 为触发源，观测 PCM 编码的 A 律编码输出波形 TH14，记录波形和参数。整个过程中，保持示波器设置不变。

（5）对比观测输入信号 A1 和译码输出信号 TH20，记录波形和参数。

注：点击【PCM 编译码方式】，选择【μ 律编码】。重复(1)～(5)，请同学们自行尝试。

4）动态范围观测和分析

测量时，保持电路连线，即保持输入正弦信号 A1 的频率为 1 kHz 不变，改变输入信号 A1 的幅度值分别为 5 V、1.5 V、0.5 V、0.15 V，在译码输出端 TH20 测出相应电压的峰峰值和有效值、失真度以及系统的噪声值，从而计算出 S/N 值。将测试数据填入下表，并绘制动态范围曲线。

提醒：使用杂音计测量噪声时，请移除输入信号 A1。建议参数设置：阻抗 10 kΩ、滤波器不加权方式、有效值 200 ms(根据探头抖动情况调整)。

	0 dB	−10 dB	−20 dB	−30 dB
峰峰值参考值 U_{PP}	5 V	1.5 V	0.5 V	0.15 V
峰峰值实测值 U_{PP}				
有效值 U_{rms}				
失真度值 K				
噪声值 N				
S/N(计算)				

5）频率特性观测和分析

保持输入正弦信号 A1 电压的峰峰值为 2 V，改变输入信号 A1 的频率值分别为 250 Hz、500 Hz、1 kHz、2 kHz、3 kHz、4 kHz，在译码输出端 TH20 测出相应电压的峰峰值、有效值，从而验证整个系统的频率特性。将测试数据填入下表，并绘制峰峰值-有效值双纵轴频率图。

频率参考值 f	250 Hz	500 Hz	1 kHz	2 kHz	3 kHz	4 kHz
峰峰值 U_{PP}						
有效值 U_{rms}						

6）实验结束

关闭电源，整理数据完成实验报告。

四、思考题

（1）分析实验电路的工作原理，叙述其工作过程。

（2）根据实验测试记录画出各测量点的波形图，并分析实验现象(注意对应相位关系)。

（3）改变基带信号幅度时，波形是否变化？改变时钟信号频率时，波形是否发生变化？

(4) 当编码输入信号的频率大于 3400 Hz 或小于 300 Hz 时，分析脉冲编码调制和解调波形。

(5) 为什么实验时观察到的 PCM 编码信号码型总是变化的？

(6) 记录实验过程中遇到的问题并进行分析，提出改进建议。

(7) 简述欧美及我国常用的语音编码技术。

实验 2-3 Δm 编译码实验

一、实验目的

(1) 掌握增量调制编译码的基本原理。

(2) 了解不同速率的编译码原理及低速率编译码时的输出波形。

(3) 熟悉增量调制系统在不同工作频率、信号频率和幅度下输入信号的特点。

二、实验原理

1. 增量调制原理

增量调制简称为 Δm，它是继 PCM 后出现的又一种模拟信号数字化方法。近年来在高速超大规模集成电路中用作 A/D 转换器。增量调制获得应用的主要原因是：

(1) 在比特率较低时，增量调制的量化信噪比高于 PCM。

(2) 增量调制的抗误码性能好。增量调制能工作于误比特率为 $10^{-2}\sim10^{-3}$ 的信道，而 PCM 则要求误比特率为 $10^{-4}\sim10^{-6}$。

(3) 增量调制的编译码器比 PCM 简单。

我们知道，一位二进制码只能代表两种状态，当然就不能表示抽样值的大小。可是用一位码却可以表示相邻抽样值的相对大小，而相邻抽样值的相对变化将能同样反馈模拟信号的变化规律。为了证明这一点，我们通过下面的例子来说明。

设一个频带受限的模拟信号如图 2.3.1 中的 $m(t)$ 所示，此模拟信号用一个阶梯波形 $m'(t)$ 来逼近。在图中，若用二进制码的“1”代表 $m'(t)$ 在给定时刻上升一个台阶 σ，用“0”表示 $m'(t)$ 下降一个台阶 σ，则 $m'(t)$ 就被一个二进制的序列所表征。

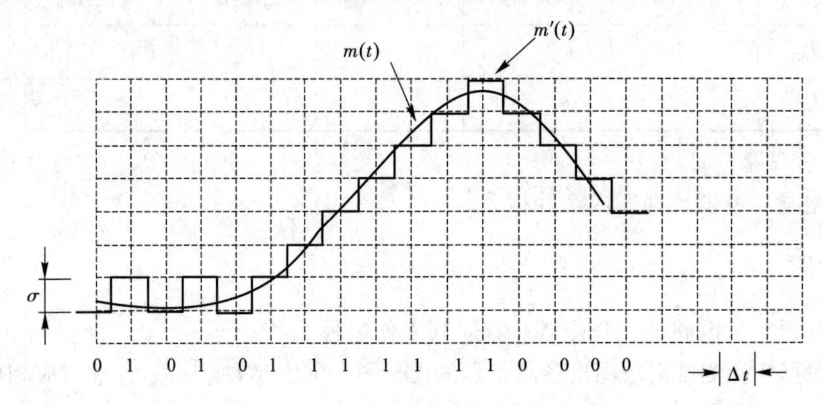

图 2.3.1 增量调制波形示意图

一个简单的 Δm 系统组成如图 2.3.2 所示。它由相减器、判决器、本地译码器、积分器、抽样脉冲产生器(脉冲源)及低通滤波器组成。本地译码器实际为脉冲发生器和积分器，它与接收端的译码器完全相同。

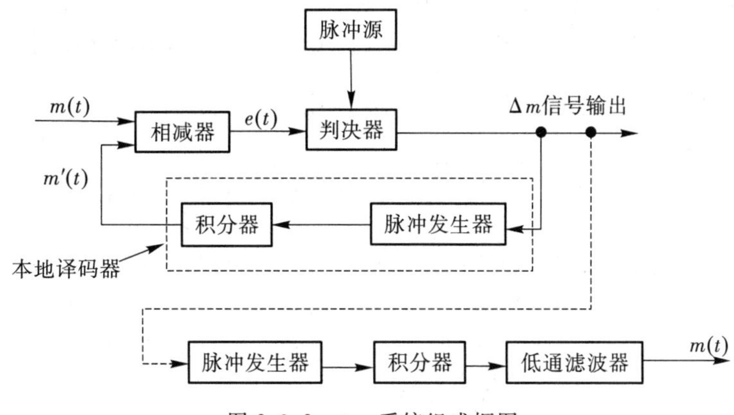

图 2.3.2　Δm 系统组成框图

其工作过程如下：消息信号 $m(t)$ 与来自积分器的信号 $m'(t)$ 相减后，得到量化误差信号 $e(t)$。如果在抽样时刻 $e(t)>0$，判决器(比较器)输出则为“1”；反之，$e(t)<0$ 时则为“0”。判决器输出一方面作为编码信号经信道送往接收端，另一方面又送往编码器内部的脉冲发生器：“1”产生一个正脉冲，“0”产生一个负脉冲，积分后得到 $m'(t)$。由于 $m'(t)$ 与接收端译码器中积分输出信号是一致的，因此 $m'(t)$ 常称为本地译码信号。接收端译码器与发送端编码器中本地译码部分完全相同，只是积分器输出再经过一个低通滤波器，以滤除高频分量。

下面进一步举例阐述简单增量调制的工作过程。

设 $m(t)$ 为单一的正弦波信号，频率为 1000 Hz 的模拟语音信号加入到发端编码器的输入端，如图 2.3.3 所示。

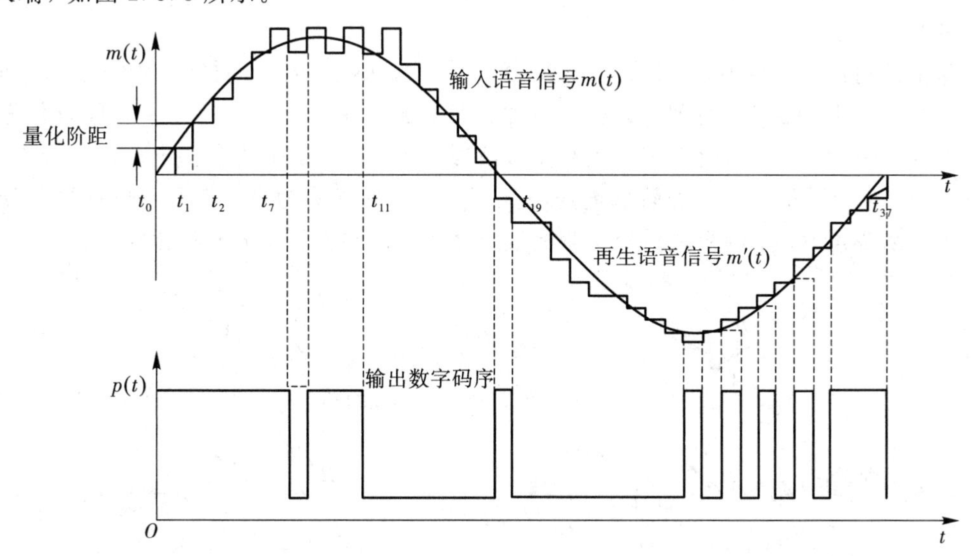

图 2.3.3　增量调制编码输出波形

由图 2.3.3 可知，根据上述编码规则，在 $t_0 \sim t_7$ 时刻，输入信号的正斜率增大，并且是连续上升的，即 $e(t)>0$ 时，编码器连续输出"1"码；在 $t_7 \sim t_{11}$ 时刻，输入信号相对平稳，$e(t)$一会儿大于 0，一会儿又小于 0，则编码器输出码型也是一会儿输出"1"码，一会儿输出"0"码。在 $t_{19} \sim t_{37}$ 时刻，可根据编码规则，输出其相应的二进制数字信号。

在接收端，译码器的电路与工作过程同发送端编码器中的本地译码器完全相同。

理论上，简单增量调制的最大信号量化噪声比 $\left(\dfrac{S}{N_q}\right)_{max}$ 为

$$\left(\frac{S}{N_q}\right)_{max}=20\lg\left[0.2\lg\left(0.2\frac{f_s^{3/2}}{f_a^{1/2}\cdot f_c}\right)\right]\ (\text{dB}) \tag{2.3.1}$$

在式(2.3.1)中，f_s 是抽样频率，f_a 是低通滤波器的截止频率，f_c 是信号频率。

当 $f_s=32$ kHz，$f_a=3.4$ kHz，$f_c=1$ kHz 时，有

$$\left(\frac{S}{N_q}\right)_{max}=20\lg\left[0.2\lg\left(0.2\frac{32_s^{3/2}}{3.4_s^{1/2}\cdot 1}\right)\right]=25.8\ (\text{dB})$$

由于语音信号幅度的变化范围较宽，为了获得满意的通话质量，语音信号的动态范围至少要达到 30 dB 才能满足通话的要求，然而，信号的幅度与信号量化噪声比的变化有关，所以，还必须分析在不同语音信号幅度时的信号量化噪声比。

当信号幅度的最大值为 A_{max}，信号的幅度为 A 时，对应的信噪比如下：

$$\frac{S}{N_q}=\frac{A/\sqrt{2}}{N_q}=\frac{A_{max}/\sqrt{2}}{N_q}\cdot\frac{A}{A_{max}}=\left(\frac{S}{N_q}\right)_{max}\cdot\frac{A}{A_{max}} \tag{2.3.2}$$

由(2.3.2)式可知，任意幅值信号的信噪比与最大信噪比减小的分贝数，等于信号幅度值较 A_{max} 减小的分贝数。

如果 $\left(\dfrac{S}{N_q}\right)_{max}=25.8$ dB，而信号在其所要求的动态范围内幅度下降 20 dB，信号量化噪声比为 25.8 dB－20 dB＝5.8 dB，当信号量化噪声比为 5.8 dB 时，已不能满足保证语音质量的基本要求。

从上述讨论可以看出，Δm 信号是按台阶 σ 来量化的，因而同样存在量化噪声问题。Δm 系统中的量化噪声有两种形式：一种称为过载量化噪声，另一种称为一般量化噪声，如图 2.3.4 所示。过载量化噪声发生在模拟信号斜率陡变时，由于阶梯电压波形跟不上信号的变化，形成了很大失真的阶梯电压波形，这样的失真称为过载现象，也称过载噪声；如果无过载噪声发生，则模拟信号与阶梯波形之间的误差就是一般的量化噪声。

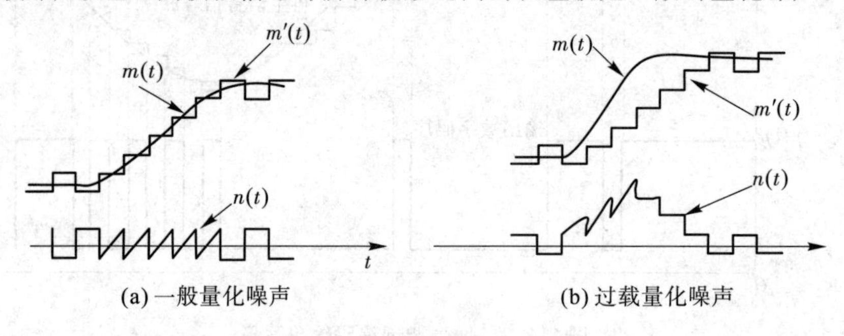

图 2.3.4　两种形式的量化噪声

综上所述，简单增量调制电路在实际通信中没有得到应用是因为它的信号量化噪声比小，主要是量化阶距(量阶)δ 固定不变，即为均匀量化。对均匀量化而言，如果量阶 δ 取值较大，则信号斜率变化较小的信号量化噪声(又称颗粒噪声)就大；如果量阶 δ 取值较小，则信号斜率较大的量化噪声(又称过载噪声)就大。均匀量化无法使两种噪声同时减小，这样就使得信号的动态范围变窄，但是它为增量调制技术提供了理论基础。

在语音通信中应用较为广泛的是音节压扩自适应增量调制。它在数字码流中提取脉冲控制电压，经过音节平滑，按音节速率(也就是语音音量的平均周期)去控制量化阶距 δ 的。在各种音节压扩自适应增量调制中，连续可变斜率增量调制(CVSD)系统用得较多。

2. 实验原理框图

本实验原理框图如图 2.3.5 所示。

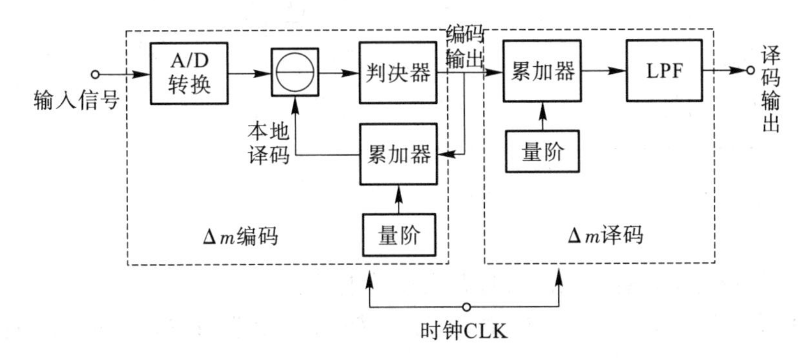

图 2.3.5　Δm 编译码原理框图

编码输入信号与本地译码的信号相比较，如果大于本地译码信号则输出正的量阶信号，如果小于本地译码则输出负的量阶信号。然后，量阶会对本地译码的信号进行调整，也就是编码部分“+”运算。编码输出是将正量阶变为 1，负量阶变为 0。

三、实验内容和步骤

1. 实验仪器

实验仪器包括实验箱、示波器、失真度仪和噪声计等。

2. 实验步骤

1）实验连线

模块关电，按表格 2.3.1 所示进行信号连线，实验交互界面如图 2.3.6 所示。

表 2.3.1　信号连线说明

源端口	目标端口	连线说明
信号源：CLK	模块 3：TH9(编码-时钟)	提供编码时钟
信号源：CLK	模块 3：TH15(译码-时钟)	提供译码时钟
信号源：A1	模块 3：TH5(LPF－IN)	送入低通滤波器
模块 3：TH6(LPF－OUT)	模块 3：TH13(编码-编码输入)	提供编码信号
模块 3：TH14(编码-编码输出)	模块 3：TH19(译码-译码输入)	提供译码信号

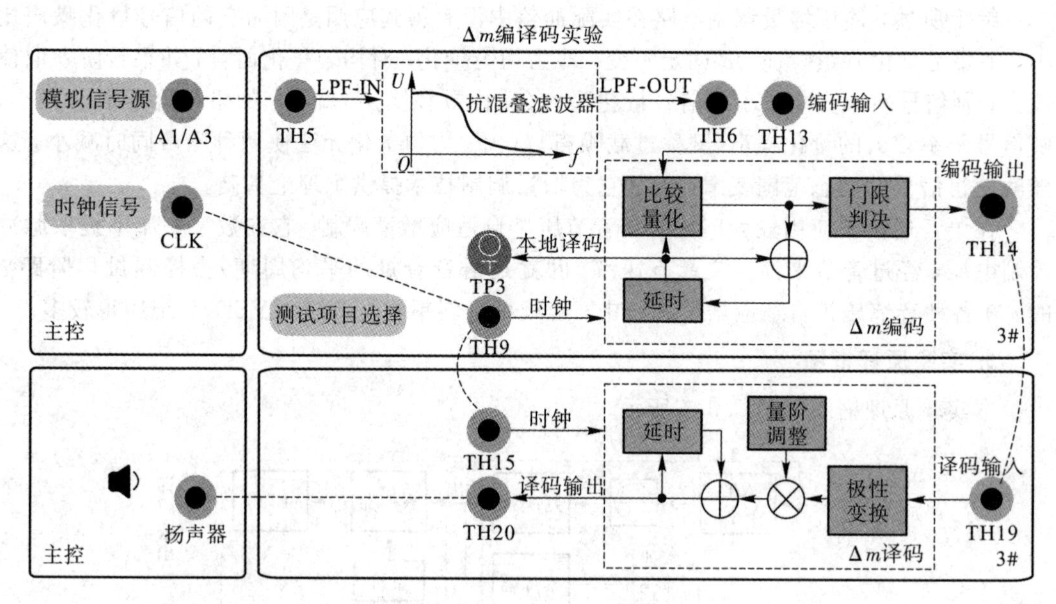

图 2.3.6 实验交互界面

2）检查连线

检查连线是否正确，检查无误后打开实验箱电源。

(1) 将实验模块开电，在显示屏主界面选择【实验项目】→【信源编译码】→【Δ*m* 编译码实验】。

(2) 点击屏幕中的“模拟信号源”，设置 A1 的输出信号类型为正弦波、频率为 2 kHz，电压峰峰值设置为 1 V(输出电压峰峰值设为 1 V 左右即可)。

(3) 点击屏幕中的“时钟信号”，设置时钟信号 CLK 的频率为 32 kHz，此时编码和译码时钟为 32 kHz 方波。

3）Δ*m* 编译码观测与分析

(1) 以 CLK 为触发，观测输入正弦波信号 A1，记录波形和参数。

(2) 观测抗混叠滤波器前后 TH5 和 TH6 的波形，记录波形和参数。

(3) 在保持设置不变的情况下，以 CLK 为触发，观测 Δ*m* 编码输出信号 TH14，记录波形和参数。

(4) 参考输入信号 A1，观测本地译码信号 TP3 和编码输出信号 TH14，记录波形和参数。

4）Δ*m* 编译码频率特性观测和分析

测量时，保持电路连线，保持输入信号 A1 的电平峰峰值为 1 V 左右，改变输入信号 A1 的频率分别为 500 Hz、1 kHz、2 kHz、3 kHz、5 kHz，在译码输出端 TH20 测出相应电平的有效值、失真度和噪声值，从而计算出 *S*/*N* 值并验证整个系统的频率特性。将观测的数据填入下表，并绘制信噪比特性和频率特性曲线。

频率参考值 f	500 Hz	1 kHz	2 kHz	3 kHz	5 kHz
有效值 U_{rms}					
失真度值 K					
噪声值 N					
S/N(计算)					

4) 实验结束

关闭电源，整理数据完成实验报告。

四、思考题

(1) 简述简单增量调制技术工作过程。

(2) 根据实验测试记录，画出各测量点的波形图，并分析实验现象。

(3) 集成化 Δm 编译码系统由哪些部分构成？各部分的作用是什么？

(4) 记录实验过程中遇到的问题并进行分析，提出改进建议。

实验 2-4　CVSD 编译码实验

一、实验目的

(1) 掌握 CVSD 工作原理。

(2) 了解 Δm 增量调制与 CVSD 工作原理的不同之处及性能上的差别。

二、实验原理

1. 实验原理

连续可变斜率增量调制(Continuously Variable Slope Delta Modulation，CVSD)编码器、解码器框图如图 2.4.1 所示。

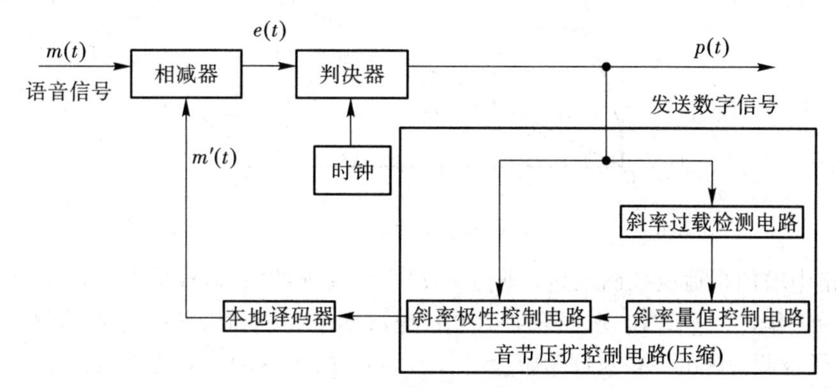

(a) 发送端的编码器

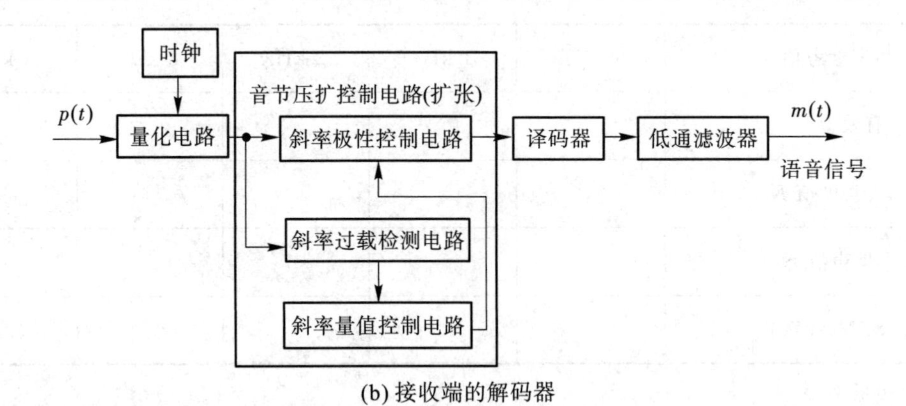

(b) 接收端的解码器

图 2.4.1 CVSD 编码器和解码器框图

由图 2.4.1 可知，与 Δm 增量调制相比，发送端的编码器在反馈回路中增加了自适应控制电路，即音节压扩控制电路，它由三个部分组成：

(1) 斜率过载检测电路：又称电平检测电路，用来检测过载状态，它由一个 4 bit 移位寄存器构成，移位寄存器由 D 触发器、与门、或门共同组成，输出为四连“1”码或四连“0”码。

(2) 斜率量值控制电路：由 RC 音节平滑滤波器、电压电流转换器和非线性网络组成，用来转换量化阶距 δ 的大小。

(3) 斜率极性控制电路：由脉冲幅度调制器和积分网络组成，用来转化量化阶距的极性。当 $e(t)\geqslant 0$ 时，输出为正极性；当 $e(t)<0$ 时，输出为负极性。

CVSD 编译码电路的工作过程如下：在输入端，语音信号 $m(t)$ 与语音信号 $m'(t)$ 进行比较，将其比较的结果 $e(t)$ 值进行判决，若 $e(t)\geqslant 0$，则 $p(t)$ 输出“1”码，若 $e(t)<0$，则 $p(t)$ 输出为“0”码，这同简单增量调制器编码方式是相同的。当输入语音信号 $m(t)$ 中连续出现上升沿或下降沿，或者说输入信号中正斜率增大或负斜率增大，在编码器的输出端 $p(t)$ 中将出现连续的“1”码或“0”码，这样，如果不增加自适应控制电路，则将会出现 $m'(t)$ 无法跟踪 $m(t)$ 信号，而出现过载现象，如图 2.4.2 所示。

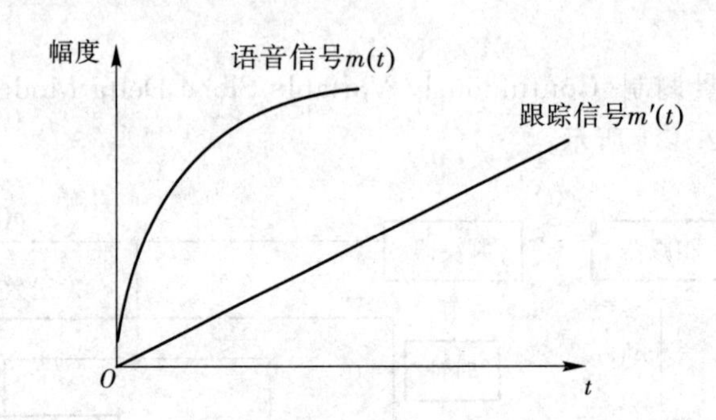

图 2.4.2 $m'(t)$ 无法跟踪 $m(t)$ 信号的变化而造成过载现象

若电路中增加自适应控制电路，则当 $p(t)$ 中出现连续“1”码或“0”码时，斜率过载检测电路则开始工作，当 $p(t)$ 出现连续的四个“1”码或四个“0”码时，斜率过载检测器对反馈信号 $p(t)$ 进行检测，输出一些宽度为 $T_{\alpha}=(K-2)T_{s}$ 的正脉冲，K 是连码的个数，T_{s} 是取样信号周期，并将它们输入到斜率量值控制电路。

因斜率量值器是由 RC 音节平滑滤波器、电压电流转换器和非线性网络组成，因而 RC 音节平滑滤波器把正脉冲序列进行平滑滤波，变成连续缓慢变化的近似直流控制电压，其变化的周期等于一个音节时间(约 10 ms)。当 $p(t)$出现“1”码增多时，斜率过载检测器输出的正脉冲数就相对增多，充电时间相对增长，放电时间相对缩短，因此，直流控制电压升高。电压电流转换器把 RC 音节平滑滤波器输出的控制电压转换为控制电流，非线性网络利用控制电流的变化规律来跟随输入信号斜率的变化，提高自适应能力，扩大其动态范围。

另外，斜率过载检测电路内部的 $p(t)$输出信号还接至斜率极性控制电路内的脉幅调制器的输入端，与来自斜率量值控制电路的输出信号一起加到脉幅调制器的另一输入端，因斜率极性控制电路由脉幅调制器和积分网络组成，经过脉幅调制电路和积分网络后控制量阶极性；另一方面，PC 音节平滑滤波器输出的电压来改变量阶大小，两方面结合，自适应调节量阶变化。

检测到三连“1”码或者是三连“0”码时启动量阶调整，则称为 3 bit 规则。若为四连“1”码或者四个连“0”码，则称为 4 bit 规则。也就是说，CVSD 的量阶变化主要是由连码检测规则决定的，因发送端的编码器是以反馈方式工作，即量阶 δ 是从输出码流中检测到的，因此，如果输入信号正斜率增加，码流中连“1”码就增多；如果负斜率增加，则连“0”码增多。对 CVSD 而言，只要把包络音节时间内连“1”码或连“0”码的次数逐一检测出来，经过音节平滑，形成控制电压，就能得到不同输入信号斜率量阶值，如此再生信号 $m(t)$能始终跟踪语音信号 $m(t)$的变化，也就是说当语音信号斜率小时，它的量阶值则小，当语音信号的斜率大时，它的量阶自适应增大，也就是量阶值随输入信号 $m(t)$斜率变化而做自适应和调整。图 2.4.3 展示了 CVDS 编码器正常编码时的波形。

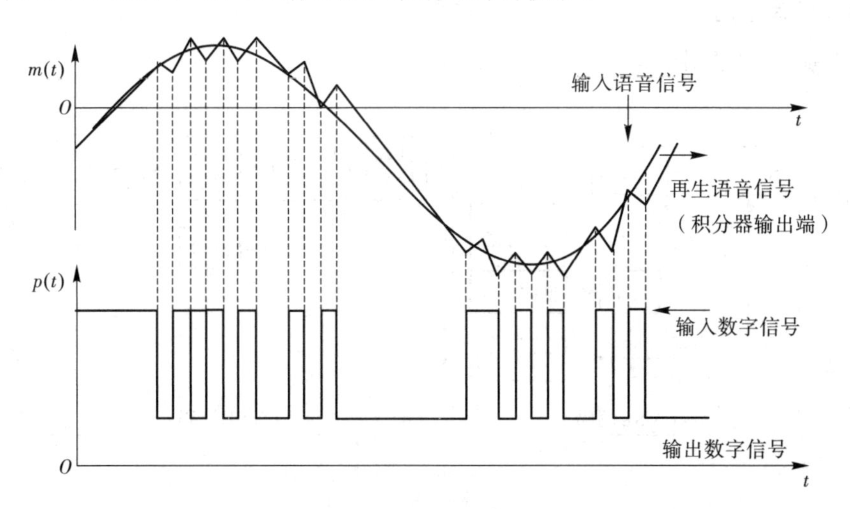

图 2.4.3　CVSD 编码器正常编码时的波形

在前面曾经提到过一个名词叫“音节”，本段对其进行说明。语音信号 $m(t)$是一种缓慢变化的信号，在语音信号中包含了多种频率成分，语音信号的幅度也是随机变化的。如果用语音频谱仪观察其语音信号，可以看到 300～3400 Hz 的带宽内，除了各种频率分量的瞬间幅度变化外，还有一个随音量而变化的包络线。该包络线的频率约为 100 Hz(即周期为 10 ms)，称为包络音节。包络音节远小于单字音节，所谓单字音节是语言中按元音来划分的音节。表 2.4.1 是几种语言单字音节统计值。从表 2.4.1 中可清楚看出汉语的单字音节为 125 ms，而汉语的包络音节约为 10 ms 左右。

表 2.4.1 常见语种音节速率和周期

语种	音节速率	音节周期
汉语	8 个/s	125 ms
法语	6 个/s	166 ms
英语	3.7 个/s	270 ms
大洋洲语	0.8 个/s	1250 ms

需要进一步说明的是，语音信号大约需要 150～250 ms 的时间才能被人耳感觉到。从表 2.4.1 来看，这大约是一个单字音节的数量级，从实际实验试听效果来看，按包络音节速率进行压扩，其效果是最好的，因为无论哪种语言，如果按包络音节调整信号幅度，按照人耳能够响应的速度来看，已经是相当自然的了。由此可见，音节压扩的量化阶距 δ 在单音频信号的一个周期甚至几个周期内的数值是不变的，只是随着信号在一个包络音节时间的斜率成比例地改变。

在接收端，在 CVSD 解码器的方框图中，也同样增加了自适应控制装置和反馈部分，其作用与发送端的编码器一样。正因如此，CVSD 编码器与解码器在电路结构上只有很小的差别，因此加上一些转换控制电路就可以使它们两者完全兼容。

2. 实验原理框图

本实验原理框图如图 2.4.4 所示。

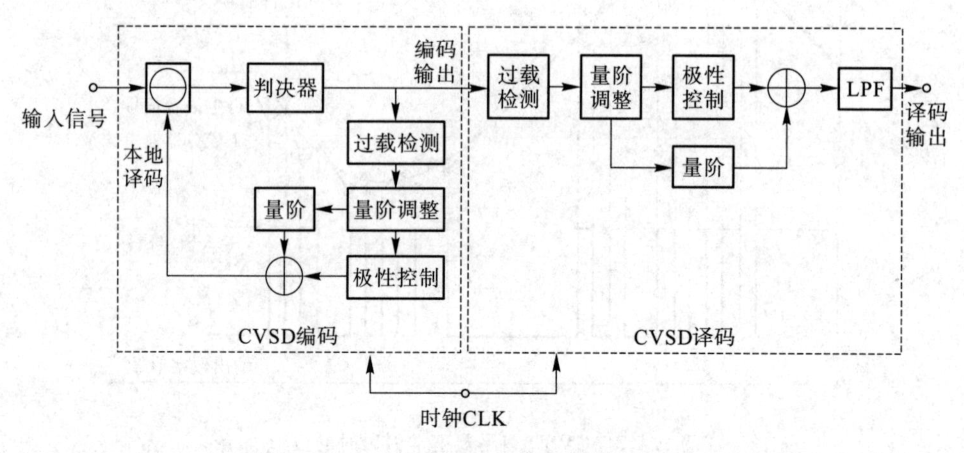

图 2.4.4 CVSD 编译码原理框图

与 Δm 相比，CVSD 多了量阶调整的过程。而量阶是根据一致脉冲进行调整的。一致性脉冲是指比较结果连续四个相同就会给出一个脉冲信号，这个脉冲信号就是一致脉冲。其他的编译码过程均与 Δm 一样。

三、实验内容和步骤

1. 实验仪器

实验仪器包括实验箱、示波器、失真度仪和噪声计等。

2. 实验步骤

1) 实验连线

模块关电，按表 2.4.2 所示进行信号连线，实验交互界面如图 2.4.5 所示。

表 2.4.2 信号连线说明

源端口	目标端口	连线说明
信号源：CLK	模块 3：TH9(编码-时钟)	提供编码时钟
信号源：CLK	模块 3：TH15(译码-时钟)	提供译码时钟
信号源：A1	模块 3：TH5(LPF - IN)	送入低通滤波器
模块 3：TH6(LPF - OUT)	模块 3：TH13(编码-编码输入)	提供编码信号
模块 3：TH14(编码-编码输出)	模块 3：TH19(译码-译码输入)	提供译码信号

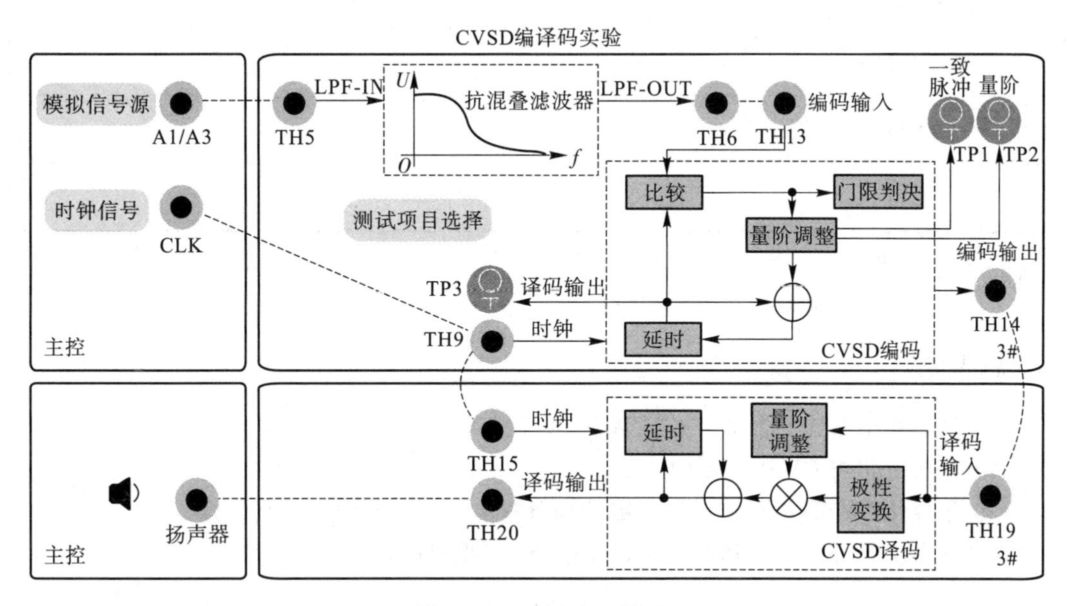

图 2.4.5 实验交互界面

2) 检查连线

检查连线是否正确，检查无误后打开实验箱电源。

(1) 将实验模块开电，在显示屏主界面选择【实验项目】→【信源编译码】→【CVSD 编译码实验】。

(2) 点击屏幕中的“模拟信号源”，设置 A1 的输出信号类型为正弦波、频率为 2 kHz，电平峰峰值设置为 1 V(输出电压的峰峰值为 1 V 左右即可)。

(3) 点击屏幕中的“时钟信号”，设置时钟信号 CLK 的频率为 32 kHz，此时编码和译码时钟为 32 kHz 方波。

3）实验操作及波形观测与分析

（1）以 CLK 为触发，观测输入信号 A1，记录波形和参数。

（2）观测抗混叠滤波器前后 TH5 和 TH6 的波形，记录波形和参数。

（3）在保持示波器设置不变的情况下，以 CLK 为触发观测编码输出信号 TH14，记录波形和参数。

（4）参考输入信号 A1，观测比较本地译码信号 TP3 和 CVSD 编码输出信号 TH14，记录波形和参数。

（5）参考输入信号 A1，观测 CVSD 译码输出信号 TH19，记录波形和参数。

4）CVSD 编译码频率特性观测和分析

测量时，保持电路连线，保持输入信号 A1 的电平峰峰值为 1 V 左右，改变输入信号 A1 的频率分别为 500 Hz、1 kHz、2 kHz、3 kHz、5 kHz，在译码输出端 TH20 测出相应电平的有效值、失真度和噪声值，从而计算出 S/N 值并验证整个系统的频率特性。将观测的数据填入下表，并绘制信噪比特性和频率特性曲线。

频率参考值 f	500 Hz	1 kHz	2 kHz	3 kHz	5 kHz
有效值 U_{rms}					
失真度值 K					
噪声值 N					
S/N					

5）实验结束

关闭电源，整理数据完成实验报告。

四、思考题

（1）简述简单 CVSD 技术工作过程。

（2）分析 Δm 与 CVSD 编译码的区别。

（3）集成化 CVSD 编译码系统由哪些部分构成？各部分的作用是什么？

（4）记录实验过程中遇到的问题并进行分析，提出改进建议。

第三章　数字基带传输系统实验

远距离传输是通信的根本任务，因而如何准确地传输数字信息是数字通信的一个重要组成部分。在数字传输系统中，其传输对象通常是二进制数字信息，它可能来自计算机等数字设备的各种数字代码，也可能来自数字电话终端的脉冲编码信号。设计数字传输系统的基本考虑是选择一组有限的离散波形来表示数字信息。这些离散波形可以是未经调制的不同电平信号，也可以是调制后的信号形式。由于未经调制的电脉冲信号所占据的频率带宽通常从直流和低频开始，因此称为数字基带信号。在某些具有低通特性的有线信道中，特别是在传输距离不太远的情况下，基带信号可以不经过载波调制而直接进行传输，这样的传输系统称为数字基带传输系统。

实验 3-1　AMI 码实验

一、实验目的

（1）了解几种常用的数字基带信号的特征和作用。

（2）掌握 AMI 码的编译规则。

（3）了解滤波法、锁相法在码变换过程中的作用。

二、实验原理

在实际的基带传输系统中，并不是所有的基带波形都适合在信道中传输。例如，含有直流和低频分量的单极性基带波形就不适宜在低频传输特性差的信道中传输，因为这有可能造成信号严重畸变。又如，当消息码元序列中包含长串的连续“1”或“0”符号时，非归零波形呈现出连续的固定电平，因而无法获取定时信息。单极性归零码在传送连续“0”时，也存在同样的问题。因此，对传输用的基带信号主要有以下两个方面的要求：

（1）对码元的要求：原始消息码元必须编成适合于传输用的码型。

（2）对所选码型的电波形要求：电波形应适合于基带系统的传输。

前者属于传输码型的选择，后者是基带脉冲的选择。这是两个既相互独立又相互联系的问题。

传输码（或称线路码）的结构取决于实际信道特性和系统工作的条件。在选择传输码型时，一般应遵循以下原则：

（1）不含直流，且低频分量尽量少。

（2）应含有丰富的定时信息，以便于从接收码流中提取定时信号。

（3）功率谱主瓣宽度窄，以节省传输频带。

（4）不受信息源统计特性的影响，即能适应于信息源的变化。

（5）具有内在的检错能力，即码型应具有一定规律性，以便利用这一规律性进行宏观监测。

（6）编译码简单，以降低通信延时和成本。

基带传输的常用码型有单极性和双极性非归零码（NRZ）、单极性和双极性归零码（RZ）、差分码、AMI码、HDB3码、分相码、Miller码、CMI码等。本实验主要熟悉AMI编译码原理。

1. AMI编码原理

AMI码的编码规则是：将信息码的“1”（传号）交替地变换为“＋1”和“－1”，而“0”（空号）保持不变，如表3.1.1所示。

表3.1.1 AMI码的编码规则

消息码	1	0	0	1	0
AMI	＋1	0	0	－1	0
	－1	0	0	＋1	0

AMI码可看成单极性波形的变形，即“0”仍对应零电平，而“1”交替对应正、负电平。

AMI码的优点：没有直流成分，且高、低频分量少，能量集中在频率为1/2码速处；编解码电路简单，且可利用传号极性交替这一规律观察误码情况。

AMI码的缺点：当原信码出现长连“0”串时，信号电平长时间不跳变，造成提取定时信号的困难。解决连“0”问题的有效方法之一是采用HDB3码。

2. 实验原理框图

本实验原理框图如图3.1.1所示。

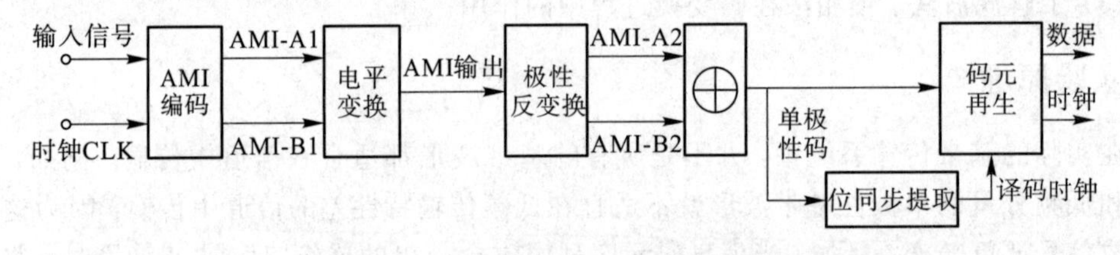

图3.1.1 AMI编译码实验原理框图

AMI编码规则是遇到0输出0，遇到1则交替输出＋1和－1。编码过程是将信号源经程序处理后，得到AMI-A1和AMI-B1两路信号，再通过电平转换电路进行变换，从而得到AMI编码波形。

AMI译码只需将所有的±1变为1，0变为0即可。译码过程是将AMI码信号送入电平逆变换电路，再通过译码处理，得到原始码元。

本实验通过选择不同的数字信源，分别观测编码输入及时钟，译码输出及时钟，观察编译码延时以及验证AMI编译码规则。

三、实验内容和步骤

1. 实验仪器

实验仪器包括实验箱、示波器和频谱仪等。

2. 实验步骤

1）实验连线

模块关电，按表 3.1.2 所示进行信号连线，实验交互界面如图 3.1.2 所示。

表 3.1.2　信号连线说明

源端口	目的端口	连线说明
信号源：D1	模块 M03：TH16（编码输入-数据）	基带信号输入
信号源：CLK	模块 M03：TH17（编码输入-时钟）	提供编码位时钟
模块 M03：TH19（AMI 编码输出）	模块 M03：TH24（AMI 译码输入）	将数据送入译码模块
模块 M03：TH23（单极性码）	模块 13：TH7（数字锁相环输入）	数字锁相环位同步提取
模块 13：TH5（BS2）	模块 M03：TH22（译码时钟输入）	提供译码位时钟

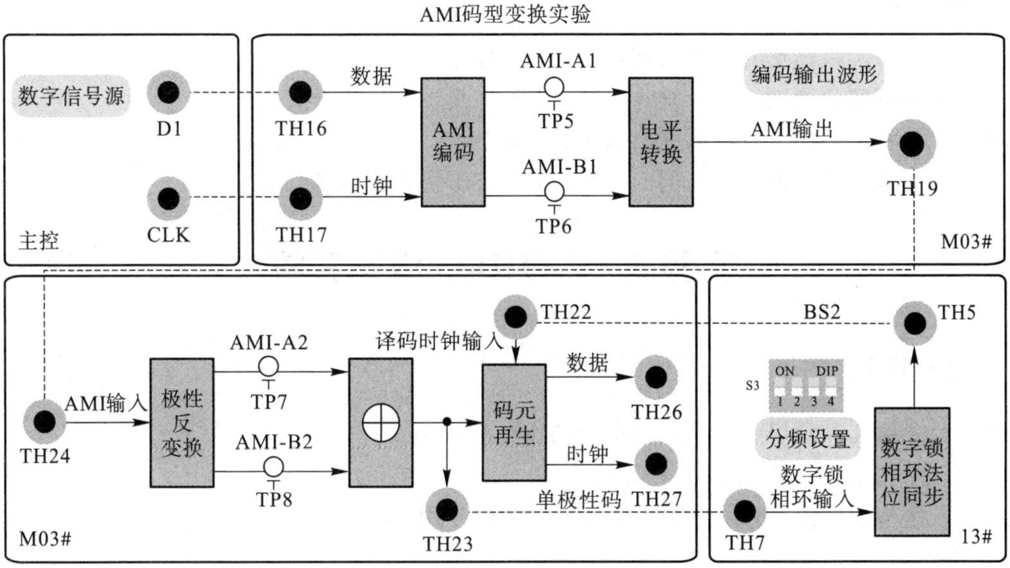

图 3.1.2　实验交互界面

2）检查连线

检查连线是否正确，检查无误后打开实验箱电源。

（1）将实验模块开电，在显示屏主界面选择【实验项目】→【基带传输】→【AMI 码型变换实验】。

（2）点击“数字信号源”，设置 D1 的输出信号类型为 PN15，频率为 256 kHz。

（3）点击“编码输出波形”，设置编码输出波形为 NRZ 码（非归零码）。

（4）将模块 13 的开关 S3 分频设置拨为 0100（即提取 256 K 同步时钟）。

3）输出非归零码观测与分析

（1）以时钟信号 CLK 为触发，观测编码输入信号 D1，记录波形和参数。

（2）观测输入信号 D1 和编码输出信号 TH19，记录波形和参数。

（3）对比观测编码输出信号 TH19 和 TP5（或 TP6），记录波形和参数。

（4）以 CLK 信号为触发，对比观测模块 13 锁相环的 TH5（BS2）时钟信号，记录波形和参数。

(5) 观测编码输入信号 D1 和译码输出信号 TH26，记录波形和参数。

4) 输出归零码观测与分析

(1) 保持实验连线，点击“编码输出波形”，设置编码输出波形为 RZ 码(归零码)。

(2) 再次使用示波器观测编码输入信号 D1、编码输出信号 TH19 和模块 13 锁相环的时钟信号 TH5，记录波形和参数。

5) AMI 码频谱特性观测和分析

设置频谱仪参数中心频率为 512 kHz、扫频宽度为 1024 kHz、分辨率带宽为 3 kHz、扫频时间为 1s，观测译码信号频谱特性，绘图并标注特征参数(如峰值点、带宽等)。

6) 实验结束

关闭电源，整理数据完成实验报告。

四、思考题

(1) 分析实验电路的工作原理，叙述其工作过程。

(2) 根据实验测试记录，画出各测量点的波形图，并分析实验现象。

(3) 分析译码输出波形可能出现延迟的原因。

(4) 记录实验过程中遇到的问题并进行分析，提出改进建议。

实验 3-2 HDB3 编码实验

一、实验目的

(1) 了解几种常用的数字基带信号的特征和作用。

(2) 掌握 HDB3 码的编译规则。

(3) 了解滤波法、锁相法在码变换过程中的作用。

二、实验原理

1. HDB3 编码原理

HDB3 码是 AMI 码的一种改进型，改进目的是保持 AMI 码的优点而克服其缺点，使连“0”个数不超过三个。其编码规则如下：将四个连“0”信息码用取代字节“000V”或“B00V”代替，当两个相邻“V”码中间有奇数个信息“1”码时取代节为“000V”；有偶数个信息“1”码(包括 0 个)时取代节为“B00V”，其他的信息“0”码仍为“0”码，这样，信息码的“1”码变为带有符号的“1”码，即“+1”或“-1”。HDB3 码编码规则如表 3.2.1 所示。

表 3.2.1 HDB3 码编码规则表

前面“1”码的极性	上次取代后“1”码的个数	
	奇数个“1”	偶数个“1”(包括 0 个)
-	$000V_-$	B_+00V_+
+	$000V_+$	B_-00V_-

例如有如下消息码，根据表 3.2.1 的规则，HDB3 编码结果对应如下：

消息码	1	0	0	0	0	1	0	0	0	0	1	1	0	0	0	0	0	0	0	0	1	1
HDB3	+1	0	0	0	+V	−1	0	0	0	−V	+1	−1	+B	0	0	+V	−B	0	0	−V	+1	−1
	−1	0	0	0	−V	+1	0	0	0	+V	−1	+1	−B	0	0	−V	+B	0	0	+V	−1	+1

其中：±V 脉冲和±B 脉冲波形相同，用 V 或 B 符号表示的目的是示意该非“0”码是由原信码的“0”变换而来的。

HDB3 码除了具有 AMI 码的优点外，同时还将连“0”码限制在三个以内，使得接收时能保证定时信息的提取。

AMI 编码规则是遇到 0 输出 0，遇到 1 则交替输出+1 和−1。而 HDB3 编码由于需要插入 V 码，因此在编码时需要缓存 4 bit 的数据。当没有连续四个连 0 时与 AMI 编码规则相同。当四个连 0 时最后一个 0 变为 V 码，其极性与前一个 V 码的极性相反。若该传号与前一个 1 的极性不同，则还要将这四个连 0 的第一个 0 变为 B 码，B 码的极性与 V 码相同。编码过程是将信号源经程序处理后，得到 HDB3 - A1 和 HDB3 - B1 两路信号，再通过电平转换电路进行变换，从而得到 HDB3 编码波形。

同样，AMI 译码只需将所有的±1 变为 1，0 变为 0 即可。而 HDB3 译码只需找到 V 码，将 V 码和 V 码前 3 个数都清零即可。V 码的识别方法是：该符号的极性与前一极性相同，该符号即为 V 码。实验框图中译码过程是将 HDB3 码信号送入到电平逆变换电路，再通过译码处理，得到原始码元。

2. 实验原理框图

本实验原理框图如图 3.2.1 所示。

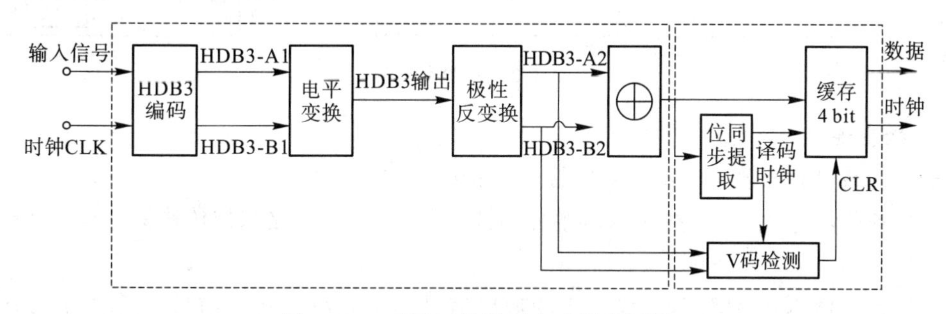

图 3.2.1　HDB3 编译码实验原理框图

本实验通过选择不同的数字信源，分别观测编码输入及时钟、译码输出及时钟，观察编译码延时以及验证 HDB3 编译码规则。

三、实验内容和步骤

1. 实验仪器

实验仪器包括实验箱、示波器和频谱仪等。

2. 实验步骤

1）实验连线

模块关电，按表 3.2.2 所示进行信号连线，实验交互界面如图 3.2.2 所示。

表 3.2.2 信号连线说明

源端口	目的端口	连线说明
信号源：D1	模块 M03：TH16(编码输入-数据)	基带信号输入
信号源：CLK	模块 M03：TH17(编码输入-时钟)	提供编码位时钟
模块 M03：TH18(HDB3 输出)	模块 M03：TH25(HDB3 输入)	将数据送入译码模块
模块 M03：TH23(单极性码)	模块 13：TH7(数字锁相环输入)	数字锁相环位同步提取
模块 13：TH5(BS2)	模块 M03：TH22(译码时钟输入)	提供译码位时钟

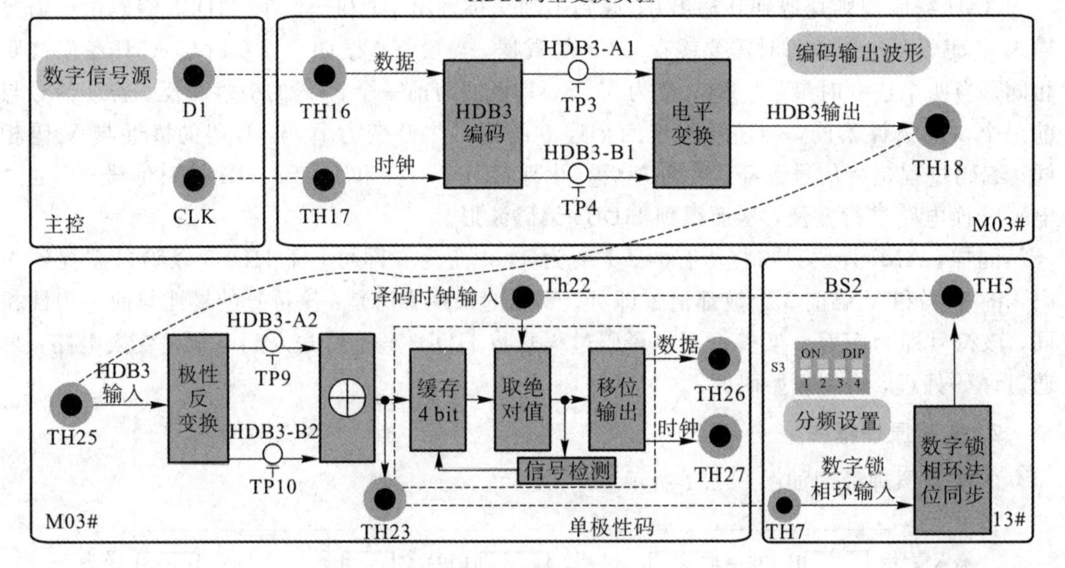

图 3.2.2 实验交互界面

2) 检查连线

检查连线是否正确，检查无误后打开实验箱电源。

(1) 将实验模块开电，在显示屏主界面选择【实验项目】→【基带传输】→【HDB3 码型变换实验】。

(2) 点击“数字信号源”，设置 D1 的输出信号类型为数字终端信号，频率为 256 kHz，点击“数据设置”，设置 S1～S4 依次为 00001011、10000111、00001011、10000111。

(3) 点击“编码输出波形”，设置编码输出波形为 NRZ 码(非归零码)。

(4) 将模块 13 的开关 S3 分频设置拨为 0100(即提取 256K 同步时钟)。

3) 输出非归零码观测与分析

(1) 以 CLK 信号为触发，观测编码输入信号 D1，记录波形和参数。

(2) 观测输入信号 D1 和编码输出信号 TH18，记录波形和参数(标注波形中 V 码和 B 码的位置)。

(3) 对比观测编码输出信号 TH18 和 TP3(或 TP4)，记录波形和参数。

(4) 以 CLK 信号为触发，观测 13 号模块锁相环的 TH5 时钟信号，记录波形和参数。

(5) 观测编码输入信号 D1 和译码输出信号 TH26，记录波形和参数。

4）输出归零码观测与分析

（1）保持实验连线，点击“编码输出波形”，设置编码输出波形为 RZ 码(归零码)。

（2）再次用示波器观测编码输入信号 D1、编码输出信号 TH18 和模块 13 锁相环的时钟信号 TH5，记录波形和参数。

5）HDB3 码频谱特性观测和分析

设置频谱仪参数中心频率为 512 kHz、扫频宽度为 1024 kHz、分辨率带宽为 3 kHz、扫频时间为 1 s，观测译码信号频谱特性，并绘图和标注特征参数(峰值点、带宽等)。

6）实验结束

关闭电源，整理数据完成实验报告。

四、思考题

（1）分析实验电路的工作原理，叙述其工作过程。

（2）根据实验结果画出若输入分别为全 0 码、全 1 码时，其输出的 HDB3 码的波形图。

（3）当传输型为 1000，全 0 和 32 位 PN 码时，输出端的波形是否相同？若传输距离长，信号衰减较大时输出情况如何？哪种码型定时抖动最小？哪种最大？为什么？

（4）记录实验过程中遇到的问题并进行分析，提出改进建议。

（5）简述欧美及我国常用的传输码型。

实验 3－3　CMI 编码实验

一、实验目的

（1）了解 CMI 码的编码规则。

（2）观察 CMI 码经过码型反变换后的译码输出波形及译码输出后的时间延迟。

（3）测试 CMI 码的检错功能。

二、实验原理

1. CMI 编码原理

CMI 码编码规则是信息码中的“1”码交替用“11”和“00”表示，“0”码用“01”表示。

例如有如下消息码，CMI 编码结果对应如下：

消息码	1	1	0	1	0	0	1
CMI	11	00	01	11	01	01	00
	00	11	01	00	01	01	11

CMI 码含有丰富的位定时信息，由于 10 为禁用码组，因此，不会出现三个以上的连码，这个规律可用来宏观检错。

CMI 编码规则是遇到 0 编码为 01，遇到 1 则交替编码为 11 和 00。由于 1 bit 编码后变成 2 bit，输出时用时钟的 1 输出高 bit，用时钟的 0 输出低 bit，也就是选择器的功能。CMI 译码首先也是需要找到分组的信号，才能正确译码。CMI 码的下降沿表示分组的开始。找到分组信号后，对信号分组译码就可以得到原始码元。

2. 实验原理框图

本实验原理框图如图 3.3.1 所示。

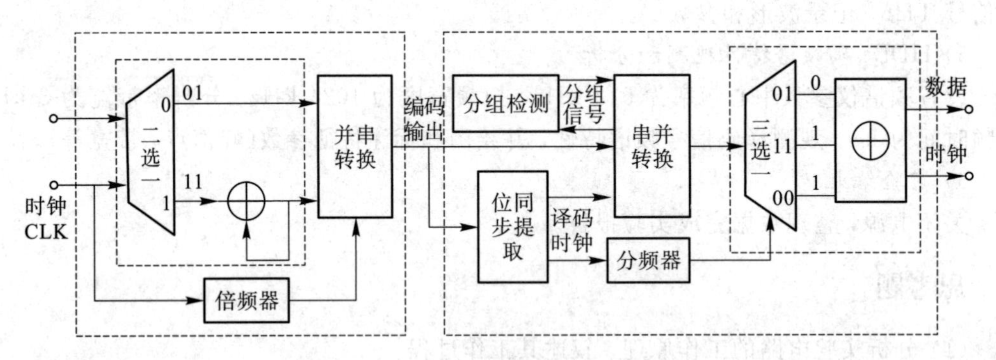

图 3.3.1 CMI 编译码实验原理框图

本实验通过改变输入数字信号的码型，分别观测编码输入输出波形与译码输出波形，测量 CMI 编译码延时，验证 CMI 编译码原理并验证 CMI 码是否存在直流分量。

三、实验内容和步骤

1. 实验仪器

实验仪器包括实验箱、示波器和频谱仪等。

2. 实验步骤

1）实验连线

模块关电，按表格 3.3.1 所示进行信号连线，实验交互界面如图 3.3.2 所示。

表 3.3.1 信号连线说明

源端口	目的端口	连线说明
信号源：D1	模块 M03：TH16(编码输入-数据)	基带传输信号输入
信号源：CLK	模块 M03：TH17(编码输入-时钟)	提供编码位时钟
模块 M03：TH20(编码输出)	模块 13：TH7(数字锁相环输入)	数字锁相环法位同步提取输入
模块 13：TH5(BS2)	模块 M03：TH22(译码时钟输入)	提供译码位时钟
模块 M03：TH20(编码输出)	模块 M03：TH21(译码输入)	将数据送入译码模块

2）检查连线

检查连线是否正确，检查无误后打开实验箱电源。

(1) 将实验模块开电，在显示屏主界面选择【实验项目】→【基带传输】→【CMI 码型变换实验】。

(2) 点击“数字信号源”，设置 D1 的输出信号类型为 PN15 信号，频率为 256 kHz。

(3) 点击“误码设置”，设置为“取消误码插入”。

（4）将13号模块的开关S3置为0011（即提取512K同步时钟）。

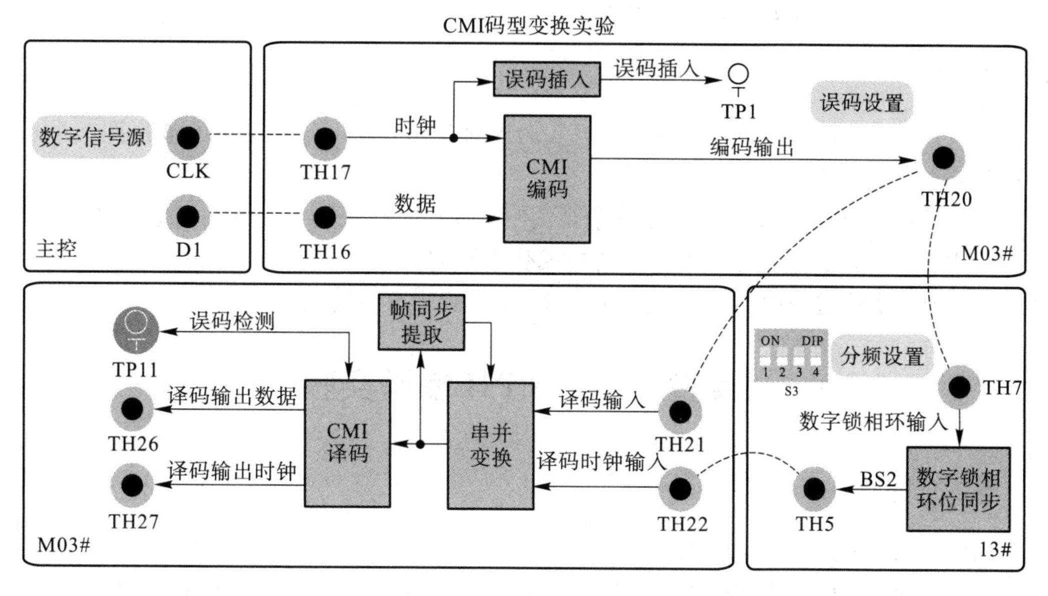

图3.3.2　实验交互界面

3）CMI编译码波形观测与分析

（1）以CLK信号为触发，观测编码输入信号D1，记录波形和参数。

（2）观测输入信号D1和编码输出信号TH20，记录波形和参数。

（3）以CLK信号为触发，观测13号模块时钟信号TH5，记录波形和参数。

（4）观测编码输入信号D1和译码输出信号TH26，记录波形和参数。

（5）点击“数字信号源”，设置D1的输出信号类型为“数字终端信号”，频率为256 kHz。点击“数据设置”，将S1、S2、S3、S4拨为00000000、00000000、00000000、00000011，作为初始编码输出状态BM1(D1)。调节示波器，将信号耦合状况置为交流，观察记录初始状态编码输出BM1(D1)和编码输出TH20。

（6）保持连线，拨码开关由0到1逐位拨起，直到主控D1的数字终端信号S1、S2、S3、S4拨为00111111、11111111、11111111、11111111，记作最终状态编码BM2(D1)，观察比较波形0和1示波器波形的变化情况，并记录最终状态编码输出BM2(D1)和编码输出TH20。

4）CMI误码性能观测

（1）点击“数字信号源”，设置D1的输出信号类型为PN15信号，频率为256 kHz。

（2）点击“误码设置”，设置为“插入误码”。

（3）对比观测编码输入信号D1、编码输出信号TH20、误码检测信号TP11和译码输出信号TH26，记录波形和参数。

5）CMI码频谱特性观测和分析

设置频谱仪参数中心频率为512 kHz、扫频宽度为1024 kHz、分辨率带宽为3 kHz、扫频时间为1 s，观测译码信号频谱特性，并绘图和标注特征参数（峰值点、带宽等）。

6）实验结束

关闭电源，整理数据完成实验报告。

四、思考题

(1) 分析实验电路的工作原理，根据实验测试记录，画出各测量点的波形图，并分析实验现象。

(2) 对实验中 CMI 编码的直流分量观测结果如何？联系数字基带传输系统知识分析，若编码中含有直流分量将会对通信系统造成什么影响？

(3) 记录实验过程中遇到的问题并进行分析，提出改进建议。

实验 3-4 BPH 编码实验

一、实验目的

(1) 了解 BPH 码的编码规则。

(2) 观察 BPH 码经过码型反变换后的译码输出波形及译码输出后的时间延迟。

(3) 测试 BPH 码的检错功能。

(4) BPH 码的译码同步过程。

二、实验原理

1. BPH 编码原理

BPH 码是对二进制码元“0”和“1”分别用两个具有不同相位的二进制新码去取代的码，或者可以理解为用一个周期的正负对称方波表示“1”码，用该方波的反相来表示“0”码。BPH 码对应关系如表 3.4.1 所示。

表 3.4.1 BPH 码对应关系

消息码	1	1	0	0	1	0	1
BPH	10	10	01	01	10	01	10

BPH 码的特点是只使用两个电平，每个码元间隔的中心点都存在电平跳变，含有丰富的位定时信息，且没有直流分量。其缺点是占用带宽加倍，使频带利用率降低。

BPH 编码编码规则是 0 编码为 01，1 编码为 10，由于 1bit 编码后变成 2bit，输出时用时钟的 1 输出高 bit，用时钟的 0 输出低 bit，也就是选择器的功能。BPH 译码首先也是需要找到分组的信号，才能正确译码。BPH 译码只要找到连 0 或连 1，就表示分组的开始。找到分组信号后，对信号分组译码就可以得到原始码元。

2. 实验原理框图

本实验原理框图如图 3.4.1 所示。

本实验通过改变输入数字信号的码型，分别观测编码输入输出波形与译码输出波形，测量 BPH 编译码延时，验证 BPH 编译码原理，并验证 BPH 码是否存在直流分量。

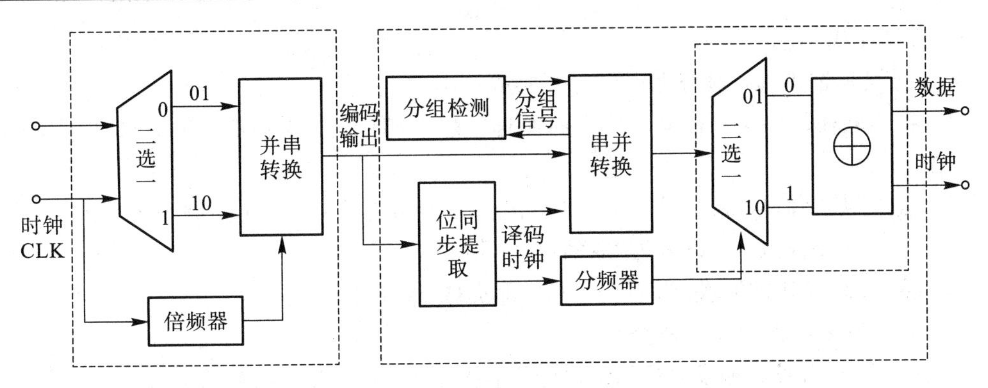

图 3.4.1　BPH 编译码实验原理框图

三、实验内容和步骤

1. 实验仪器

实验仪器包括实验箱、示波器和频谱仪等。

2. 实验步骤

1）实验连线

模块关电，按表 3.4.2 所示进行信号连线，实验交互界面如图 3.4.2 所示。

表 3.4.2　信号连线说明

源端口	目的端口	连线说明
信号源：D1	模块 M03：TH16(编码输入-数据)	基带传输信号输入
信号源：CLK	模块 M03：TH17(编码输入-时钟)	提供编码位时钟
模块 M03：TH20(编码输出)	模块 13：TH7(数字锁相环输入)	数字锁相环法位同步提取输入
模块 13：TH5(BS2)	模块 M03：TH22(译码时钟输入)	提供译码位时钟
模块 M03：TH20(编码输出)	模块 M03：TH21(译码输入)	将数据送入译码模块

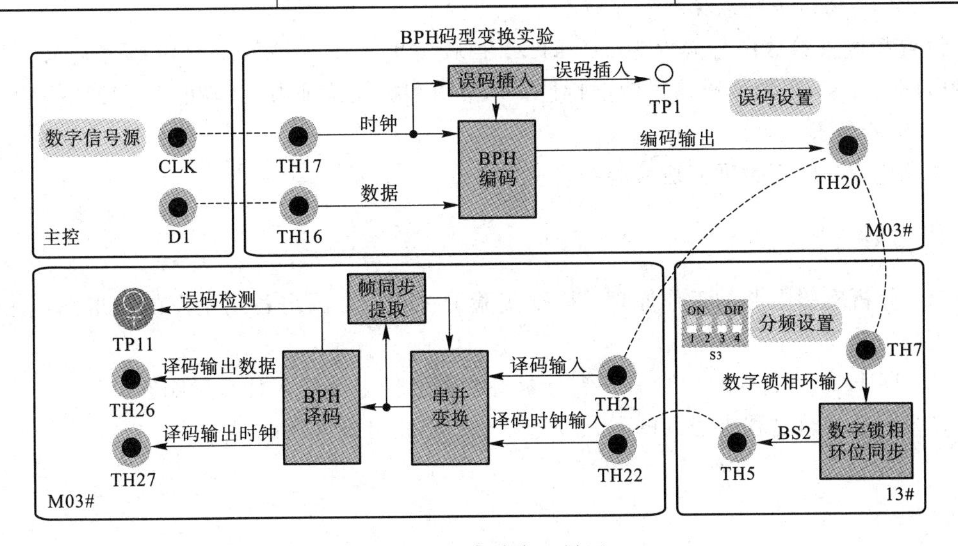

图 3.4.2　实验交互界面

2）检查连线

检查连线是否正确，检查无误后打开实验箱电源。

（1）将实验模块开电，在显示屏主界面选择【实验项目】→【基带传输】→【BPH 码型变换实验】。

（2）点击“数字信号源”，设置 D1 的输出信号类型为 PN15 信号，频率为 256 kHz。

（3）点击“误码设置”，设置为“取消误码插入”。

（4）将 13 号模块的开关 S3 置为 0011(即提取 512K 同步时钟)。

3）BPH 编译码波形观测与分析

（1）以 CLK 信号为触发，观测编码输入信号 D1，记录波形和参数。

（2）观测输入信号 D1 和编码输出信号 TH20，记录波形和参数。

（3）以 CLK 信号为触发，观测 13 号模块时钟信号 TH5，记录波形和参数。

（4）观测编码输入信号 D1 和译码输出信号 TH26，记录波形和参数。

（5）点击“数字信号源”，设置 D1 的输出信号类型为“数字终端信号”，频率为 256 kHz。点击“数据设置”，将 S1、S2、S3、S4 拨为 00000000、00000000、00000000、00000011，作为初始编码输出状态 BM1(D1)。调节示波器，将信号耦合状况置为交流，观察记录初始状态编码输出 BM1(D1)和编码输出 TH20。

（6）保持连线，拨码开关由 0 到 1 逐位拨起，直到主控 D1 的数字终端信号 S1、S2、S3、S4 拨为 00111111、11111111、11111111、11111111，记作最终状态编码 BM2(D1)，观察比较波形 0 和 1 示波器波形的变化情况，并记录最终状态编码输出 BM2(D1)和编码输出 TH20。

4）BPH 误码性能观测

（1）点击“数字信号源”，设置 D1 的输出信号类型为 PN15 信号，频率为 256 kHz。

（2）点击“误码设置”，设置为“插入误码”。

（3）用示波器观测编码输入信号 D1、编码输出信号 TH20、输入端误码插入检测点 TP1 和译码输出信号 TH26，记录波形和参数。

5）BPH 码频谱特性观测和分析

设置频谱仪参数中心频率为 512 kHz、扫频宽度为 1024 kHz、分辨率带宽为 3 kHz、扫频时间为 1 s，观测译码信号频谱特性，并绘图和标注特征参数(峰值点、带宽等)。

6）实验结束

关闭电源，整理数据完成实验报告。

四、思考题

（1）分析实验电路的工作原理，根据实验测试记录，画出各测量点的波形图，并分析实验现象。

（2）BPH 编码若编码中含有直流分量将会对通信系统造成什么影响？

（3）记录实验过程中遇到的问题并进行分析，提出改进建议。

第四章　数字频带传输系统实验

用基带数字信号控制高频载波，把基带数字信号变换为频带数字信号的过程称为数字调制。数字调制一般指调制信号是离散的，而载波是连续波的调制方式。它有三种基本形式：振幅键控、频移键控和相移键控，即分别使用基带信号来控制调制信号的幅度、频率和相位。将已调信号通过信道传输到接收端，在接收端通过解调器把频带数字信号还原成基带数字信号，这种数字信号的反变换称为数字解调，把包含调制和解调过程的传输系统叫做数字信号的频带传输系统。

实验 4－1　ASK 调制及解调实验

一、实验目的

(1) 掌握用键控法产生 ASK 信号的方法。

(2) 掌握 ASK 非相干解调的原理。

二、实验原理

1. 2ASK 基本原理

ASK 即“幅移键控”又称为“振幅键控”。振幅键控利用载波的幅度变化来传递数字信息，其频率和初始相位保持不变。

振幅键控是利用载波的幅度变化来传递数字信息，而其频率和初始相位保持不变。在 2ASK 中，载波的幅度只有两种变化状态，分别对应二进制信息“0”或“1”。一种常用的、也是最简单的二进制振幅键控方式称为通-断键控(OOK)，其表达式为

$$e_{\mathrm{OOK}}(t)=\begin{cases}A\cos\omega_c t, & \text{以概率 } P \text{ 发送“1”时}\\ 0, & \text{以概率 } 1-P \text{ 发送“0”时}\end{cases} \tag{4.1.1}$$

典型波形如图 4.1.1 所示。可见，载波在二进制基带信号 $s(t)$控制下通-断变化，所以这种键控又称为通-断键控。在 OOK 中，某一种符号(“0”或“1”)用有没有电压来表示。

2ASK 信号的一般表达式为

$$e_{2\mathrm{ASK}}(t)=s(t)\cos\omega_c t \tag{4.1.2}$$

其中：$s(t)=\sum_n a_n g(t-nT_B)$。式中：$T_B$ 为码元持续时间；$g(t)$为持续时间为 T_B 的基带脉冲波形。为简便起见，通常假设 $g(t)$是高度为 1、宽度等于 T_B 的矩形脉冲；a_n 是第 n 个符号的电平取值。若取：

$$a_n=\begin{cases}1, & \text{概率为 } P\\ 0, & \text{概率为 } 1-P\end{cases} \tag{4.1.3}$$

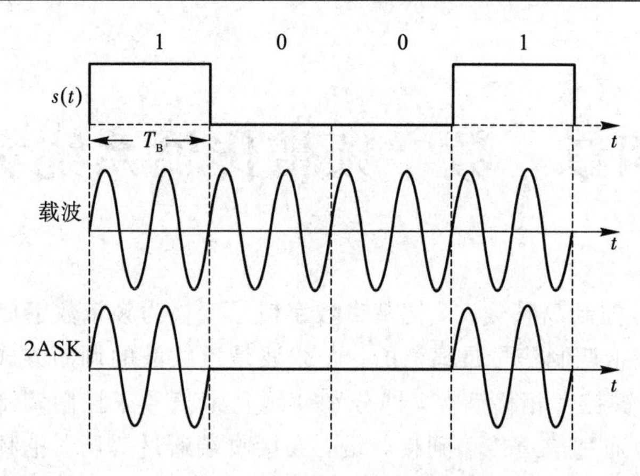

图 4.1.1　2ASK 信号的时域波形

则相应的 2ASK 信号就是 OOK 信号。

2ASK/OOK 信号的产生方法通常有两种：模拟调制法(相乘器法)和键控法。与 AM 信号的解调方法一样，2ASK/OOK 信号也有两种基本的解调方法：非相干解调(包络检波法)和相干解调(同步检测法)。与模拟信号的接收系统相比，增加了抽样判决器，这对于提高数字信号的接收性能是必要的。

2ASK 是 20 世纪初最早运用于无线电报中的数字调制方式之一，但是 ASK 传输技术受噪声影响很大，噪声电压和信号一起改变了振幅。在这种情况下，“0”可能变为“1”，“1”可能变为“0”。可以想象，对于主要依赖振幅来识别比特的 ASK 调制方法，噪声是一个很大的问题。由于 ASK 是受噪声影响最大的调制技术，现已较少应用，不过 2ASK 常常作为研究其他数字调制的基础，还是有必要了解它。

由于 2ASK 信号是随机的功率信号，2ASK 信号可以表示成：

$$e_{2ASK}(t)=s(t)\cos\omega_c t$$

式中：$s(t)$为随机的单极性(single-polarity)二进制基带脉冲序列。

因为两个独立平稳过程乘积的功率谱密度等于它们各自功率谱密度的卷积，所以将 $s(t)$的功率谱密度与 $\cos\omega_c t$ 的功率谱密度进行卷积运算，可得到 2ASK 信号的功率谱密度表达式：

$$P_{2ASK}(f)=\frac{1}{4}[P_s(f+f_s)+P_s(f-f_c)] \tag{4.1.4}$$

可见，2ASK 信号的功率谱 $P_{2ASK}(f)$是单极性基带信号功率谱的线性搬移，其曲线如图 4.1.2 所示。

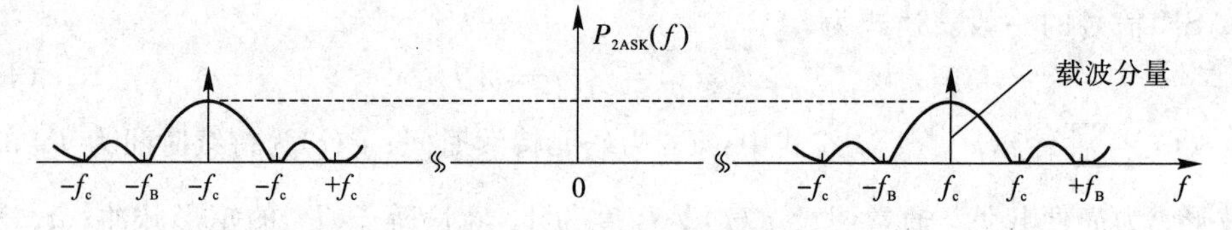

图 4.1.2　2ASK 信号的功率谱

由图 4.1.2 可知，2ASK 信号的功率谱由连续谱和离散谱两部分组成；连续谱取决于 $g(t)$经线性调制后的双边带谱，而离散谱由载波分量确定；2ASK 信号的带宽 B_{2ASK} 是基带信号带宽的 2 倍，若只计谱的主瓣(第一个谱零点位置)，则有：

$$B_{2ASK}=2f_B \tag{4.1.5}$$

其中，$f_B=\dfrac{1}{T_B}=R_B$(码元速率)。由此可见，2ASK 信号的传输带宽是码元速率的 2 倍。

2. 眼图观测

所谓眼图，是指通过用示波器观察接收端的基带信号波形，从而估计和调整系统性能的一种方法。这种方法的具体做法是：用一个示波器跨接在抽样判决器的输入端，然后调整示波器水平扫描周期，使其与接收码元的周期同步。此时可以从示波器显示的图形上观察码间干扰和信道噪声等带来的影响，从而估计系统性能的优劣程度。因为在传输二进制信号波形时，示波器显示的图形很像人的眼睛，故名“眼图”。

眼图形成原理也很简单，如图 4.1.3 所示。

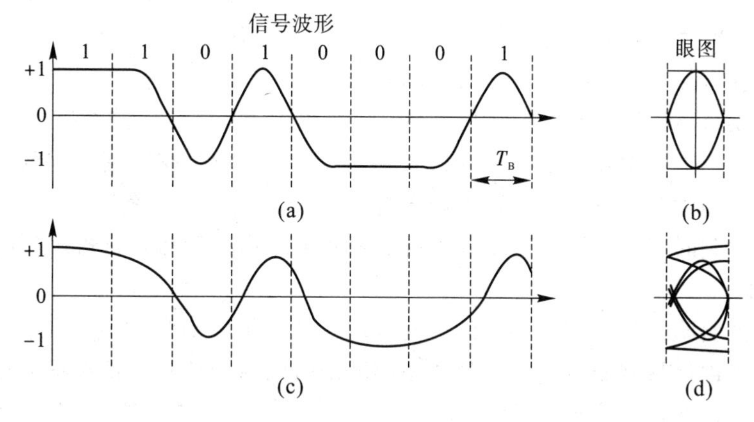

图 4.1.3　眼图形成原理

图 4.1.3(a)是接收滤波器输出的无码间串扰的双极性基带波形，用示波器观察它，并将示波器扫描周期调整到码元周期，由于示波器的余辉作用，扫描所得的每一个码元波形将重叠在一起，形成如图 4.1.3(b)所示的线迹细而清晰的大“眼睛”；图 4.1.3(c)是有码间串扰的双极性基带波形，由于存在码间串扰，此波形已经失真，示波器的扫描迹线不完全重合，于是形成如图 4.1.3(d)所示的线迹杂乱的眼图。该眼图“眼睛”张开得较小，且眼图不端正。对比图 4.1.3(b)和图 4.1.3(d)可知，眼图的“眼睛”张开得越大，且眼图越端正，表示码间串扰越小；反之，表示码间串扰越大。

当存在噪声时，眼图的线迹变成了比较模糊的带状线，噪声越大，线条越粗，越模糊，“眼睛”张开得越小。不过，应该注意，从图形上并不能观察到随机噪声的全部形态，例如对于出现机会少但幅度大的噪声，由于它在示波器上一晃而过，因而用人眼是观察不到的。所以，在示波器上只能大致估计噪声的强弱。

从以上分析可知，眼图可以定性反映码间串扰的大小和噪声的大小，眼图还可以用来指示接收滤波器的调整，以减小码间串扰，改善系统性能。同时，通过眼图我们还可以获得有关传输系统性能的许多信息。为了说明眼图和系统性能之间的关系，我们把眼图简化为一个模型，图 4.1.4 标注了眼图的主要参数。

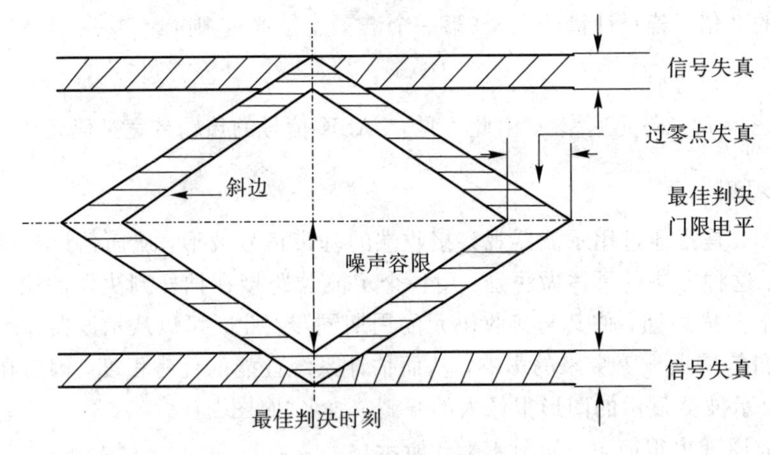

图 4.1.4　眼图主要参数

由图 4.1.4 可以获得以下信息：

(1) 最佳抽样时刻是“眼睛”张开最大的时刻。

(2) 定时误差灵敏度是眼图斜边的斜率。斜率越大，对位定时误差越敏感。

(3) 图的阴影区的垂直高度表示抽样时刻上信号受噪声干扰的畸变程度。

(4) 图中央的横轴位置对应于判决门限电平。

(5) 抽样时刻时，上下两阴影区的间隔距离之半为噪声容限，若噪声瞬时值超过它就可能发生错判。

(6) 图中倾斜阴影带与横轴相交的区间表示接收波形零点位置的变化范围，即过零点畸变，它对于利用信号零交点的平均位置来提取定时信息的接收系统有很大影响。

3. 实验原理框图

本实验原理框图如图 4.1.5 所示。

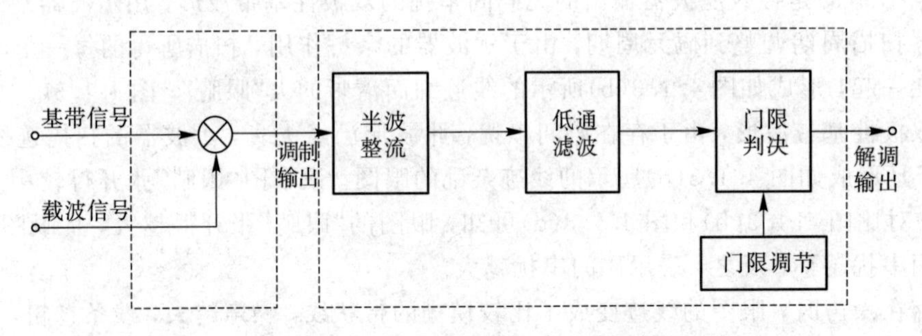

图 4.1.5　ASK 调制及解调实验原理框图

ASK 调制通过将基带信号和载波直接相乘得到已调信号。已调信号经过半波整流、低通滤波后，通过门限判决电路解调出原始基带信号。

ASK 调制实验中，ASK 载波幅度随着基带信号的变化而变化。在本实验中，通过调节输入 PN 序列频率或者载波频率，对比观测基带信号波形与调制输出波形，观测每个码元对应的载波波形，验证 ASK 调制原理。

同时，通过对比观测调制输入与解调输出，观察波形是否有延时现象等验证 ASK 解调原理。观测解调输出的中间观测点，如：TP4(整流输出)、TP5(LPF - ASK)，深入理解

ASK 解调过程。

三、实验内容和步骤

1. 实验仪器

实验仪器包括实验箱、示波器和频谱仪等。

2. 实验步骤

1）实验连线

模块关电，按表 4.1.1 所示进行信号连线，实验交互界面如图 4.1.6 所示。

表 4.1.1　信号连线说明

源端口	目的端口	连线说明
信号源：D1	模块 9：TH1(基带信号)	调制信号输入
信号源：A1	模块 9：TH14(载波 1)	载波输入
模块 9：TH4(调制输出)	模块 9：TH7(解调输入)	解调信号输入

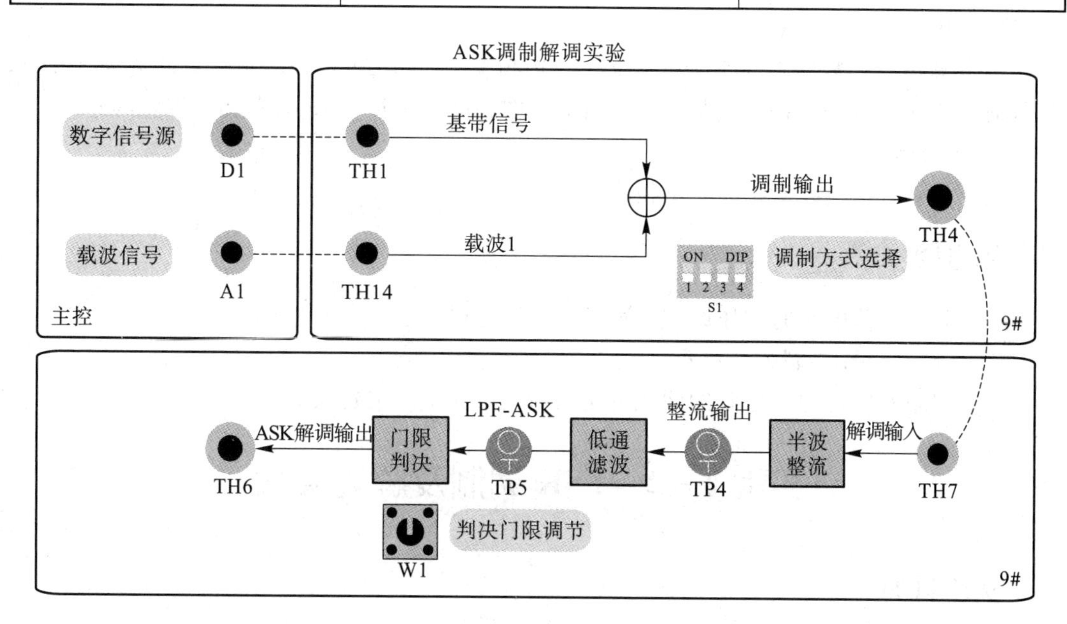

图 4.1.6　实验交互界面

2）检查连线

检查连线是否正确，检查无误后打开实验箱电源。

(1) 将实验模块开电，在显示屏主界面选择【实验项目】→【调制解调】→【ASK 调制及解调实验(9 号)】。

(2) 点击屏幕中的“数字信号源”，设置 D1 的输出信号类型为 PN15 信号，频率为 32 kHz。

(3) 点击“载波信号”，设置 A1 输出载波幅度为 3 V 左右、频率为 128 kHz 的正弦波。

(4) 在硬件模块上将 9 号模块的 S1 拨为 0000。

3）ASK 调制观测和分析

（1）观测调制输入信号 TH1 和载波信号 A1，记录波形和参数。

（2）以输入信号 TH1 为触发，观测调制输出信号 TH4，验证 ASK 调制原理，记录波形和参数。

（3）将 PN 序列输出频率改为 64 kHz，观察载波个数是否发生变化，观测记录调制输出信号 TH4。

4）ASK 解调观测和分析

（1）以 TH1 为触发，观测解调输出信号 TH6，调节 W1 直至二者波形相同，记录波形和参数。

（2）再观测 TP4（整流输出）、TP5（LPF－ASK）两个中间过程测试点，验证 ASK 解调原理。

5）眼图观测和分析

以信号源的 CLK 为触发，观测 TP5（LPF－ASK），绘制眼图，并标注特征参数。要求：至少画出 2 个眼睛，标注最佳判决时间、判决电平、过零点畸变（或抖动范围）、眼皮厚度（或噪声容限）。

6）ASK 信号的频谱特性观测

设置频谱仪参数中心频率为 512 kHz、扫频宽度为 1024 kHz、分辨率带宽为 3 kHz、扫频时间为 1 s，观测 ASK 信号频谱特性，绘图并标注特征参数（峰值点、带宽等）。

7）实验结束

关闭电源，整理数据完成实验报告。

四、思考题

（1）分析实验电路的工作原理，简述其工作过程。

（2）分析 ASK 调制解调原理。

（3）记录实验过程中遇到的问题并进行分析，提出改进建议。

实验 4－2　FSK 调制及解调实验

一、实验目的

（1）掌握用键控法产生 FSK 信号的方法。

（2）掌握 FSK 非相干解调的原理。

（3）掌握 FSK 调制解调波形的频谱特性。

二、实验原理

1. 实验原理

频移键控是信息传输中使用得较早的一种调制方式，它的主要优点是：实现起来比较容易，抗噪声与抗衰减的性能较好，在中低速数据传输中得到了广泛的应用。FSK 是利用载波的频率变化来传递数字信息的，最常见的是用两个频率承载二进制 1 和 0 的双频 FSK

系统。

FSK 在技术上简单地分为非相干和相干的。在相干 FSK 或二进制 FSK 中，是没有间断地在输出信号。在数字时代，电脑通信在数据线路上进行传输，就是用 FSK 调制信号进行，即把二进制数据转换成 FSK 信号传输，反过来又将接收到的 FSK 信号解调成二进制数据，并将其转换为用高低电平表示的二进制语言，这是计算机能够直接识别的语言。

2FSK 信号的表达式可简化为

$$e_{2FSK}(t)=s_1(t)\cos\omega_1 t+s_2(t)\cos\omega_2 t \tag{4.2.1}$$

2FSK 信号的时域波形如图 4.2.1 所示。

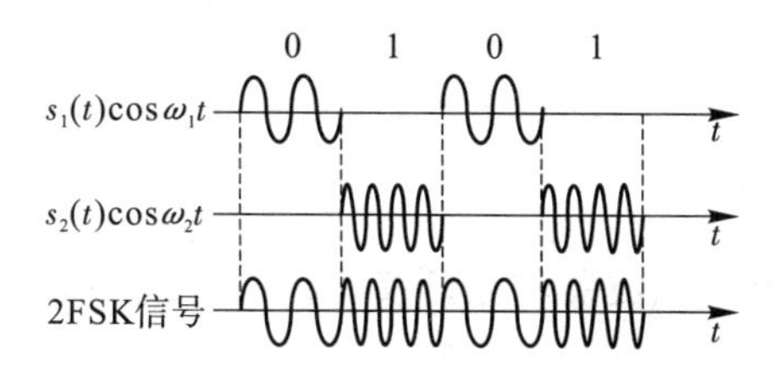

图 4.2.1　2FSK 信号的时域波形

1) FSK 调制

在 2FSK 中，载波信号的幅度恒定不变，但是频率随着输入码流的变化而切换(称为高音和低音，代表二进制的 1 和 0)。产生 FSK 信号最简单的方法是根据输入的数据比特是 1 还是 0，在两个独立的振荡器中切换。采用这种方法产生的波形在切换的时刻相位是不连续的，因此这种 FSK 信号称为不连续 FSK 信号。

由于相位的不连续会造成频谱扩展，这种 FSK 的调制方式在传统的通信设备中采用较多。随着数字处理技术的不断发展，越来越多地采用连续相位 FSK 调制技术。

本次实验中，信号是用载波频率的变化来表征被传信息的状态。通过调节输入 PN 序列频率，对比观测基带信号波形与调制输出波形来验证 FSK 调制原理。

2) FSK 解调

FSK 解调的方式很多：相干解调、滤波非相干解调、正交相乘非相干解调等。而 FSK 的非相干解调一般采用滤波非相干解调。输入的 FSK 中频信号分别经过带通滤波器，然后再分别经过包络检波、抽样和比较，最后根据包络检波输出的大小，比较器判决数据比特是 1 还是 0。

本实验采用非相干解调法对 FSK 调制信号进行解调。通过对比观测调制输入与解调输出，观察波形是否有延时现象来验证 FSK 解调原理。同时观测解调输出的中间观测点，如 TP6(单稳相加输出)、TP7(LPF-FSK)，深入理解 FSK 解调过程。

2. 实验原理框图

本实验原理框图如图 4.2.2 所示。

基带信号取反后与载波 1 相乘得到 0 电平的 ASK 调制信号，基带信号再与载波 2 相乘得到 1 电平的 ASK 调制信号，然后相加合成 FSK 调制输出；已调信号经过过零检测来识别信号中载波频率的变化情况，通过上、下沿单稳触发电路再相加输出，最后经过低通滤波和门限判决，得到原始基带信号。

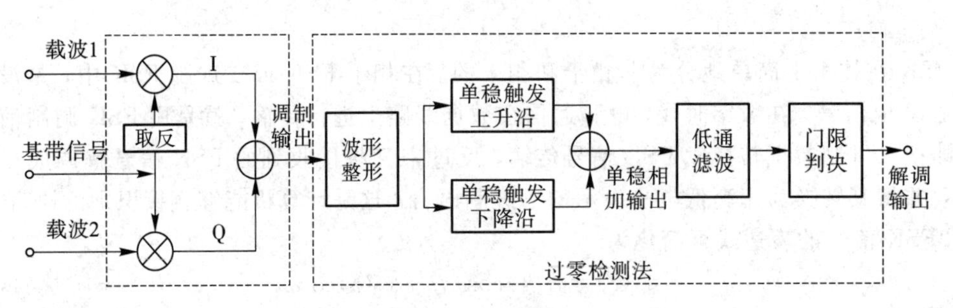

图 4.2.2　FSK 调制及解调实验原理框图

三、实验内容和步骤

1. 实验仪器

本实验仪器包括实验箱、示波器和频谱仪等。

2. 实验步骤

1）实验连线

模块关电，按表 4.2.1 所示进行信号连线，实验交互界面如图 4.2.3 所示。

表 4.2.1　信号连线说明

源端口	目的端口	连线说明
信号源：D1	模块 9：TH1(基带信号)	调制信号输入
信号源：A2	模块 9：TH14(载波 1)	载波 1 输入
信号源：A1	模块 9：TH3(载波 2)	载波 2 输入
模块 9：TH4(调制输出)	模块 9：TH7(解调输入)	解调信号输入

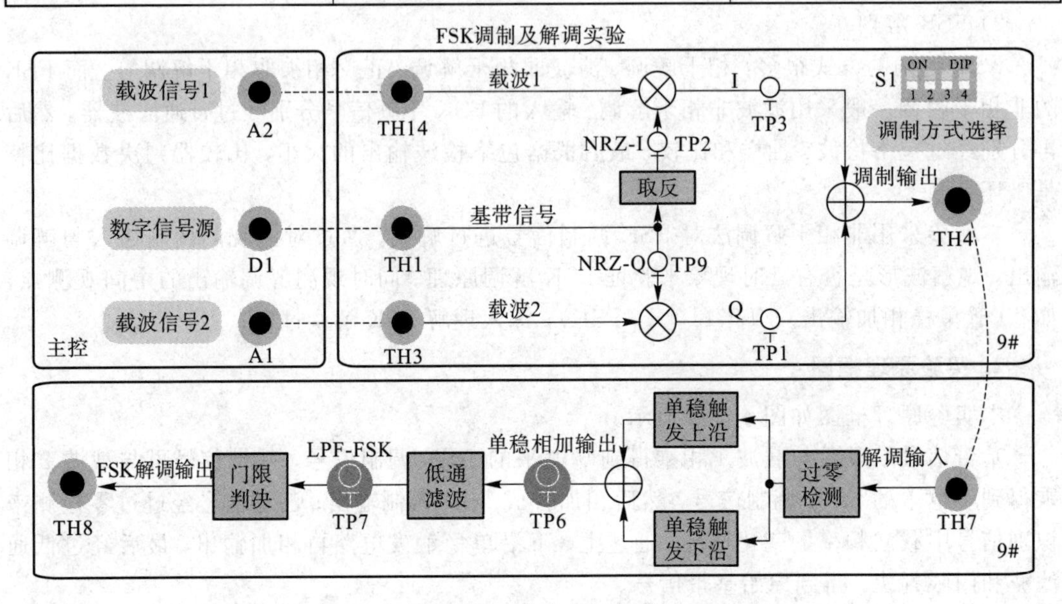

图 4.2.3　实验交互界面

2）检查连线

检查连线是否正确，检查无误后打开实验箱电源。

（1）将实验模块开电，在显示屏主界面选择【实验项目】→【调制解调】→【FSK 调制及解调实验(9 号)】。

（2）点击屏幕中的“数字信号源”，设置 D1 的输出信号类型为 PN15 信号，频率为 32 kHz。

（3）点击“载波信号 2”，设置 A1 输出载波幅度为 2 V 左右、频率为 256 kHz 的正弦波。

（4）点击“载波信号 1”，设置 A2 输出载波幅度为 3 V 左右、频率为 128 kHz 的正弦波。

（5）在硬件模块上将 9 号模块的 S1 拨为 0000。

3）实验操作及波形观测与分析

（1）以 CLK 为触发，观测输入基带信号 D1，记录波形和参数。

（2）观测载波信号 1 和载波信号 2，记录波形和参数。

（3）以输入基带信号 D1 为触发，观测分路信号 TP1 和 TP3、调制输出信号 TH4，记录波形和参数。

（4）以输入基带信号 D1 为触发，观测解调输出信号 TH8，记录波形和参数。

（5）观测调制输出信号 TH4 和单稳相加输出 TP6 信号，记录波形和参数。

4）眼图观测

以信号源的 CLK 为触发，观测 TP7(LPF－FSK)，绘制眼图并标注特征参数。要求：至少画出 2 个眼睛，标注最佳判决时间、判决电平、过零点畸变(或抖动范围)及眼皮厚度(或噪声容限)。

5）FSK 信号的频谱特性观测

设置频谱仪参数中心频率为 512 kHz、扫频宽度为 1024 kHz、分辨率带宽为 10 kHz、扫频时间为 1 s，观测 FSK 信号频谱特性，绘图并标注特征参数(峰值点、带宽等)。

6）实验结束

关闭电源，整理数据完成实验报告。

四、思考题

（1）分析实验电路的工作原理，简述其工作过程。

（2）分析 FSK 调制解调原理。

（3）如果改变输入 PN 码的码元速率，分析一个码元中载波数的变化情况。

（4）记录实验过程中遇到的问题并进行分析，提出改进建议。

实验 4－3　BPSK 调制及解调实验

一、实验目的

（1）掌握 BPSK 调制和解调的基本原理。

(2) 掌握 BPSK 数据传输过程，熟悉典型电路。

(3) 熟悉 BPSK 调制载波包络的变化。

(4) 掌握 BPSK 载波恢复特点与位定时恢复的基本方法。

二、实验原理

1. 实验原理

PSK(相移键控)利用载波的相位变化来传递数字信息，载波振幅和频率保持不变。BPSK 为二进制相移键控，通常用初始相位 0 和 π 分别表示二进制的“1”和“0”。其信号的时域表达式为

$$e_{\mathrm{BPSK}}(t)=A\cos(\omega_c t+\varphi_n) \tag{4.3.1}$$

式中：φ_n 表示第 n 个符号的绝对相位，即

$$\varphi_n=\begin{cases}0, & \text{发送“0”时}\\ \pi, & \text{发送“1”时}\end{cases}$$

BPSK 信号的时域波形如图 4.3.1 所示。

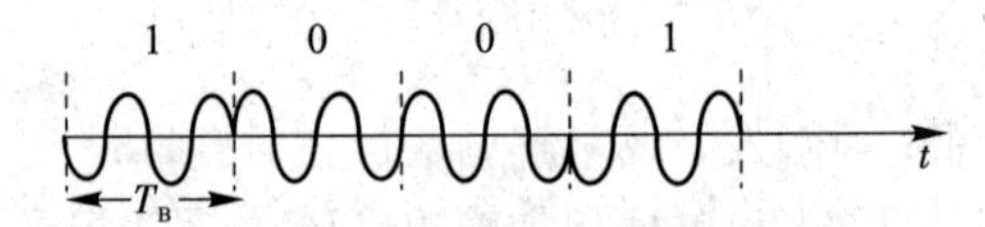

图 4.3.1 BPSK 信号的时域波形

由于表示信号的两种码元的波形相同、极性相反，故 BPSK 信号一般可以表述为一个双极性全占空矩形脉冲序列与一个正弦载波的相乘，即

$$e_{\mathrm{BPSK}}(t)=s(t)\cos\omega_c t \tag{4.3.2}$$

其中：$s(t)=\sum_n a_n g(1-nT_B)$ 。

这里，$g(t)$为脉宽为 T_B 的单个矩形脉冲，a_n 的统计特性为

$$a_n=\begin{cases}1, & \text{概率为 } P\\ -1, & \text{概率为 } 1-P\end{cases} \tag{4.3.3}$$

即发送二进制符号“0”时($a_n=+1$)，$e_{\mathrm{BPSK}}(t)$取 0 相位；发送二进制符号“1”时（$a_n=-1$），$e_{\mathrm{BPSK}}(t)$取 π 相位。这种以载波的不同相位直接去表示相应二进制数字信号的调制方式，称为二进制绝对相移方式。

BPSK 信号的调制原理与 2ASK 信号的产生方法相比较，只是对 $s(t)$的要求不同，在 2ASK 中 $s(t)$是单极性的，而在 BPSK 中 $s(t)$是双极性的基带信号。BPSK 信号的解调通常采用相干解调法，但是，由于在 BPSK 信号的载波恢复过程中存在着 π 的相位模糊，即恢复的本地载波与所需的相干载波可能同相，也可能反相。这种相位关系的不确定性将会造成解调出的数字基带信号与发送的数字基带信号正好相反，即“1”变为“0”，“0”变为“1”，判决器输出数字信号全部出错。这种现象称为 BPSK 方式的“倒 π”现象或“反相工作”。这也是 BPSK 方式在实际中很少被采用的主要原因。另外，在随机信号码元序列中，信号波形有可能出现长时间连续的正弦波形，致使在接收端无法辨认信号码元的起止时刻。

2. 实验原理框图

本实验原理框图如图 4.3.2 所示。

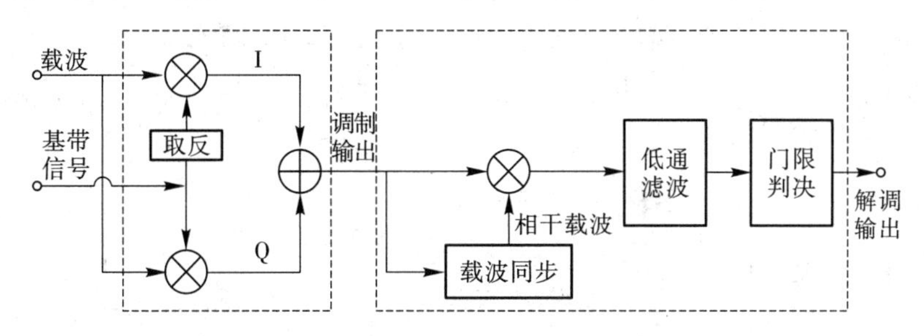

图 4.3.2　BPSK 调制及解调实验原理框图

基带信号的高电平和低电平信号与正反相载波相乘，叠加后得到 BPSK 调制输出；已调信号送入到 13 模块载波提取单元得到同步载波；已调信号与相干载波相乘后，经过低通滤波和门限判决后，解调输出原始基带信号。

BPSK 调制实验中，信号是用相位相差 π 的载波变换来表征被传递的信息的。通过对比观测基带信号波形与调制输出波形来验证 BPSK 调制原理。

三、实验内容和步骤

1. 实验仪器

实验仪器包括实验箱、示波器、频谱仪等。

2. 实验步骤

1）实验连线

模块关电，按表 4.3.1 所示进行信号连线，实验交互界面如图 4.3.3 所示。

表 4.3.1　信号连线说明

源端口	目的端口	连线说明
信号源：D1	模块 9：TH1(基带信号)	调制信号输入
信号源：A2	模块 9：TH14(载波 1)	载波 1 输入
信号源：A2	模块 9：TH3(载波 2)	载波 2 输入
模块 9：TH4(调制输出)	模块 13：TH2(载波同步输入)	载波同步模块信号输入
模块 13：TH1(SIN)	模块 9：TH10(相干载波输入)	用于解调的载波
模块 9：TH4(调制输出)	模块 9：TH7(解调输入)	解调信号输入

2）检查连线

检查连线是否正确，检查无误后打开实验箱电源。

(1) 将实验模块开电，在显示屏主界面选择【实验项目】→【调制解调】→【BPSK 调制及解调实验(9 号)】。

(2) 点击屏幕中的“数字信号源”，设置 D1 的输出信号类型为 PN15，频率为 32 kHz。

(3) 点击“载波信号”，设置 A2 的输出信号类型为正弦波、频率为 256 kHz、幅度可设置为 100%(设置电压的峰峰值输出为 3 V 左右即可)。

(4) 在硬件模块上将 9 号模块的 S1 拨为 0000。

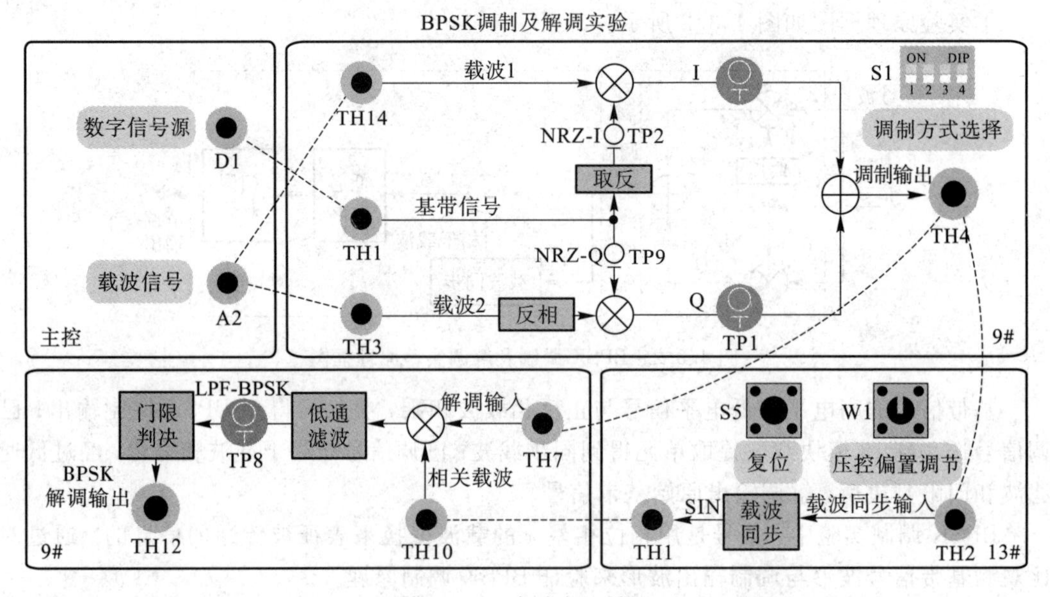

图 4.3.3 实验交互界面

3) 实验操作及波形观测与分析

(1) 以时钟信号 CLK 为触发，观测基带信号 D1，记录波形和参数。

(2) 观测载波信号 A2 和调制输出信号 TH4 确定相位，记录波形和参数。

(3) 以基带信号 D1 为触发，观测调制输出信号 TH4，记录波形和参数(要求标注 0、π 相位以及对应的载波数量)。

(4) 调节 13 号模块压控偏置调节旋钮 W1 使示波器波形在不按 Stop 的情况下保持稳定，然后对比观测载波信号 A2 和相干载波输入信号 TH10，记录波形和参数。

(5) 以基带信号 D1 为触发，分别观测触发点 TP1 和 TP3，记录波形和参数。

(6) 以基带信号 D1 为触发，然后点击复位键 S5(可能需要多次点击)，分别观测解调输出信号 TH12 正相的波形，记录波形和参数。

(7) 以基带信号 D1 为触发，然后点击复位键 S5(可能需要多次点击)，分别观测解调输出信号 TH12 反相的波形，记录波形和参数。

4) BPSK 频谱特性分析

设置频谱仪参数中心频率为 512 kHz、扫频宽度为 1024 kHz、分辨率带宽为 3 kHz、扫频时间为 1 s，观测 BPSK 信号频谱特性，并绘图和标注特征参数(峰值点、带宽等)。

5) 实验结束

关闭电源，整理数据完成实验报告。

四、思考题

(1) 通过实验波形，分析 BPSK 调制解调原理。

(2) 分析 BPSK 调制信号解调时相位模糊产生的原因。

(3) 列举 BPSK 常用的载波恢复方法。

(4) 记录实验过程中遇到的问题并进行分析，提出改进建议。

实验 4-4　DBPSK 调制及解调实验

一、实验目的

(1) 掌握 DBPSK 调制和解调的基本原理。
(2) 掌握 DBPSK 数据传输过程，熟悉典型电路。
(3) 熟悉 DBPSK 调制载波包络的变化。

二、实验原理

1. DBPSK 基本原理

在信号传输过程中，BPSK 信号与 2ASK、2FSK 信号相比，具有较好的误码率性能。但是，BPSK 相干解调时，由于载波恢复中相位有 0、π 模糊性，导致解调过程出现“反相工作”现象，恢复出的数字信号“1”和“0”倒置，从而使 BPSK 难以实际应用。为了保证 BPSK 优点，又不会产生相位模糊，把 BPSK 体制改进为二进制差分相移键控。DBPSK 是利用前后相邻码元的载波相对相位变化传递数字信息，所以又称相对相移键控。

假设 $\Delta\varphi$ 为当前码元与前一码元的载波相位差，则数字信息与 $\Delta\varphi$ 之间的关系可定义为

$$\Delta\varphi=\begin{cases}0, & \text{表示数字信息“1”}\\ \pi, & \text{表示数字信息“0”}\end{cases} \tag{4.4.1}$$

也就是说，DBPSK 信号的相位并不直接代表基带信号，而前后码元相对相位差才唯一决定信息码元。

DBPSK 信号的产生方法：先对二进制数字基带信号进行差分编码，即把表示数字信息序列的绝对码变换成相对码(差分码)，然后再根据相对码进行绝对调相，从而产生二进制差分相移键控信号。

DBPSK 信号调制器键控法原理框图如图 4.4.1 所示。

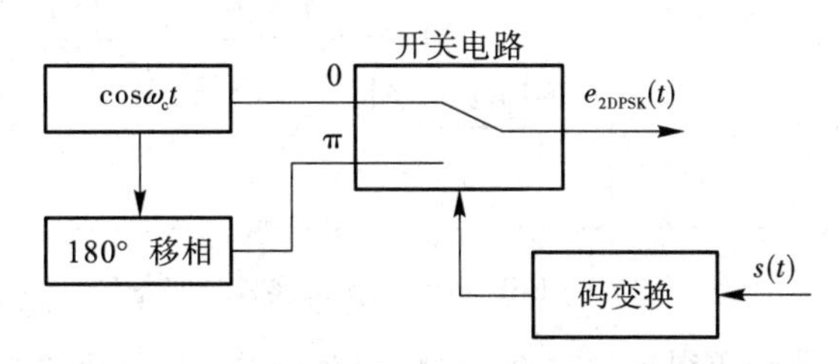

图 4.4.1　DBPSK 信号调制器键控法原理框图

差分码可取传号差分码或空号差分码。其中，传号差分码的编码规则为

$$b_n=a_n\oplus b_{n-1} \tag{4.4.2}$$

式中：a_n 为绝对码；b_n 为相对码；$\oplus$为模 2 加；b_{n-1} 为 b_n 的前一码元，最初的 b_{n-1} 可任意设定。

由图 4.4.2 中已调信号的波形可知，这里使用的就是传号差分码，即载波的相位遇到原数字信息“1”变化，遇到“0”则不变，载波相位的这种相对变化就携带了数字信息。

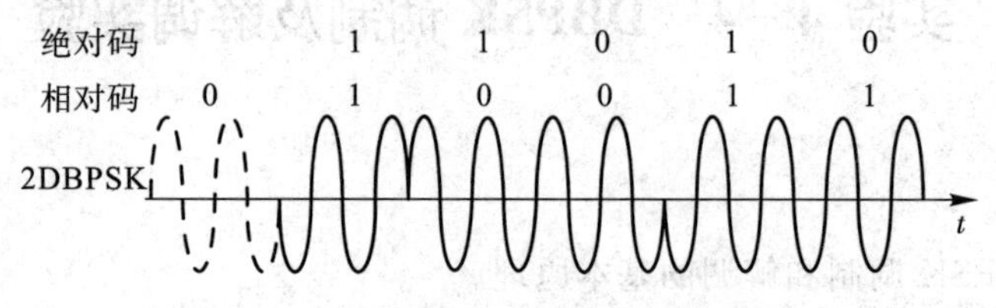

图 4.4.2 DBPSK 信号调制过程波形图

式(4.4.2)称为差分编码(码变换)，即把绝对码 a_n 变换为相对码 b_n；其逆过程称为差分译码(码反变换)，即：

$$a_n = b_n \oplus b_{n-1} \tag{4.4.3}$$

DBPSK 信号的解调方法之一是相干解调(极性比较法)加码反变换法。其解调原理是：对 DBPSK 信号进行相干解调，恢复出相对码，再经码反变换器变换为绝对码，从而恢复出发送的二进制数字信息。在解调过程中，由于载波相位模糊性的影响，使得解调出的相对码也可能是“1”和“0”倒置，但经差分译码(码反变换)得到的绝对码不会发生任何倒置的现象，从而解决了载波相位模糊性带来的问题。

DBPSK 信号的另一种解调方法是差分相干解调(相位比较法)，用这种方法解调时不需要专门的相干载波，只需由收到的 DBPSK 信号延时一个码元间隔 T_B，然后与 DBPSK 信号本身相乘。相乘器起着相位比较的作用，相乘结果反映了前后码元的相位差，经低通滤波后再抽样判决，即可直接恢复出原始数字信息，故解调器中不需要码反变换器。

DBPSK 系统是一种实用的数字调相系统，但其抗加性白噪声性能比 BPSK 的要差。

2. 实验原理框图

本实验原理框图如图 4.4.3 所示。

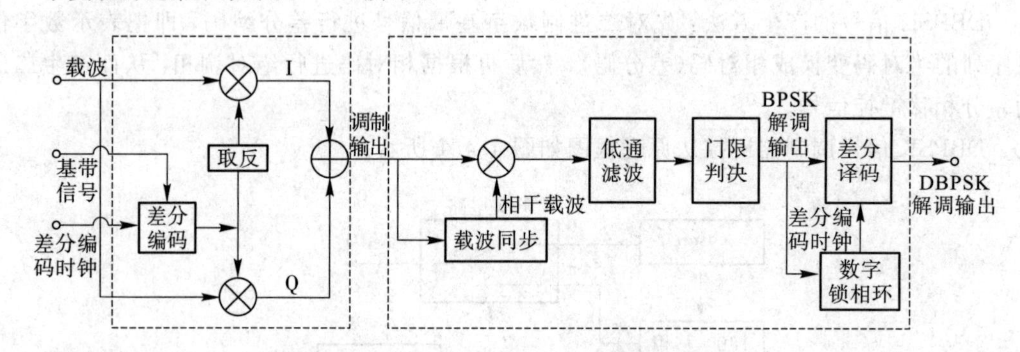

图 4.4.3 DBPSK 调制及解调实验原理框图

基带信号先经过差分编码得到相对码，再将相对码的 1 电平和 0 电平信号分别与 256 K 载波及 256 K 反相载波相乘，叠加后得到 DBPSK 调制输出；已调信号送入到 13 模块载波提取单元得到同步载波；已调信号与相干载波相乘后，经过低通滤波和门限判决后，解调输出原始相对码，最后经过差分译码恢复出原始基带信号。其中载波同步和位同步由 13 号模块完成。

三、实验内容及步骤

1. 实验仪器

实验仪器包括实验箱、示波器和频谱仪等。

2. 实验步骤

1）实验连线

模块关电，按表 4.4.1 所示进行信号连线，实验交互界面如图 4.4.4 所示。

表 4.4.1　信号连线说明

源端口	目的端口	连线说明
信号源：D1	模块 9：TH1(基带信号)	调制信号输入
信号源：A2	模块 9：TH14(载波 1)	载波 1 输入
信号源：A2	模块 9：TH3(载波 2)	载波 2 输入
信号源：CLK	模块 9：TH2(差分编码时钟)	调制时钟输入
模块 9：TH4(调制输出)	模块 13：TH2(载波同步输入)	载波同步模块信号输入
模块 13：TH1(SIN)	模块 9：TH10(相干载波输入)	用于解调的载波
模块 9：TH4(调制输出)	模块 9：TH7(解调输入)	解调信号输入
模块 9：TH12(BPSK 解调输出)	模块 13：TH7(数字锁相环输入)	数字锁相环信号输入
模块 13：TH5(BS2)	模块 9：TH11(差分译码时钟)	用作差分译码时钟

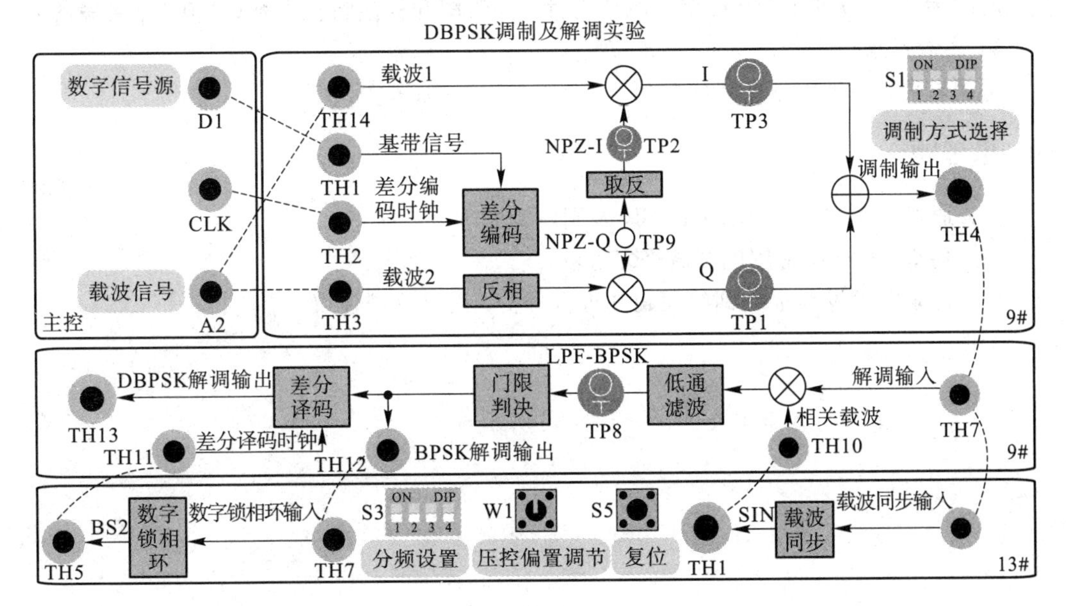

图 4.4.4　实验交互界面

2）检查连线

检查连线是否正确，检查无误后打开实验箱电源。

(1) 将实验模块开电，在显示屏主界面选择【实验项目】→【调制解调】→【DBPSK 调制及解调实验(9号)】。

(2) 点击“数字信号源”，设置D1的输出信号类型为数字终端信号，频率为32 kHz，点击“数据设置”，设置S1～S4依次为11100101、01100010、11100101、01100010。

(3) 设置A2的输出信号类型为正弦波、频率为256 kHz、幅度可设置为100%(输出电压的峰峰值为3 V左右即可)。

(4) 将9号模块的S1拨为0100。

(5) 将13号模块的S3拨为0111。

3) 实验操作及波形观测与分析

(1) 以时钟信号CLK为触发，观测基带信号D1，记录波形和参数。

(2) 观测载波信号A2和调制输出信号TH4确定相位，记录波形和参数。

(3) 以基带信号D1为触发，观测调制输出信号TH4，记录波形和参数(要求标注0、π相位以及对应的载波数量)。

(4) 调节13号模块压控偏置调节旋钮W1使示波器波形在不按Stop的情况下保持稳定，然后对比观测载波信号A2和相干载波输入信号TH10，记录波形和参数。

(5) 以基带信号D1为触发，然后点击复位键S5(可能需要多次点击)，分别观测解调输出信号TH12和TH13正相的波形，记录波形和参数。

(6) 以基带信号D1为触发，然后点击复位键S5(可能需要多次点击)，分别观测解调输出信号TH12和TH13反相的波形，记录波形和参数。

4) DBPSK信号频谱特性分析

设置频谱仪参数中心频率为512 kHz、扫频宽度为1024 kHz、分辨率带宽为3 kHz、扫频时间为1 s，观测DBPSK信号频谱特性，并绘图和标注特征参数(峰值点、带宽等)。

5) 实验结束

关闭电源，整理数据完成实验报告。

四、思考题

(1) 通过实验波形，分析DBPSK调制解调原理。

(2) 列举DBPSK常用的载波恢复方法。

(3) 记录实验过程中遇到的问题并进行分析，提出改进建议。

第五章　差错控制编码实验

差错控制编码也称为纠错编码。在实际信道上传输数字信号时，由于信道传输特性不理想及加性噪声的影响，接收端所收到的数字信号不可避免地会发生错误。为了在已知信噪比情况下达到一定的比特误码率指标，首先应该合理设计基带信号，选择调制解调方式，采用时域、频域均衡，使比特误码率尽可能降低。但实际上，在许多通信系统中的比特误码率并不能满足实际的需求。此时则必须采用信道编码(即差错控制编码)才能将比特误码率进一步降低，以满足系统指标要求。

差错控制随着差错控制编码理论的完善和数字电路技术的飞速发展，信道编码已经成功地应用于各种通信系统中，并且在计算机、磁记录设备与各种存储器中也得到日益广泛的应用。差错控制编码的基本实现方法是在发送端将被传输的信息附上一些监督码元，这些多余的码元与信息码元之间以某种确定的规则相互关联(约束)。接收端按照既定的规则校验信息码元与监督码元之间的关系，一旦传输发生差错，则信息码元与监督码元的关系就受到破坏，从而接收端可以发现错误乃至纠正错误。因此，研究各种编码和译码方法是差错控制编码所要解决的问题。编码涉及的内容也比较广泛，前向纠错编码(FEC)、线性分组码(汉明码、循环码)、理德-所罗门码(RS 码)、BCH 码、FIRE 码、交织码，卷积码、TCM 编码、Turbo 码等都是差错控制编码的研究范畴。

实验 5-1　汉明码实验

一、实验目的

(1) 了解信道编码的作用。
(2) 掌握线性分组码的原理。
(3) 掌握汉明码编译码原理和检错纠错原理。
(4) 理解编码码距的意义。
(5) 掌握 CPLD 实现汉明码编译码的方法。

二、实验原理

1. 汉明码介绍

在信道中，错码的出现一般是随机的，且错码之间是统计独立的。例如，由高斯白噪声引起的错码就具有这种性质。因此，当信道中加性干扰主要是这种噪声时，就称这种信道为随机信道。

由于信息码元序列是一种随机序列，接收端是无法预知的，也无法识别其中有无错码。为了解决这个问题，可以由发送端的信道编码器在信息码元序列中增加一些监督码元，这些监督码元和信码之间有一定的关系，使接收端可以利用这种关系由信道译码器来发现或纠正可能存在的错码。

在信息码元序列中加入监督码元就称为差错控制编码，有时也称为纠错编码。不同的编码方法有不同的检错或纠错能力。有的编码就只能检错不能纠错。

那么为了纠正一位错码，在分组码中最少要加入多少监督位才行呢？编码效率能否提高呢？从这种思想出发进行研究，促使了汉明码的诞生。汉明码是一种能够纠正一位错码且编码效率较高的线性分组码。下面我们介绍汉明码的构造原理。

一般说来，若码长为 n，信息位数为 k，则监督位数 $r=n-k$。如果希望用 r 个监督位构造出 r 个监督关系式来指示一位错码的 n 种可能位置，则要求：

$$2^r-1\geqslant n \quad 或 \quad 2^r\geqslant k+r+1 \tag{5.1.1}$$

下面我们通过一个例子来说明如何构造这些监督关系式。

设分组码 (n, k) 中 $k=4$，为了纠正一位错码，由式(5.1.1)可知，要求监督位数 $r\geqslant 3$。若取 $r=3$，则 $n=k+r=7$。我们用 $a_6a_5\cdots a_0$ 表示这 7 个码元，用 S_1、S_2、S_3 表示三个监督关系式中的校正子，则 S_1、S_2、S_3 的值与错码位置的对应关系可以规定如表 5.1.1 所示。

表 5.1.1　校正子和错码位置的对应关系表

S_1、S_2、S_3	错码位置	S_1、S_2、S_3	错码位置
001	a_0	101	a_4
010	a_1	110	a_5
100	a_2	111	a_6
011	a_3	000	无错

由表 5.1.1 中规定可见，仅当一错码位置在 a_2、a_4、a_5 或 a_6 时，校正子 S_1 为 1；否则 S_1 为 0。这就意味着 a_2、a_4、a_5 和 a_6 四个码元构成偶数监督关系：

$$S_1=a_6\oplus a_5\oplus a_4\oplus a_2 \tag{5.1.2}$$

同理，a_1、a_3、a_5 和 a_6 构成偶数监督关系：

$$S_2=a_6\oplus a_5\oplus a_3\oplus a_1 \tag{5.1.3}$$

以及 a_0、a_3、a_4 和 a_6 构成偶数监督关系：

$$S_3=a_6\oplus a_4\oplus a_3\oplus a_0 \tag{5.1.4}$$

在发送端编码时，信息位 a_6、a_5、a_4 和 a_3 的值决定于输入信号，因此它们是随机的。监督位 a_2、a_1 和 a_0 应根据信息位的取值按监督关系来确定，即监督位应使上三式中 S_1、S_2 和 S_3 的值为零(表示变成的码组中应无错码)

$$\left.\begin{aligned} a_6\oplus a_5\oplus a_4\oplus a_2=0 \\ a_6\oplus a_5\oplus a_3\oplus a_1=0 \\ a_6\oplus a_4\oplus a_3\oplus a_0=0 \end{aligned}\right\} \tag{5.1.5}$$

由上式经移项运算，解出监督位：

$$\left.\begin{aligned} a_2=\oplus a_6\oplus a_5\oplus a_4 \\ a_1=\oplus a_6\oplus a_5\oplus a_3 \\ a_0=\oplus a_6\oplus a_4\oplus a_3 \end{aligned}\right\} \tag{5.1.6}$$

给定信息位后，可直接按上式算出监督位，其结果如表 5.1.2 所列。

表 5.1.2　信息位与监督位的对应关系表

信息位	监督位	信息位	监督位
$a_6a_5a_4a_3$	$a_2a_1a_0$	$a_6a_5a_4a_3$	$a_2a_1a_0$
0000	000	1000	111
0001	011	1001	100
0010	101	1010	010
0011	110	1011	001
0100	110	1100	001
0101	101	1101	010
0110	011	1110	100
0111	000	1111	111

接收端收到每个码组后，先按式(5.1.2)～(5.1.4)计算出 S_1、S_2、S_3，再按表 5.1.2 判断错码情况。例如，若接收码组为 0000011，按式(5.1.2)～(5.1.4)计算可得 $S_1=0$、$S_2=1$、$S_3=1$。由于 $S_1S_2S_3$ 等于 011，故根据表 5.1.1 可知在 a_3 位有一错码。按上述方法构造的码称为汉明码。表 5.1.2 中所列的(7，4)汉明码的最小码距 $d_0=3$，因此，这种码能纠正一个错码或检测两个错码。

汉明码有以下特点：

码长　　　　$n=2^r-1$　　，最小码距 $d=3$

信息码位　　$k=2^r-m-1$，纠错能力 $t=1$

监督码位　　$r=n-k=m$

这里 m 为大于等于 2 的正整数，给定 m 后，即可构造出具体的汉明码$(n，k)$。

汉明码的编码效率为$\frac{k}{n}=\frac{2^r-1-r}{2^r-1}=\frac{1-r}{2^r-1}=1-\frac{r}{n}$。当 n 很大时，则编码效率接近 1，可见汉明码是一种高效码。

汉明码的编码器和译码器电路如图 5.1.1 所示：

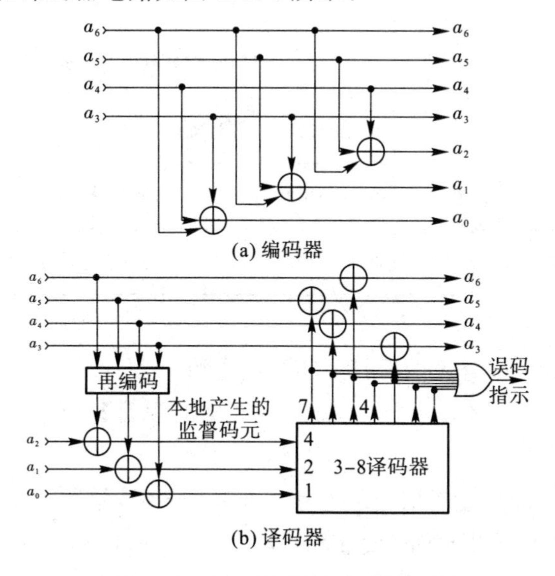

图 5.1.1　(7，4)汉明码的编译码器

2. 实验原理框图

本实验原理框图如图 5.1.2 所示。

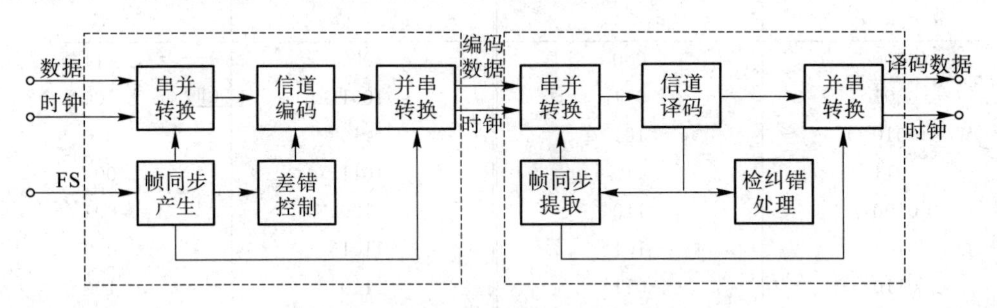

图 5.1.2 汉明码编译码原理框图

本实验通过改变输入数字信号的码型，观测延时输出、编码输出及译码输出，验证汉明码编译码规则。

三、实验内容和步骤

1. 实验仪器

实验仪器包括实验箱、示波器等。

2. 实验步骤

1）实验连线

模块关电，按表 5.1.3 所示进行信号连线，实验交互界面如图 5.1.3 所示。

表 5.1.3 信号连线说明

源端口	目的端口	连线说明
信号源：D1	模块 M02：TH1(编码输入-数据)	编码信号输入
信号源：CLK	模块 M02：TH2(编码输入-时钟)	提供编码位时钟
信号源：FS	模块 M02：TH3(辅助观测-帧头指示)	编码帧头指示
模块 M02：TH5(编码输出-编码数据)	模块 M02：TH7(译码输入-数据)	将数据送入译码
模块 M02：TH6(编码输出-时钟)	模块 M02：TH8(译码输入-时钟)	提供译码时钟

2）检查连线

检查连线是否正确，检查无误后打开实验箱电源。

(1) 将实验模块开电，在显示屏主界面选择【实验项目】→【信道编译码】→【汉明码编译码实验】。

(2) 点击“数字信号源”，设置信号速率为 32 kHz，选择信号类型为数字终端，点击“数据设置”进入到数字终端及显示设置界面，设置 S1～S4 为 10100000、11111001、10100000、11111001。

(3) 点击“帧信号”，设置 FS 输出为 FS 32 bit。

(4) 点击“编码速率”，设置编码速率为 32 Kb/s。

(5) 点击“差错设置”，设置为无误码。

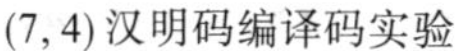

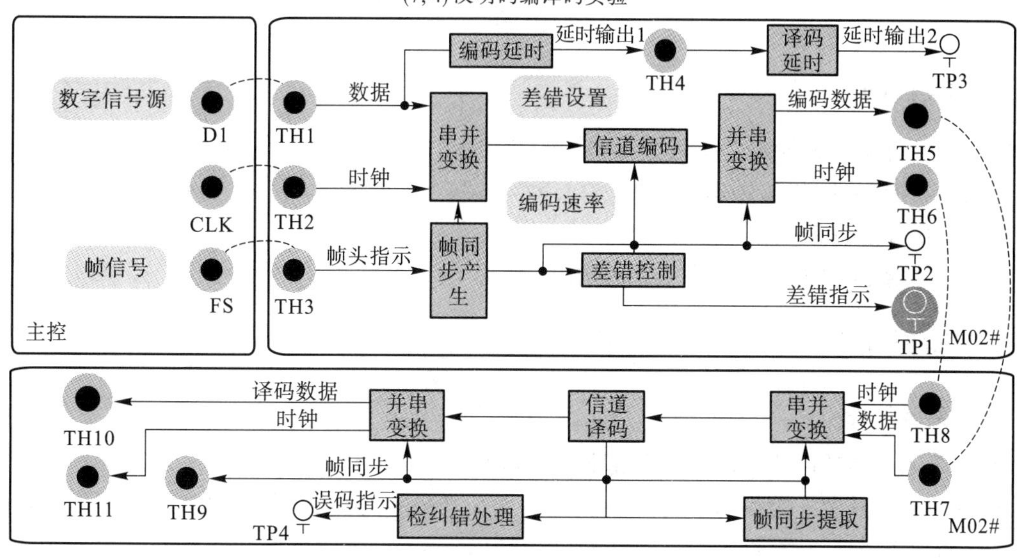

图 5.1.3　实验交互界面

3) 汉明码编译码观测与分析

(1) 以时钟信号 CLK 为触发，观测输入信号 D1，记录波形和参数。

(2) 以时钟信号 CLK 为触发，观测帧信号 FS，记录波形和参数。

(3) 以编码输出时钟 TH6 为触发，观测编码输出数据 TH5，记录波形和参数。

(4) 以输入信号 D1 为触发，观测编码输出数据 TH5，记录波形和参数。

(5) 以帧信号 FS 为触发，观测帧同步信号 TH9，记录波形和参数。

(6) 以输入信号 D1 为触发，观测译码输出数据 TH10，记录波形和参数。

4) 汉明码纠错检错观测与分析

(1) 点击“差错设置”，设置插入一个错码。以输入信号 D1 为触发，辅助使用误码指示 TP4，观测编码输出数据 TH5 和译码输出数据 TH10，记录波形和参数。

(2) 点击“差错设置”，设置插入两个错码。以输入信号 D1 为触发，辅助使用误码指示 TP4，观察编码输出数据 TH5 和译码输出数据 TH10，记录波形和参数。

5) 实验结束

关闭电源，整理数据完成实验报告。

四、思考题

(1) 分析实验电路的工作原理，简述其工作过程。

(2) 分析汉明码实现检错及纠错的原理。

(3) 线性分组码纠错检错能力如何判断？

(4) 记录实验过程中遇到的问题并进行分析，提出改进建议。

(5) 简述线性分组码、信道编码在通信系统中的意义。

实验 5-2　BCH 码编译码实验

一、实验目的

(1) 了解循环码的定义及其分类。

(2) 掌握 BCH 码编译码的原理。

(3) 掌握 BCH 码检错、纠错原理。

(4) 了解 BCH 码的优缺点及其应用。

二、实验原理

1. 实验原理

BCH 码是循环码的一种，满足循环码的编码方法，令给定的编码方式为(n,k)，生成多项式为 $g(x)$，其中 n 为编码长度，即码长，k 为信息码字的长度，信息码多项式为 $m(x)$，编码的步骤如下：

(1) $x^{(n-k)}$乘以 $m(x)$。这一运算实际上是在信息码后附加上$(n-k)$个“0”。例如信息码为 110，它相当于 $m(x)=x^2+x$。当 $n-k=7-3=4$ 时，$x^{(n-k)}m(x)=x^4(x^2+x)=x^6+x^5$，它相当于 1100000。

(2) 用 $x^{(n-k)}m(x)$除以 $g(x)$，得到商 $Q(x)$和余式 $r(x)$，即

$$\frac{x^{n-k}m(x)}{g(x)}=Q(x)+\frac{r(x)}{g(x)}$$

例如，若选定 $g(x)=x^4+x^2+x+1$，则

$$\frac{x^{n-k}m(x)}{g(x)}=\frac{x^6+x^5}{x^4+x^2+x+1}=(x^2+x+1)+\frac{x^2+1}{x^4+x^2+x+1}$$

相当于$\frac{1100000}{10111}=111+\frac{101}{10111}$。

(3) 编出的码组为 $A(x)=x^{(n-k)}m(x)+r(x)$。

下面我们以(15,5)的编码方式作简单的介绍。例如，信息位为[0 1 0 1 1]，对应可知 $m(x)=x^3+x+1$，当 $n=15$，$k=5$ 时，生成多项式 $g(x)$的系数为$(2467)_8$，也就是$(10100110111)_2$，$g(x)=x^{10}+x^8+x^5+x^4+x^2+x+1$。

注：关于多项式 $g(x)$一般不需要自己计算，前人已经将寻找到的 $g(x)$列成表，故可以查找相关表格找到所需的生成多项式。表 5.2.1 列出了常见的 $n=3,7,15$ 情况下的 BCH 码生成的多项式系数。

编码步骤如下：

① $x^{(n-k)}$乘以 $m(x)$，即 $x^{10}m(x)=x^{13}+x^{11}+x^{10}$对应的二进制编码为[0 1 0 1 1 0 0 0 0 0 0 0 0 0 0]，$g(x)=x^{10}+x^8+x^5+x^4+x^2+x+1$。

② 用 $g(x)$除以 $x^{(n-k)}m(x)$，得到商 $Q(x)$和余式 $r(x)$：

$$\frac{x^{10}m(x)}{g(x)}=\frac{x^{14}+x^{13}+x^{12}+x^{11}}{x^{10}+x^{8}+x^{5}+x^{4}+x^{2}+x+1}=\frac{010110000000000}{10100110111}$$

$$=01011+\frac{10001111}{10100110111}$$

③ 编出的码组为 $A(x)=x^{(n-k)}m(x)+r(x)=010110010001111$。

本实验采用的就是(15,5)的编码方式。参数对应关系如表 5.2.1 所示。

表 5.2.1　参数对应关系

n	k	t	$g(x)$
3	1	1	7
7	4	1	13
	1	3	77
15	11	1	23
	7	2	721
	5	3	2467
	1	7	77777

彼得森译码算法适用于设计纠错能力 t 比较大的 BCH 码，设一个 (n, k) BCH 码以 $\alpha, \alpha^2, \alpha^3, \cdots, \alpha^{2t}$ 为根，它的设计距离 $d=2t+1$，发送码多项式、接收多项式和错误多项式图样分别为 $v(x)$、$r(x)$、$e(x)$，若信道传输过程中产生 $e(e\leqslant t)$个错误，y_i 为错误值，错误图样 $e(x)=y_1x^{11}+y_2x^{12}+\cdots+y_ex^{1e}$，随后计算出伴随式 S^{T}。彼得森译码基本过程为：

(1) 用各因式作为除式，对接收到的码多项式求余，得到 t 个余式，称为“部分校验式”。

(2) 用 t 个部分校验式构造一个特定的译码多项式，它以错误位置数为根。

(3) 求译码多项式的根，得到错误位置。

(4) 纠正错误。

具体的彼得森译码算法可以分为以下几个步骤：

① 由 $r(x)$计算伴随式 $S_j=R(\alpha)_j$，$j=1, 2, \cdots, 2t$；

② 解方程组 $\begin{bmatrix} S_{i+1} \\ s_{i+2} \\ \vdots \\ s_{i+t} \end{bmatrix}+\begin{pmatrix} s_t & \cdots & s_1 \\ s_{t+1} & \cdots & s_2 \\ \vdots & & \vdots \\ s_{2t-1} & \cdots & s_t \end{pmatrix}\begin{bmatrix} \sigma_1 \\ \sigma_2 \\ \vdots \\ \sigma_t \end{bmatrix}=0$，求出 $\sigma_1, \sigma_2, \cdots, \sigma_e$，$e\leqslant 1$，得到错位多项式：

$$\sigma(x)=1+\sigma_1x+\sigma_1x^2+\cdots+\sigma_ex^e$$

③ 用试根法求 $\sigma(x)$的根，确定错位位置 $x_1, x_2, \cdots, x_e$；

④ 将 x_i 的值代入方程组，解线性方程组，得到错位值 $y_1, y_2, \cdots, y_e$；

⑤ 求解错位图样 $e(x)$，由 $v(x)=r(x)-e(x)$求出正确码多项式，完成译码。

2. 实验原理框图

本实验原理框图如图 5.2.1 所示。

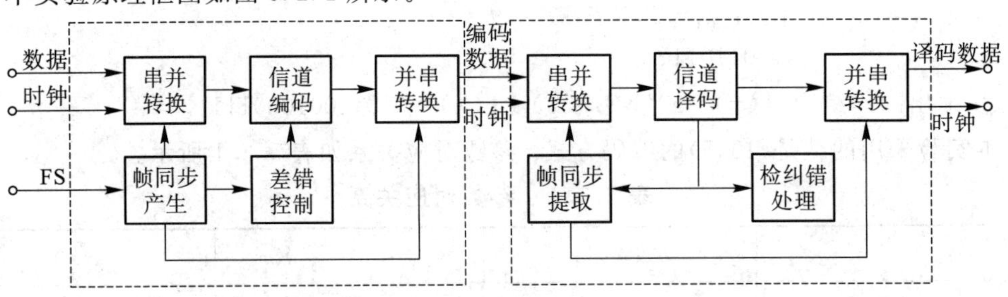

图 5.2.1 BCH 码编译码实验框图

BCH 码使用有限域上的域论与多项式。BCH 码是循环码子类，对于任何正整数 m 和 t（$m \geqslant 3$，$t < 2m-1$），存在着能纠正 t 个以内错误的 BCH 码，其参数为：码长 $n=2m-1$，最小码距 $d \geqslant 2t+1$。其生成多项式 $g(x)$为 $GF(2^m)$域上最小多项式 $m_1(x), m_2(x), \cdots, m_{2t}(x)$的最小公倍式，即 $g(x)=LCM[m_1(x), m_2(x), \cdots, m_{2t}(x)]$。或者，考虑到 $m_2(x)$的根包含在 $m_1(x)$内，也就是一般来说，偶数小标项可一律取消，可进一步简化为 $g(x)=LCM[m_1(x), m_3(x), \cdots, m_{2t-1}(x)]$。

本实验通过观察并记录编码输入与输出波形，验证 BCH 码编码规则；通过插入不同个数不同位置的误码，观察译码结果与输入信号验证 BCH 码的检错纠错能力，并与汉明码、循环码的检错纠错能力相对比。

三、实验内容和步骤

1. 实验仪器

实验仪器包括实验箱、示波器等。

2. 实验步骤

1）实验连线

模块关电，按表 5.2.2 所示进行信号连线，实验交互界面如图 5.2.2 所示。

表 5.2.2 信号连线说明

源端口	目的端口	连线说明
信号源：D1	模块 M02：TH1(编码输入-数据)	编码信号输入
信号源：CLK	模块 M02：TH2(编码输入-时钟)	提供编码位时钟
信号源：FS	模块 M02：TH3(辅助观测-帧头指示)	辅助观测
模块 M02：TH5(编码输出-编码数据)	模块 M02：TH7(译码输入-数据)	数据送入译码
模块 M02：TH6(编码输出-时钟)	模块 M02：TH8(译码输入-时钟)	提供译码时钟

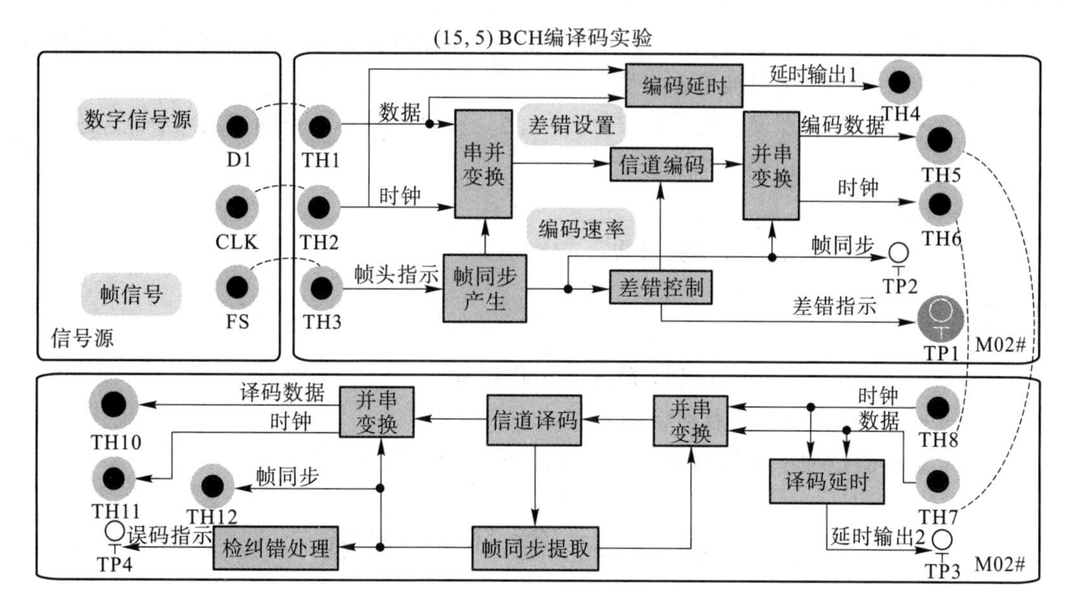

图 5.2.2　实验交互界面

2) 检查连线

检查连线是否正确，检查无误后打开实验箱电源。

(1) 将实验模块开电，在显示屏主界面选择【实验项目】→【信道编译码】→【BCH 码编译码实验】。

(2) 点击“数字信号源”，设置信号速率为 32 K，选择信号类型为 PN15。

(3) 点击“帧信号”，设置 FS 输出为 FS3。

(4) 点击“编码速率”，设置编码速率为 32 Kb/s。

(5) 点击“差错设置”，设置为无误码。

3) BCH 编码规则验证观测与分析

(1) 用示波器分别接帧同步信号 TH3 及编码输入信号 TH1，以 TH3 为触发，观察 TH1，以某 TH3 脉冲上升沿对应的 PN 序列为起始点，读出并记录 15 位 PN 序列码型，记录波形和参数。

注： 记录时，可每 5 位之间以“_”分隔。

(2) 以编码帧同步 TP2 为触发，另一通道观测 BCH 编码输出信号 TH5。以某 TP2 脉冲上升沿对应的编码输出为起始点，记录 BCH 编码，每 15 位之间以“_”分隔，记录波形和参数。

(3) 对比记录的 PN 序列及编码输出，结合原理，分析验证编码规则。

4) BCH 码检纠错性能检验观测与分析

(1) 保持连线不变，点击“差错设置”，设置为“插入一个错码”。

(2) 对比观测译码结果 TH10 与输入信号 D1，验证 BCH 码的纠错能力，记录波形和参数。

(3) 对比观测差错指示 TP1 和误码指示 TP4，验证 BCH 码的检错能力，记录波形和参数。

(4) 点击“差错设置”，逐一插入不同错误。重复步骤(2)、(3)，验证 BCH 码的检纠错能力。

(5) 将示波器触发源通道接 TP2 帧同步信号，示波器另外一个通道接 TP1 差错指示，可以观测差错的位置，记录波形和参数。

(6) 将示波器触发源通道接 TP3 延时输出 2，示波器另外一个通道接 TP4 误码指示，可以观测检错的位置，记录波形和参数。

5) 实验结束

关闭电源，整理数据完成实验报告。

四、思考题

(1) 分析实验电路的工作原理，简述其工作过程。

(2) 分析 BCH 实现检错及纠错的原理。

(3) 记录实验过程中遇到的问题并进行分析，提出改进建议。

实验 5-3 循环码实验

一、实验目的

(1) 了解循环码在通信系统中的作用及应用范围。

(2) 掌握循环码编译码原理和检错纠错原理。

(3) 理解编码码距的意义。

(4) 会设计常用的简单循环码。

二、实验原理

1. 实验原理

1) 循环码介绍

循环码是线性分组码中一个重要的分支。它的编译码设备简单，检错纠错能力较强，不仅能纠随机错误，也能纠突发错误。

循环码是目前研究得最成熟的一类码，并且有严密的代数理论基础，故有许多特殊的代数性质，这些性质有助于按所要求的纠错能力系统地构造这类码，且易于实现，所以循环码受到人们的高度重视，在前向纠错编码系统中得到了广泛应用。

定义：一个线性分组码，若具有下列特性，则称为循环码。

设码字：

$$A=(a_{n-1}a_{n-2}\cdots a_1a_0) \tag{5.3.1}$$

若将码元左移一位，得

$$A^{(1)}=(a_{n-2}a_{n-1}\cdots a_1a_0a_{n-1}) \tag{5.3.2}$$

其中，$A^{(1)}$ 也是一个码字。

注意： 循环码并非由一个码字的全部循环移位构成。表 5.3.1 列出了一种(7,4)循环码的全部码组。

表 5.3.1　(7，4)循环码码表

码组	信息位				监督位			码组	信息位				监督位		
编号	a_6	a_5	a_4	a_3	a_2	a_1	a_0	编号	a_6	a_5	a_4	a_3	a_2	a_1	a_0
1	0	0	0	0	0	0	0	9	1	0	0	0	1	1	0
2	0	0	0	1	1	0	1	10	1	0	0	1	0	1	1
3	0	0	1	0	1	1	1	11	1	0	1	0	0	0	1
4	0	0	1	1	1	0	1	12	1	0	1	1	1	0	0
5	0	1	0	0	0	1	1	13	1	1	0	0	1	0	1
6	0	1	0	1	1	1	0	14	1	1	0	1	0	0	0
7	0	1	1	0	1	0	0	15	1	1	1	0	0	1	0
8	0	1	1	1	0	0	1	16	1	1	1	1	1	1	1

循环码有两个数学特征：

(1) 线性分组码的封闭型：即如果 c_1，c_2 是与消息 m_1，m_2 对应的码字，则 c_1+c_2 必定是与 m_1+m_2 对应的码字。

(2) 循环性，即任一许用码组经过循环移位后所得到的码组仍为该许用码组集合中的一个码组。

即若$(a_{n-1}a_{n-2}\cdots a_1a_0)$为一循环码组，则$(a_{n-2}a_{n-3}\cdots a_na_{n-1})$、$(a_{n-3}a_{n-2}\cdots a_{n-1}a_{n-2})$等还是许用码组。也就是说，不论是左移还是右移，也不论移多少位，仍然是许用的循环码组。

以 3 号码组(0010111)为例，左移循环一位变成 6 号码组(0101110)，依次左移一位构成的状态图如图 5.3.1 所示。

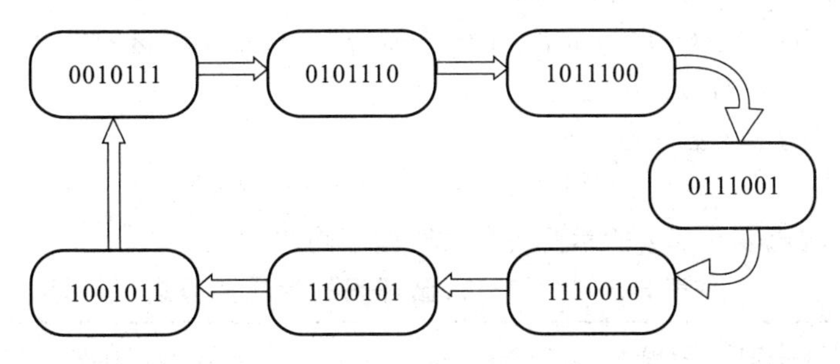

图 5.3.1　(7，4)循环码中的循环圈

可见，除全零码组外，不论循环右移或左移，移多少位，其结果均在该循环码组的集合中(全零码组自己构成独立的循环圈)。

2) 码多项式

为了用代数理论研究循环码，可将码组用多项式表示，循环码组中各码元分别为多项式的系数。长度为 n 的码组 $A=(a_{n-1}a_{n-2}\cdots a_1a_0)$用码多项式表示则为

$$A(x)=a_{n-1}x^{n-1}+a_{n-2}x^{n-2}+\cdots+a_1x+a_0 \tag{5.3.3}$$

式中，x 的幂次是码元位置的标记。若把一个码组左移 i 位后的码组记为

$$A^{(i)}=(a_{n-1-i}a_{n-2-i}\cdots a_{n-1+i}a_{n-i}) \tag{5.3.4}$$

其码多项式为

$$A^{(i)}(x)=a_{n-1-i}x^{n-1}+a_{n-2-i}x^{n-2}+\cdots+a_{n-1+i}x+a_{n-i} \tag{5.3.5}$$

$A^{(i)}(x)$可以根据$x^iA(x)$按模x^n+1运算得到，即

$$A^{(i)}(x)\equiv x^iA(x)\bmod(x^n+1) \tag{5.3.6}$$

或

$$x^iA(x)=Q(x)(x^n+1)+A^{(i)}(x) \tag{5.3.7}$$

式中，$Q(x)$为$x^iA(x)$除以x^n+1的商式，而$x^iA(x)$等于$A^{(i)}(x)$被x^n+1除得之余式。

以码组0100111为例，若将此码左移两位，可得代数表达式：

$$x^2(x^5+x^2+x+1)=Q(x)(x^7+1)+A^{(2)}(x)$$

易有其余式为

$$A^{(2)}(x)=x^4+x^3+x^2+x$$

对应的码组为0011101，它与直接对码组进行循环左移的结果相同。

3）生成多项式

(n, k)循环码码组集合中(全“0”码除外)幂次最低的多项式$(n-k)$阶称为生成多项式$g(x)$。它是能整除x^n+1且常数项为1的多项式，具有唯一性。

集合中其他码多项式，都是按模(x^n+1)运算下$g(x)$的倍式，即可以由多项式$g(x)$产生循环码的全部码组。

假设信息码多项式为$m(x)$，则对应的循环码多项式为

$$A(x)=m(x)g(x) \tag{5.3.8}$$

式中，$m(x)$为次数不大于$k-1$的多项式，共有2^k个(n, k)循环码组。

考查表5.3.1，其中$n-k=4$阶的多项式只有编号为2的码组(0011101)，所以表中所示(7,4)循环码组的生成多项式$g(x)=x^4+x^3+x^2+1$，并且该码组集合中的任何码多项式$A(x)$都可由信息位乘以生成多项式得到：

$$A(x)=(m_{k-1}+m_{k-2}+\cdots+m_1+m_0)g(x)\bmod(x^n+1) \tag{5.3.9}$$

式中，$(m_{k-1}m_{k-2}\cdots m_1m_0)$为信息码元。

对于$(7, k)$循环码，x^7+1的因式分解为

$$x^7+1=(x+1)(x^3+x+1)(x^3+x^2+1) \tag{5.3.10}$$

由该式可以构成表5.3.2所示几种$(7, k)$循环码。

表5.3.2 $(7, k)$循环码的生成多项式

循环码类型$(7, k)$	生成多项式$g(x)$
(7, 1)	$(x^3+x+1)(x^3+x^2+1)$
(7, 3)	$(x+1)(x^3+x+1)$或$(x+1)(x^3+x^2+1)$
(7, 4)	x^3+x+1或x^3+x^2+1
(7, 6)	$x+1$

从表5.3.2中可以看出，即使n，k均已确定，也可能有多种生成多项式供选择，选用的多项式不同，产生的循环码组也不同。

4）循环码的编码及实现

利用生成多项式$g(x)$实现编码。如上所述，一旦循环码的生成多项式$g(x)$确定，码就完全确定了。现在讨论生成多项式$g(x)$给定以后，如何实现循环码的编码问题。

若已知

$$g(x)=g_{n-k}x^{n-k}+g_{n-k-1}x^{n-k-1}+\cdots+g_1x+g_0 \tag{5.3.11}$$

并设信息元多项式：

$$m(x)=m_{k-1}x^{k-1}+m_{k-2}x^{k-2}+\cdots+m_1x+m_0 \tag{5.3.12}$$

要编码成系统循环码形式，即码字的最左边 k 位是信息元，其余 $n-k$ 位是校验元，则要用 x^{n-k} 乘以 $m(x)$，再加上校验元多项式 $r(x)$，这样得到的码字多项式 $c(x)$ 为

$$c(x)=x^{n-k}m(x)+r(x) \tag{5.3.13}$$

式中，$r(x)=r_{n-k-1}x^{n-k-1}+\cdots+r_1x+r_0$。

由于循环码属于线性分组码 $c(x)$ 一定是 $g(x)$ 的倍式，即有

$$c(x)=x^{n-k}m(x)+r(x)=q(x)g(x) \tag{5.3.14}$$

$$c(x)=(x^{n-k}m(x)+r(x))\bmod g(x)=0 \tag{5.3.15}$$

注意到 $g(x)$ 为 $n-k$ 次多项式，而 $r(x)$ 最多为 $n-k-1$ 次多项式，必有

$$r(x)=x^{n-k}m(x)\bmod g(x) \tag{5.3.16}$$

即 $r(x)$ 必是 $x^{n-k}m(x)$ 除以 $g(x)$ 的余式。

上述过程指出了系统循环码的编码方法：首先将信息元多项式 $m(x)$ 乘以 x^{n-k} 成为 $x^{n-k}m(x)$，然后将 $x^{n-k}m(x)$，除以生成多项式 $g(x)$ 得到余式 $r(x)$，该余式就是校验元多项式，从而得到式(5.3.13)所示的码字多项式。

综上所述，系统循环码的编码问题可归结为两个多项式的除法运算，即将 $x^{n-k}m(x)$ 除以生成多项式 $g(x)$ 得到余式 $r(x)$ 的运算。

首先根据给定的(n, k)值来选定生成多项式 $g(x)$。即从(x^n+1)的因子中选定一个$(n-k)$次多项式作为 $g(x)$。所有多项式 $T(x)$ 都能被 $g(x)$ 整除。根据这条原则可以对给定的信息位进行编码。设 $m(x)$ 为信息码多项式，其次数小于 k。用 x^{n-k} 乘以 $m(x)$，得到的 $x^{n-k}m(x)$ 次数必定小于 n。用 $g(x)$ 除以 $x^{n-k}m(x)$，得到余式 $r(x)$，$r(x)$ 的次数必定小于 $g(x)$ 的次数，即小于$(n-k)$。将此余式 $r(x)$ 加在信息位后作为监督位，即将 $r(x)$ 和 $x^{n-k}m(x)$ 相加，得到的多项式必定是一个码多项式。

下面以(7，4)码为例演示编码过程：

(1) 确定 $g(x)$。

因为 $x^7+1=(x+1)(x^3+x+1)(x^3+x^2+1)$，所以 $g(x)=x^3+x^2+1$ 或 $g(x)=x^3+x+1$，这里选择 $g(x)=x^3+x^2+1$。

(2) 用 x^{n-k} 乘以 $m(x)$，该运算实际上是在信息码后附加上$(n-k)$个“0”，例如，信息码为 1100，它写成多项式为 $m(x)=x^3+x^2$。当 $n-k=7-4=3$ 时，$x^{n-k}m(x)=x^6+x^5$。它表示码组 1100000。

(3) 用 $x^{n-k}m(x)$ 除以 $g(x)$，得到商 $Q(x)$ 和余式 $r(x)$，即

$$\frac{x^{n-k}m(x)}{g(x)}=Q(x)+\frac{r(x)}{g(x)}$$

例如：$\dfrac{x^{n-k}m(x)}{g(x)}=\dfrac{x^6+x^5}{x^3+x^2+1}=(x^3+1)+\dfrac{x^2+1}{x^3+x^2+1}$，它与 $\dfrac{1100000}{1101}=1001+\dfrac{101}{1101}$ 等效。

(4) 编出码组为 $T(x)=x^{n-k}m(x)+r(x)$，即 $T(x)=1100000+101=1100101$。

由以上方法可以算出(7，4)码表，如表 5.3.1 所示。

5) 循环码的译码及实现

设发送的码字为 $C(x)$，接收到的码字为 $R(x)$，如果 $C(x)=R(x)$，则说明收到的码字正确；如果 $C(x)\neq R(x)$，则说明收到的码字出现错误，则有

$$R(x)=C(x)+E(x) \tag{5.3.17}$$

公式(5.3.17)中的 $E(x)$ 称为错误图样。当 $E(x)=0$ 时说明没有错误，用 $R(x)$ 除以 $g(x)$，得

$$\frac{R(x)}{g(x)}=\frac{C(x)+E(x)}{g(x)}=\frac{C(x)}{g(x)}+\frac{E(x)}{g(x)}=\frac{C(x)}{g(x)}+S(x) \tag{5.3.18}$$

因为 $C(x)$ 是由 $g(x)$ 生成的，故 $C(x)$ 必能为 $g(x)$ 除尽，显然 $R(x)$ 与 $E(x)$ 同余式($R(x)\equiv E(x) \bmod g(x)$)，以 $E(x)$ 除以 $g(x)$ 所得余式称为伴随式 $S(x)$。

由公式可知，$R(x)=(C(x)+E(x))H(x)=E(x)H(x)$。若 $E(x)=0$，则 $E(x)H(x)=0$；若 $E(x)\neq 0$，则 $E(x)H(x)\neq 0$。这说明 $R(x)$ 仅与错误图样有关，而与发送的码字无关，由此可以确定错误图样表。

由于 $g(x)$ 的次数为 $n-k$ 次，$E(x)$ 除以 $g(x)$ 后得到余式(即伴随式 $S(x)$)的次数为 $n-k-1$ 次。故 $S(x)$ 共有 2^{n-k} 个表达式，每个可能的表达式对应一个错误格式，可以知道(7,4)循环码的 $S(x)$ 共有 $2^{7-4}=8$ 个表达式，可以根据错误图样表来纠正(7,4)循环码的一位错误。其伴随式如表 5.3.3 所示。

表 5.3.3 伴随式与错误图像关系表

错误图样	错误图样码字	伴随式 $S(x)$	伴随式
$E_6(x)=x^6$	1000000	x^2	100
$E_5(x)=x^5$	0100000	x^2+x	110
$E_4(x)=x^4$	0010000	x^2+x+1	111
$E_3(x)=x^3$	0001000	$x+1$	011
$E_2(x)=x^2$	0000100	x^2+1	101
$E_1(x)=x^1$	0000010	x	010
$E_0(x)=x^0$	0000001	1	001
$E(x)=0$	0000000	0	000

综上所述，循环码的译码可按以下三个步骤进行：

(1) 由接收到的 $Y(x)$ 计算伴随式 $S(x)$；

(2) 根据伴随式 $S(x)$ 找到对应的估值错误图样 $\frown{E}(x)$；

(3) 计算 $\frown{C}(x)=Y(x)+\frown{E}(x)$，得到估值码字为 $\frown{C}(x)$。若 $\frown{C}(x)=C(x)$，则译码正确，否则若 $\frown{C}(x)\neq C(x)$，则译码错误。

由上述方法可计算出(7，4)码译码码表如表 5.3.4 所示。

表 5.3.4　(7, 4)码译码码表

序号	输入序列	输出序列
1	0000000 及其 1 位出错码组	0000
2	0001101 及其 1 位出错码组	0001
3	0010111 及其 1 位出错码组	0010
4	0011010 及其 1 位出错码组	0011
5	0100011 及其 1 位出错码组	0100
6	0101110 及其 1 位出错码组	0101
7	0110100 及其 1 位出错码组	0110
8	0111001 及其 1 位出错码组	0111
9	1000110 及其 1 位出错码组	1000
10	1001011 及其 1 位出错码组	1001
11	1010001 及其 1 位出错码组	1010
12	1011100 及其 1 位出错码组	1011
13	1100101 及其 1 位出错码组	1100
14	1101000 及其 1 位出错码组	1101
15	1110010 及其 1 位出错码组	1110
16	1111111 及其 1 位出错码组	1111

2. 实验原理框图

本实验原理框图如图 5.3.2 所示。

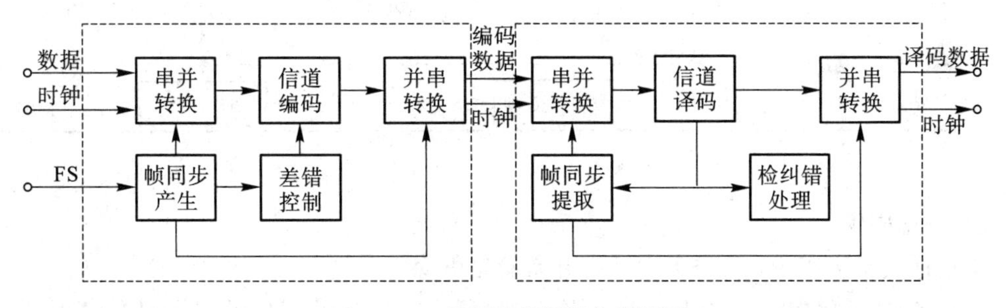

图 5.3.2　循环码编译码实验框图

本实验通过改变输入数字信号的码型，观测延时输出、编码输出以及译码输出，验证循环码编译码规则，并对比汉明码编码规则有何异同。

三、实验内容及步骤

1. 实验仪器

实验仪器包括实验箱、示波器等。

2. 实验步骤

1）实验连线

模块关电，按表 5.3.5 所示进行信号连线，实验交互界面如图 5.3.3 所示。

表 5.3.5　信号连线说明

源端口	目的端口	连线说明
信号源：D1	模块 M02：TH1(编码输入-数据)	编码信号输入
信号源：CLK	模块 M02：TH2(编码输入-时钟)	提供编码位时钟
信号源：FS	模块 M02：TH3(辅助观测-帧头指示)	编码帧头指示
模块 M02：TH5(编码输出-编码数据)	模块 M02：TH7(译码输入-数据)	将数据送入译码
模块 M02：TH6(编码输出-时钟)	模块 M02：TH8(译码输入-时钟)	提供译码时钟

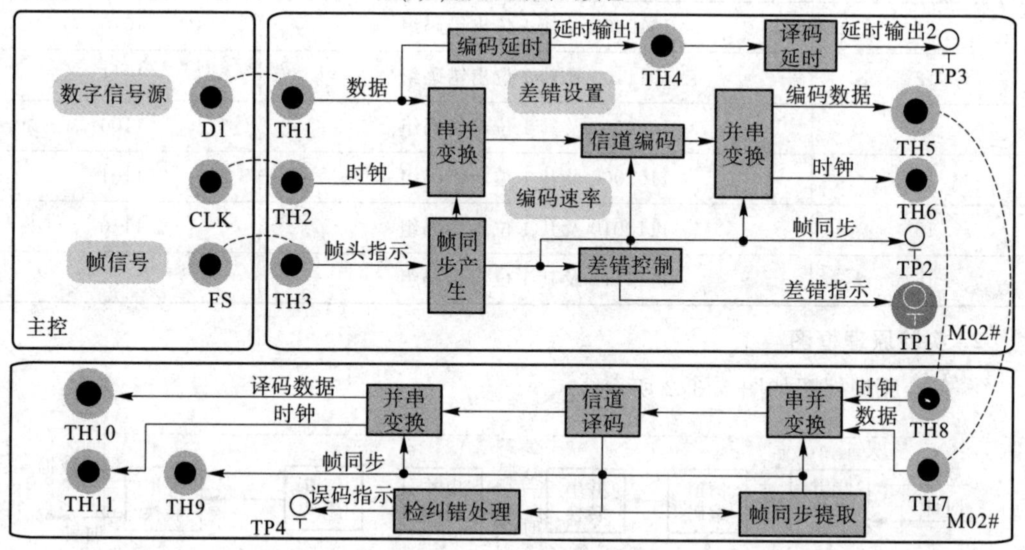

图 5.3.3　实验交互界面

2）检查连线

检查连线是否正确，检查无误后打开实验箱电源。

(1) 将实验模块开电，在显示屏主界面选择【实验项目】→【信道编译码】→【循环码编译码实验】。

(2) 点击“数字信号源”，设置信号速率为 32 kHz，选择信号类型为数字终端，点击“数据设置”会进入到数字终端及显示设置界面，设置 S1～S4 为 10100000，11111001，10100000，11111001。

(3) 点击“帧信号”，设置 FS 输出为 FS 32 bit。

(4) 点击“编码速率”，设置编码速率为 32 Kb/s。

(5) 点击“差错设置”，设置为无误码。

3）循环码编译码观测与分析

（1）以时钟信号 CLK 为触发，观测输入信号 D1，记录波形和参数。

（2）以时钟信号 CLK 为触发，观测帧信号 FS，记录波形和参数。

（3）以编码输出时钟 TH6 为触发，观测编码输出数据 TH5，记录波形和参数。

（4）以输入信号 D1 为触发，观测编码输出数据 TH5，记录波形和参数。

（5）以输入信号 D1 为触发，观测译码输出数据 TH10，记录波形和参数。

4）循环码纠检错观测与分析

（1）点击“差错设置”，设置插入一个错码。以输入信号 D1 为触发，辅助使用误码指示 TP4，观察编码输出数据 TH5 和译码输出数据 TH10。

（2）点击“差错设置”，设置插入两个错码。以输入信号 D1 为触发，辅助使用误码指示 TP4，再次观察编码输出数据 TH5 和译码输出数据 TH10。

（3）点击“差错设置”，设置插入三个错码。以输入信号 D1 为触发，辅助使用误码指示 TP4，再次观察编码输出数据 TH5 和译码输出数据 TH10。

5）实验结束

关闭电源，整理数据完成实验报告。

四、思考题

（1）分析实验电路的工作原理，简述其工作过程。

（2）分析循环码实现检错及纠错的原理。

（3）记录实验过程中遇到的问题并进行分析，提出改进建议。

实验 5-4　卷积码实验

一、实验目的

（1）了解分组码与卷积码的区别。

（2）掌握卷积码编译码的原理。

（3）掌握卷积码检错纠错原理。

（4）了解卷积码的应用。

二、实验原理

1. 实验原理

分组码是指每个码组中的校验位仅与本码组中的 k 个信息码有约束关系。

卷积码的校验码不仅和当前的 k 比特信息段有关，还与前面 $m=(N-1)$ 个信息段也有约束关系，即一个码组中的校验码校验着 N 个信息段。

卷积码可以表示为(n，k，m)或($n.k.N$)。其中，n 为输出码字；k 为每次输入到卷积编码器的 bit 数，m 为记忆长度，记忆单元级数，N 为编码约束度，表示编码过程中互相约束的码段个数。图 5.4.1 为(n，k，N)卷积码编码器的结构图。

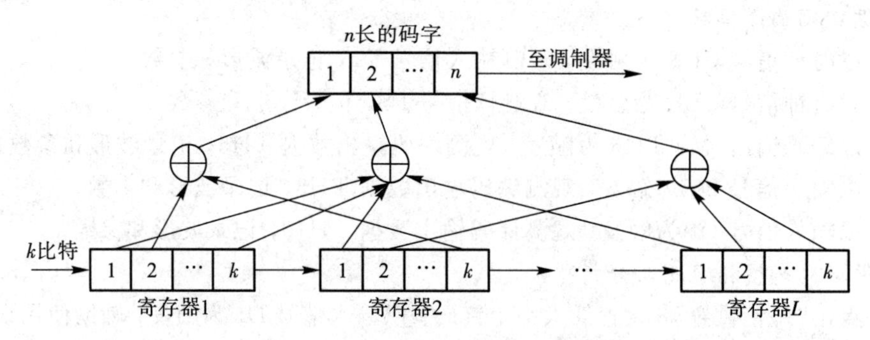

图 5.4.1 (n, k, N)卷积码编码器

图 5.4.1 中表示有 N 级信息比特，每次输入 k 比特信息，共有 kN 个比特，每次输出 n 个比特信息，可以明显地看出该 n 个比特信息不仅与当前输入的 k 个比特信息有关，与之前 $L-1$ 组信息比特也有关，所以卷积码是有记忆的编码，记忆深度为 N，N 可由寄存器的个数确定。

本实验采用如图 5.4.2 所示的(3，1，3)卷积码编码器，其 $k=1$，移位寄存器共有 3 级。每个时隙中，只有 1 b 输入信息进入移存器，并且移存器各级暂存的内容向右移 1 位，开关旋转一周输出 3 比特。所以 1 b 输入信息的码率为 1/3。

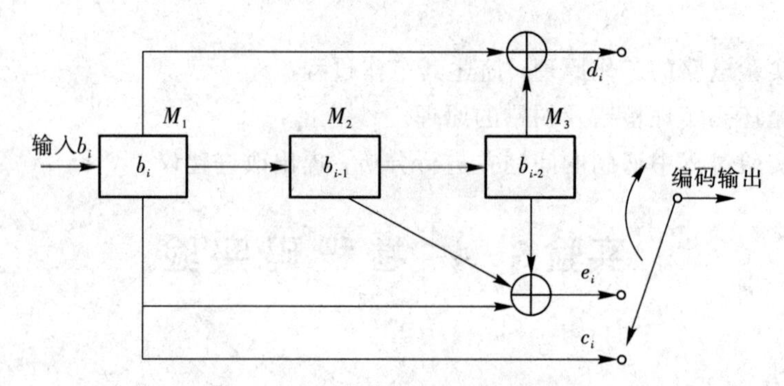

图 5.4.2 (3，1，3)卷积码编码器

设输入信息比特序列是$\cdots b_{i-2}b_{i-1}b_ib_{i+1}\cdots$，则当输入 b_i 时，此编码器输出 3b，$c_id_ie_i$，输入和输出的关系如下：

$$\begin{cases} c_i = b_i \\ d_i = b_i \oplus b_{i-2} \\ e_i = b_i \oplus b_{i-1} \oplus b_{i-2} \end{cases} \tag{5.4.1}$$

式中：b_i 为当前输入信息位；$b_{i-2}b_{i-1}$ 为移存器的前两信息位。

图 5.4.3 为(3,1,3)卷积码的码树图。将图 5.4.2 移存器 M_1、M_2 和 M_3 的初始状态 000 作为码树的起点。现在规定：输入信息位为“0”，则状态向上支路移动；输入信息位为“1”，则状态向下支路移动。于是，就可以得出图 5.4.3 中所示的码树图。

设现在的输入码元序列为 1101，则当第 1 个信息位 $b_1=1$ 输入后，各移存器存储的信息分别为 $M_1=1$，$M_2=M_3=0$；由式(5.4.1)可知，此时的输出为 $c_1d_1e_1=111$，码树的状态将从起点 a 向下到达状态 b；此后，第 2 个输入信息位 $b_2=1$，故码树状态将从状态 b 向下到达状态 d。此时 $M_2=1$，$M_3=0$，由式(5.4.1)可知，$c_2d_2e_2=110$。第 3 位和后继各位输入时，编码器将按照图 5.4.3 中粗线所示的路径前进，得到输出序列 111 110 010 100 …。由此码树图还可以看出，从第 4 级支路开始，码树的上半部和下半部相同。这意味着，从第 4 个输入信息位开始，输出码元已经与第一位输入信息位无关了，即此编码器的约束度 $N=3$。

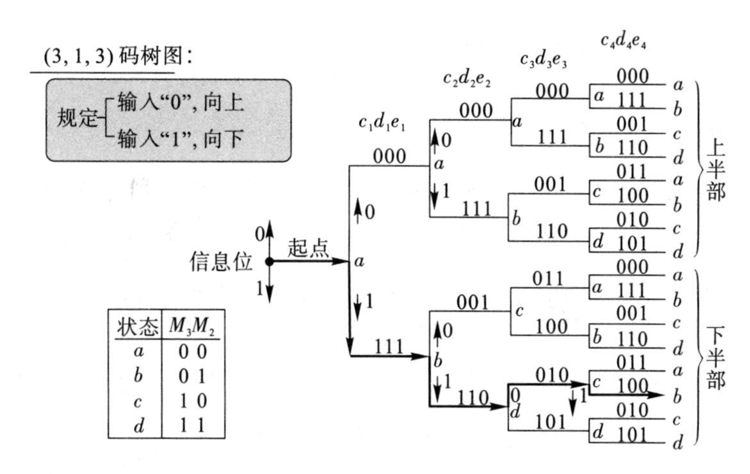

图 5.4.3　(3，1，3)卷积码的码树图

若观察新码元输入时编码器的过去状态，即观察 M_2M_3 的状态和输入信息位的关系，则可以看出图中的 a、b、c 和 d 四种状态。

图 5.4.3 的码树图可以进一步改进为状态图。由上例的编码器结构可知，输出码元 $c_id_ie_i$ 决定于当前输入信息位 b_i 和前两位信息位 b_{i-1} 和 b_{i-2}(移存器 M_2 和 M_3 的状态)，图 5.4.2 已经为 M_2 和 M_3 的四种状态规定了代表符号 a、b、c 和 d。所以可以将当前输入信息位、移存器前一状态、移存器下一状态和输出码元之间的关系归纳于表 5.4.1 中。

表 5.4.1　移存器状态和输入、输出码元的关系

移存器前一状态 M_3M_2	当前输入信息位 b_i	输出码元 $c_id_ie_i$	移存器下一状态 M_3M_2
a(00)	0	000	a(00)
	1	111	b(01)
b(01)	0	001	c(10)
	1	110	d(11)
c(10)	0	011	a(00)
	1	100	b(01)
d(11)	0	010	c(10)
	1	101	d(11)

由表 5.4.1 可以看出，前一状态 a 只能转到下一状态 a 或 b，前一状态 b 只能转到下一状态 c 或 d。按照表中的规律可以画出状态图，如图 5.4.4 所示。在图中，虚线表示输入信息位为“1”时状态转变的路线，实线表示输入信息位为“0”时状态转变的路线。线条旁边的 3 位数字是编码输出比特。利用这种状态图可以方便地从输入序列得到输出序列。

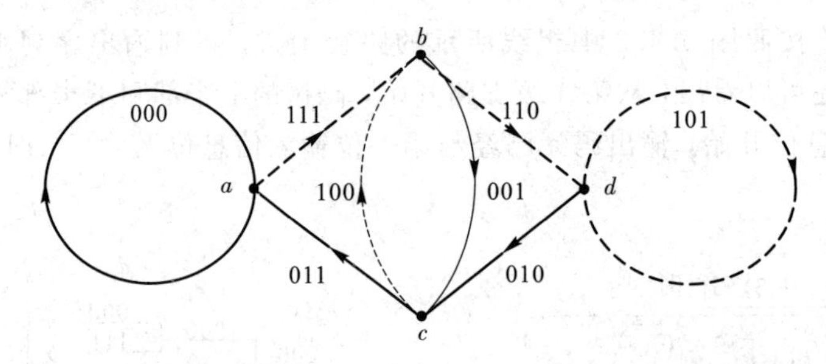

图 5.4.4 (3，1，3)卷积码状态图

将状态图在时间上展开，可以得到网格图，同状态图一样，虚线表示输入信息位为“1”时状态转变的路线，实线表示输入信息位为“0”时状态转变的路线，如图 5.4.5 所示。

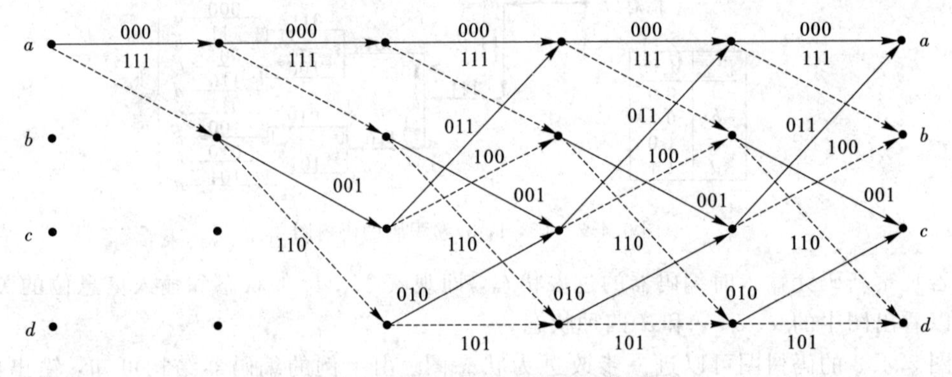

图 5.4.5 (3，1，3)卷积码网格图

2. 实验原理框图

本实验原理框图如图 5.4.6 所示。

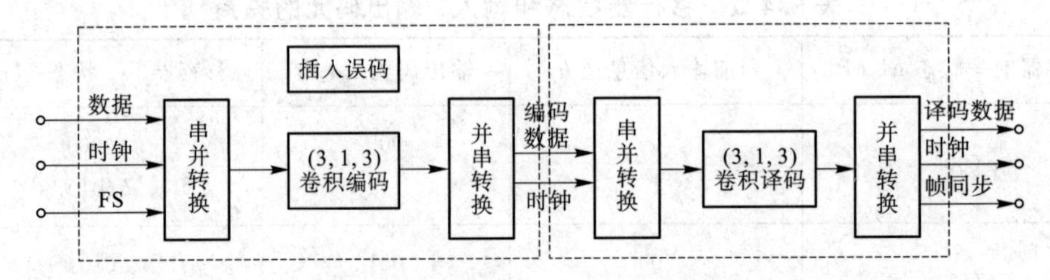

图 5.4.6 (3，1，3)卷积码实验框图

本实验通过观察并记录编码输入与输出波形，验证卷积码编码规则；通过插入不同个数、不同位置的误码，观察译码结果与输入信号，验证卷积码的检纠错能力。

三、实验内容和步骤

1. 实验仪器

实验仪器包括实验箱、示波器等。

2. 实验步骤

1）实验连线

模块关电，按表 5.4.2 所示进行信号连线，实验交互界面如图 5.4.7 所示。

表 5.4.2 信号连线说明

源端口	目的端口	连线说明
信号源：CLK	模块 M02：TH2(编码输入-时钟)	提供编码位时钟
信号源：D1	模块 M02：TH1(编码输入-数据)	编码信号输入
信号源：FS	模块 M02：TH3(帧头指示)	提供编码分组指示
模块 M02：TH5(编码输出-数据)	模块 M02：TH7(译码输入-数据)	送入译码
模块 M02：TH6(编码输出-时钟)	模块 M02：TH8(译码输入-时钟)	译码时钟

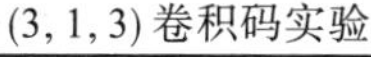

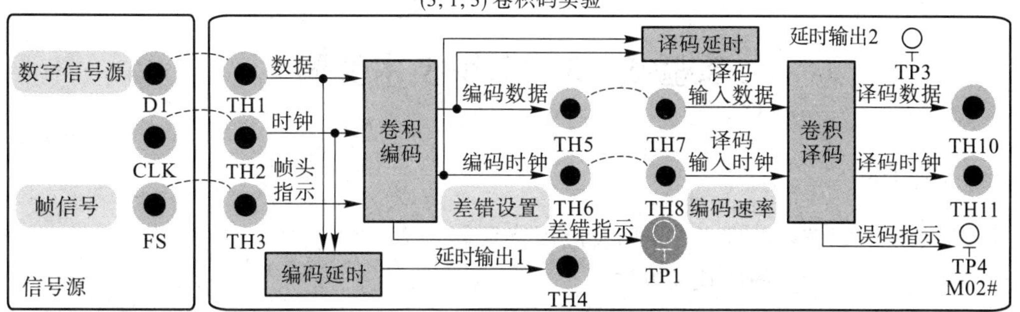

图 5.4.7 实验交互界面

2) 检查连线

检查连线是否正确，检查无误后打开实验箱电源。

(1) 模块开电，点击主控液晶屏的【实验项目】→【信道编译码】→【卷积码编译码实验】。

(2) 点击“数字信号源”，设置信号速率为 32 kHz，选择信号类型为数字终端，点击“数据设置”会进入到数字终端及显示设置界面，设置 S1～S4 为 10100000、11111001、10100000、11111001。

(3) 点击“帧信号”，设置 FS 输出为 FS 32 bit。

(4) 点击“编码速率”，设置编码速率为 32 kb/s。

(5) 点击“差错设置”，设置为无误码。

3) 卷积码编译码观测与分析

(1) 以时钟信号 CLK 为触发，观测帧信号 FS，记录波形和参数。

(2) 以时钟信号 CLK 为触发，观测输入信号 D1，记录波形和参数。

(3) 以编码输出时钟 TH6 为触发，观测编码输出数据 TH5，记录波形和参数。

(4) 以输入信号 D1 为触发，观测比较编码输出数据 TH5、译码输出数据 TH10 的波形特征，记录波形和参数。

4) 观测卷积码的检纠错观测与分析

(1) 点击“差错设置”，设置插入三个错码。以输入信号 D1 为触发，观测误码指示 TP4、编码输出数据 TH5 和译码输出数据 TH10，记录波形和参数。

(2) 点击“差错设置”，设置插入四个错码。以输入信号 D1 为触发，观察误码指示

TP4、编码输出数据 TH5 和译码输出数据 TH10，记录波形和参数。

5）实验结束

关闭电源，整理数据完成实验报告。

四、思考题

（1）结合实验波形分析实验电路的工作原理，简述其工作过程。

（2）分析卷积码实现检错及纠错的原理。

（3）试分析时钟信号和编码输出时钟没有同步的原因。

（4）记录实验过程中遇到的问题并进行分析，提出改进建议。

（5）简述我国在通信新技术方面与世界存在的优势和差距。

实验 5－5 交织技术实验

一、实验目的

（1）了解交织技术的定义、作用及应用背景。

（2）掌握交织产生的原理及方法。

（3）掌握交织对译码性能的影响。

二、实验原理

1. 实验原理

交织技术将一条消息中的连续比特分散开传输，以解决连续比特错误问题。常用的交织技术主要有两类：块交织和卷积交织。块交织通常在数据分块分帧的情况下使用，卷积交织对连续的数据流来说比较适用。在码分多址系统中，基于数据分帧的情况采用了块交织的形式，所以这里我们仅介绍块交织的有关内容。

描述交织器性能的几个参数如下：

（1）突发长度：突发错误的长度，用 B 表示。

（2）最小间隔：突发连续错误分布的最小距离，用 S 表示。

（3）交织时延：由于交织和解交织引起的编码时延，用 D 表示。

（4）存储要求：交织或解交织过程需要的存储单元的大小，用 M 表示。

交织器的性能通常用 S/D 以及 S/M 来描述，最小间隔 S 越大越好，交织时延 D 和存储要求 M 越小越好，交织器的实现框图如图 5.5.1 所示。

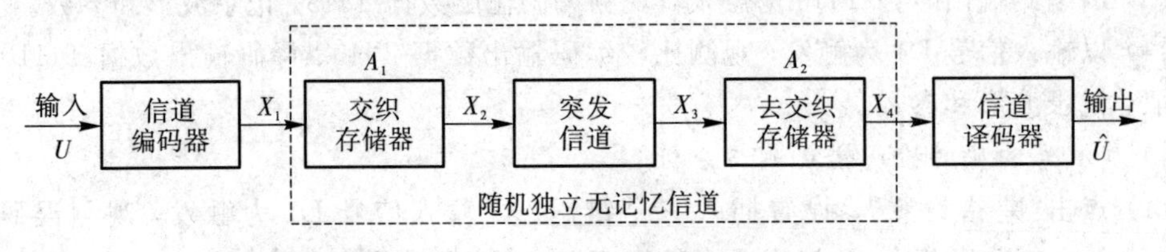

图 5.5.1 分组(块)交织器实现框图

由图可见，交织、解交织由如下几步构成：

(1) 若发送数据(块)U经信道编码后为

$$X_1=(0\quad 1\quad 2\quad \cdots\quad 14)$$

(2) 发送端交织器为一个行列交织矩阵存储器 $\boldsymbol{A}_1$，它按行写入，按列读出，如图5.5.2所示。

(3) 交织器输出后并送入突发信道的信号为

$$X_2=(0\quad 3\quad \cdots\quad 11\quad 14) \tag{5.5.1}$$

(4) 假设在突发信道中受到两个突发干扰：第一个突发干扰影响5位，即产生于0～12；第二个突发干扰影响4位，即产生于13～8，则突发信道的输出端信号可以表示为

$$X_3=(0'\quad 3'\quad 6'\quad 9'\quad 12'\quad 14\quad \cdots\quad 13'\quad 2'\quad 5'\quad 8'\quad 11\quad 14) \tag{5.5.2}$$

(5) 在接收端，将受突发干扰的信号送入解交织器，解交织器也是一个行列交织矩阵的存储器 $\boldsymbol{A}_2$，它是按列写入、按行读出(正好与交织矩阵规律相反)，如图5.5.2和图5.5.3所示。

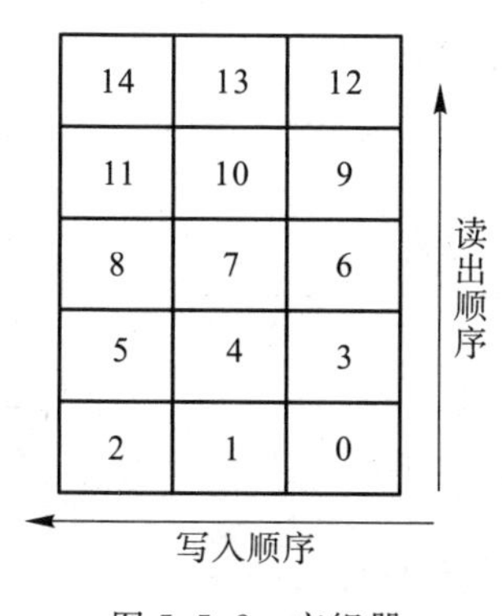

图5.5.2　交织器

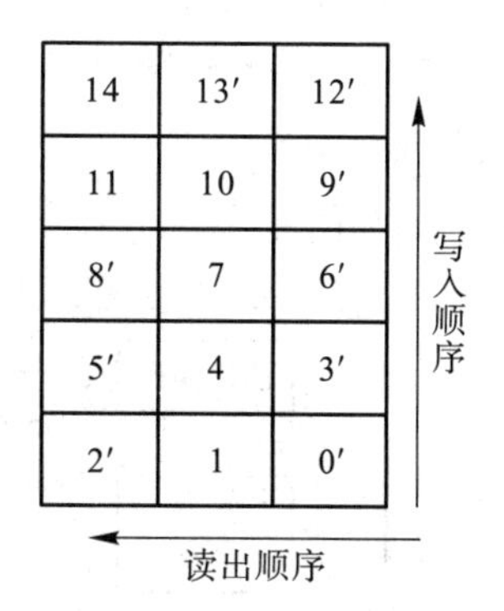

图5.5.3　解交织器

(6) 经解交织器解交织以后输出信号 X_4，则 X_4 为

$$X_4=(0'\quad 1\quad 2'\quad 3'\quad 4\quad 5'\quad 6'\quad 7\quad 8'\quad 9'\quad 10\quad 11\quad 12'\quad 13'\quad 14) \tag{5.5.3}$$

可见，由上述分析，经过交织矩阵和解交织矩阵变换后，原来信道中的突发性连错，即两个突发一个连错5位、另一个连错4位变成了 X_4 输出中的随机独立差错。

从交织器实现原理来看，一个实际上的突发信道，经过发送端交织器和接收端解交织器的信息处理后，就完全等效成一个随机独立差错信道，正如图5.5.1的虚线方框所示。所以从原理上看，信道交织编码实际上就是一类信道改造技术，它将一个突发信道改造成一个随机独立差错信道。它本身并不具备信道编码检、纠错功能，仅起到信号预处理的作用。

我们可以将上述一个简单的5×3矩阵存储交织器的例子推广到一般情况。若分组(块)长度为 $l=I\cdot J$，即由 I 行 J 列的矩阵构成。其中交织矩阵存储器是按行写入、列读出，而解交织器是按相反的顺序按列写入、行读出，正是利用这种行、列顺序的倒换，可以将实际的突发信道变换成等效的随机独立差错信道。

矩阵中行的数目称为交织深度。交织深度越大，符号的离散性就越大，抗突发差错的能力也越强。但是，交织深度越大，交织编码的处理时间即交织时延也越长，所以说，交织编码的抗突发能力是以时间为代价的。

两个突发错误之间的最小间隔满足下式：

$$S=\begin{cases}J,\ B\leqslant I\\ l,\ B>I\end{cases} \tag{5.5.4}$$

交织器的最小间隔可以通过改变读出行的顺序来改变，但交织时延和存储要求不随读出的顺序改变而改变，但交织时延和存储要求不随读出的顺序改变而改变。

交织和解交织均会产生时延，可通过 $D=\dfrac{2IJ}{R_C}$ 计算，其中 R_C 为符号速率。交织器的存储要求为 $M=2IJ$。

交织编码的主要缺点是：在交织和解交织过程中，会产生 $2IJ$ 个符号的附加处理时延，这对实时业务，特别是语音业务将带来很不利的影响。所以对于语音等实时业务应用交织编码时，交织器的容量即尺寸不能取得太大。

交织器需要在两个方面进一步改进：第一，降低处理的附加时延；第二，当采用某种固定形式的交织方式时，就有可能产生很特殊的相反效果，即存在能将一些独立随机差错交织为突发差错的可能性，此时需要寻找方法降低这种可能。鉴于此，人们研究了不少有效措施，如采用卷积交织器和伪随机交织器等。

2. 实验原理框图

本实验原理框图如图 5.5.4 所示。

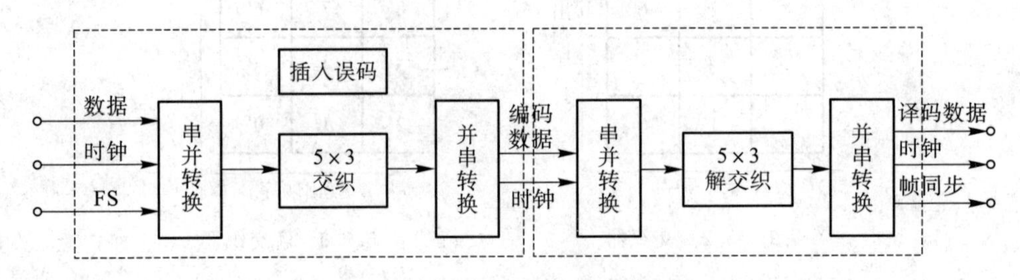

图 5.5.4 交织技术实验原理框图

当移动通信信道出现深衰落时，数字信号的传输可能出现成串的突发差错。一般的差错编码(如卷积码)只能纠正有限个错误，对于大量的突发误码无能为力。通信系统采用交织编码和卷积码结合的方式来纠正突发差错。交织的目的是把一个较长的突发差错离散成随机差错，使得纠错编码技术更容易纠正。

本实验通过观察并记录编码输入与卷积交织输出波形，验证卷积交织编码规则，并对比无交织编码结果验证交织规则。

三、实验内容和步骤

1. 实验仪器

实验仪器包括实验箱、示波器等。

2. 实验步骤

1）实验连线

模块关电，按表 5.5.1 所示进行信号连线，实验交互界面如图 5.5.5 所示。

表 5.5.1　信号连线说明

源端口	目的端口	连线说明
信号源：CLK	模块 M02：TH2(编码输入-时钟)	提供编码位时钟
信号源：D1	模块 M02：TH1(编码输入-数据)	编码信号输入
信号源：FS	模块 M02：TH3(帧头指示)	编码分组指示输入
模块 M02：TH5(编码输出-编码数据)	模块 M02：TH7(译码输入-数据)	送入译码
模块 M02：TH6(编码输出-时钟)	模块 M02：TH8(译码输入-时钟)	译码时钟

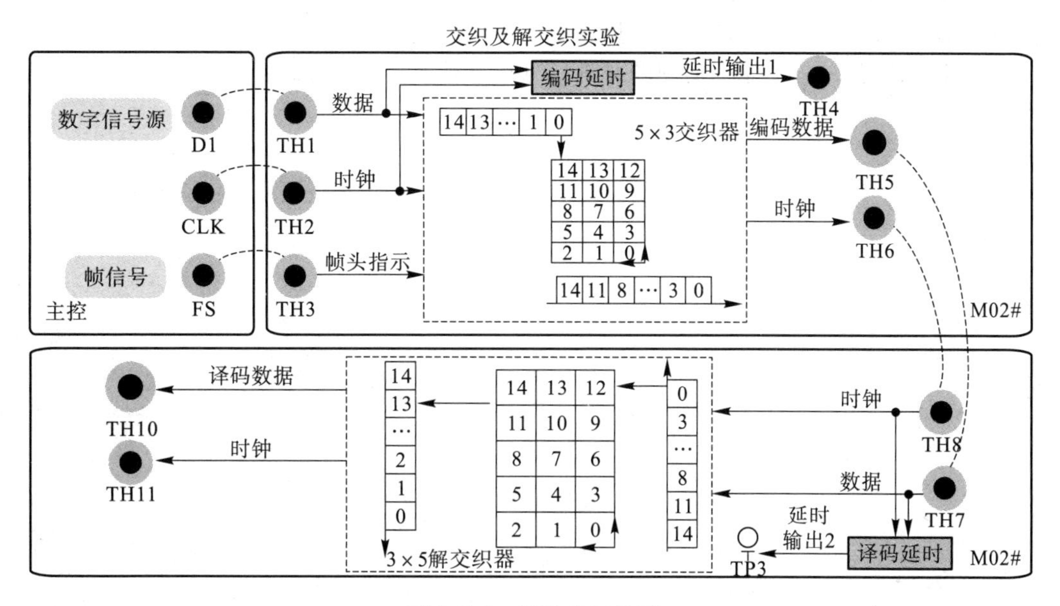

图 5.5.5　实验交互界面

2) 检查连线

检查连线是否正确，检查无误后打开实验箱电源。

(1) 模块开电，点击主控液晶屏的【实验项目】→【信道编译码】→【交织及解交织实验】。

(2) 点击“数字信号源”，设置信号速率为 32 kHz，选择信号类型为 PN15。

(3) 点击“帧信号”，设置帧信号 FS 输出为 FS3。

(4) 点击“编码速率”，设置编码速率为 32 Kb/s。

3) 交织规则验证观测与分析

(1) 用示波器观测编码输入数据 $TH1^{M02\#}$，读出并记录 15 位 PN 序列码型并标注参数。

注： 可以以 TH3 处帧头指示为触发，观测 PN 序列的码型，以帧头指示上升沿为触发。

(2) 用示波器分别接输入数据 $TH1^{M02\#}$ 和交织输出数据 $TH5^{M02\#}$，以 TH1 作为触发源，观察交织输出，记录波形和参数。

注： 可以以 TP2 处帧同步为触发，观测编码输出码型，以帧同步上升沿为触发进行观测。

(3) 对比观测模块 M02 的编码输入数据 TH1 与译码输出数据 TH10，验证交织和解交织功能，记录波形和参数。

4) 实验结束

关闭电源，整理数据完成实验报告。

四、思考题

(1) 分析实验电路的工作原理，简述其工作过程。

(2) 分析交织原理。

(3) 简述交织技术的优缺点及改进方法。

(4) 记录实验过程中遇到的问题并进行分析，提出改进建议。

第六章　同步和复用技术实验

诸信号协同工作是通信网正常传输信息的基础，同步技术是调整通信网中的各种信号使之协同工作的技术。同步技术又可分为比特同步、节点同步、初始化同步和上行同步等，同步技术历来是数字通信系统中的关键技术。同步电路失效，将严重影响系统的性能，甚至导致整个系统瘫痪。在数字通信中，按照同步的功用可以将同步技术分为载波同步、位同步、帧同步和网同步等，另一方面，同步也可以看作是一种信息，按照获取和传输同步信息方式的不同，同步的方法又可分为外同步法和自同步法。

多路复用技术是在发送端将多路信号进行组合(如广电前端使用的混合器)，在一条专用的物理信道上实现传输，接收端再将复合信号分离出来。多路复用技术主要有两大类：频分多路复用(即频分复用)和时分多路复用(即时分复用)，波分复用和统计复用本质上也属于这两种复用技术。另外还有其他复用技术，如码分复用、极化波复用和空分复用。

实验 6-1　滤波法位同步实验

一、实验目的

(1) 掌握滤波法提取位同步信号的原理及其对信息码的要求。

(2) 掌握位同步器的同步建立时间、同步保持时间和同步抖动等概念。

二、实验原理

1. 实验原理

同步是数字通信中必须解决的一个重要的问题。所谓同步，就是要求通信的收发双方在时间基准上保持一致，包括在开始时间、位边界、重复频率等方面的一致。

位同步的目的是使每个码元得到最佳的解调和判决。位同步可以分为外同步法和自同步法两大类。一般而言，自同步法应用较多。

外同步法需要另外专门传输位同步信息。方法是发送端发送数据之前先发送同步时钟信号，接收方用这一同步信号来锁定自己的时钟脉冲频率，以此来达到收发双方位同步的目的。

自同步法则是接收方利用包含有同步信号的特殊编码(如曼彻斯特编码)从信号自身提取同步信号来锁定自己的时钟脉冲频率，达到同步目的。自同步法又可以分为两种，即开环同步法和闭环同步法。开环法采用对输入码元做某种变换的方法提取位同步信息。闭环法则用比较本地时钟和输入信号的方法，将本地时钟锁定在输入信号上。闭环法更为准确，但是也更为复杂。位同步不准确将引起误码率增大。

2. 实验原理框图

本实验原理框图如图 6.1.1 所示。

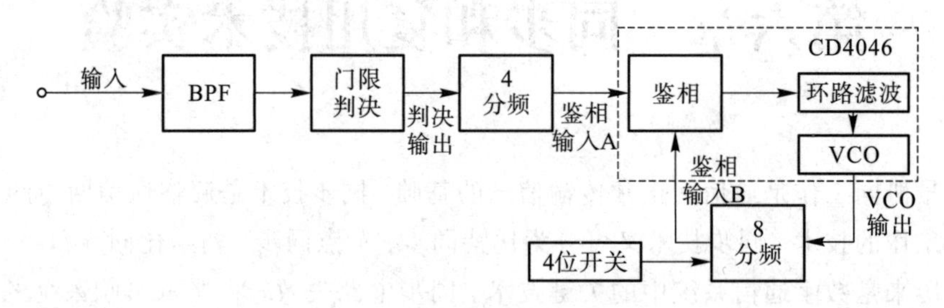

图 6.1.1 滤波法位同步提取实验框图

选择滤波法位同步提取电路，输入 HDB3 单极性码信号经一个 256 K 窄带滤波器，滤出同步信号分量，通过门限判决后提取位同步信号。但由于有其他频率成分的干扰，导致时钟有些部分的占空比不为 50%，因此需要进一步通过模拟锁相环进行平滑处理。

将判决后的同步信号送入 4 分频器之后，得到经过一定平滑效果的 64 K 同步信号，送入 CD4046 鉴相输入 A 脚。当 CD4046 处于同步状态时，鉴相器 A 脚的时钟频率及相位应该与鉴相器 B 脚的相同。由于鉴相器 B 脚的时钟是 VCO 经 8 分频得到的。因此，VCO 输出的频率为 512 k。

本实验通过比较和观测滤波法位同步电路中各点幅度及相位，探讨滤波法位同步的提取原理以及影响因素。

三、实验内容和步骤

1. 实验仪器

实验仪器包括实验箱、示波器等。

2. 实验步骤

1）实验连线

模块关电，按表 6.1.1 所示进行信号连线，实验交互界面如图 6.1.2 所示。

表 6.1.1 信号连线说明

源端口	目的端口	连线说明
信号源：D1	模块 M03：TH16（编码输入-数据）	基带传输信号输入
信号源：CLK	模块 M03：TH17（编码输入-时钟）	提供编码位时钟
模块 M03：TH23（单极性码）	模块 13：TH3（滤波法位同步输入）	滤波法位同步时钟提取
模块 13：TH4（BS1）	模块 M03：TH22（译码时钟输入）	提供译码位时钟
模块 M03：TH18（HDB3 输出）	模块 M03：TH25（HDB3 输入）	将编码信号送入译码

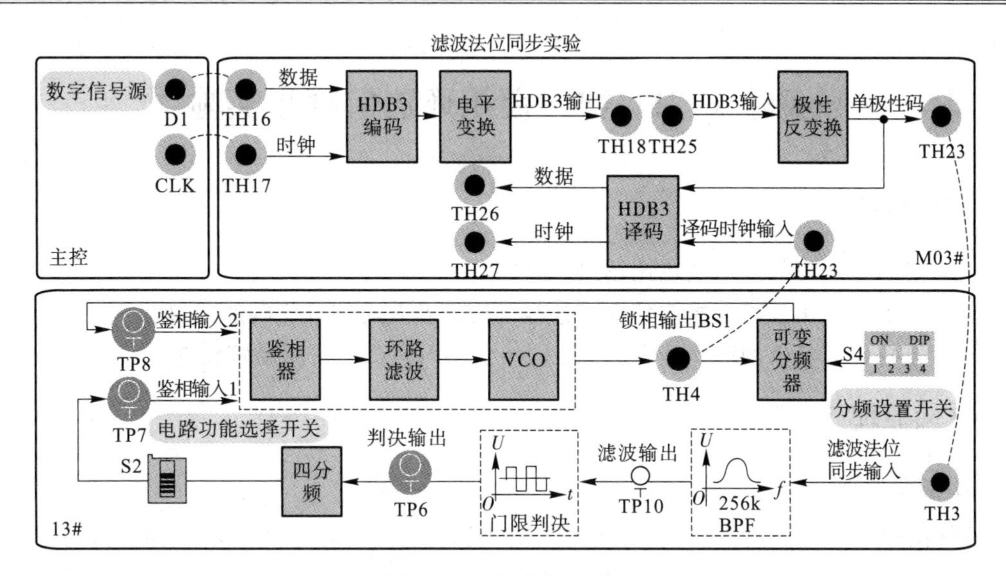

图 6.1.2　实验交互界面

2）检查连线

检查连线是否正确，检查无误后打开实验箱电源。

（1）将实验模块开电，在显示屏主界面选择【实验项目】→【同步技术】→【滤波法位同步实验】。

（2）点击“数字信号源”，设置 D1 的输出信号类型为 PN15，频率为 256 kHz。

（3）将 13 号模块 S2 拨上，将 S4 拨为 1000。

3）实验操作及波形观测与分析

（1）将示波器触发源通道接 BPF - Out(TP10)，示波器另外一个通道接门限判决输出(TP6)，记录波形和参数。

思考：分析在什么情况下门限判决输出的时钟会不均匀，为什么？

（2）将示波器触发源通道接 BPF - Out(TP10)，示波器另外一个通道接鉴相输入 1(TP7)，记录波形和参数。

（3）对比门限判决输出(TP6)和鉴相输入 1(TP7)的波形，记录波形和参数。

思考：分析时钟不均匀的情况是否有所改善。

（4）对比观测鉴相输入 1(TP7)和鉴相输入 2(TP8)，比较两路波形的幅度和相位，记录波形和参数。

（5）对比观测滤波法位同步输入(TH3)和 BS1(TH4)，观测恢复的位同步信号，记录波形和参数。

4）实验结束

关闭电源，整理数据完成实验报告。

四、思考题

（1）尝试画出本实验的电路原理图。

（2）结合实验波形分析滤波法原理。

（3）记录实验过程中遇到的问题并进行分析，提出改进建议。

实验 6-2 数字锁相环法位同步实验

一、实验目的

(1) 了解锁相环的作用及应用场景。

(2) 掌握用数字锁相环提取位同步信号的原理及其对信息代码的要求。

(3) 掌握位同步器的同步建立时间、同步保持时间和同步抖动等概念。

二、实验原理

1. 实验原理

锁相法位同步提取是在接收端利用锁相环电路比较接收码元和本地产生的位同步信号的相位，并调整位同步信号的相位，最终获得准确的位同步信号。4 位拨码开关 S3 设置 BCD 码控制分频比，从而控制提取的位同步时钟频率，例如设置分频频率“0000”输出 4096 kHz 频率，“0011”输出 512 kHz 频率，“0100”输出 256 kHz 频率，“0111”输出 32 kHz 频率。

数字锁相环(DPLL)是一种相位反馈控制系统。它根据输入信号与本地估算时钟之间的相位误差对本地估算时钟的相位进行连续不断的反馈调节，从而达到使本地估算时钟相位跟踪输入信号相位的目的。DPLL 通常有三个组成模块：数字鉴相器(DPD)、数字环路滤波器(DLF)和数控振荡器(DCO)。根据各个模块组态的不同，DPLL 可以被划分成许多不同的类型。

根据设计的要求，本实验采用超前滞后型数字锁相环(LL-DPLL)作为解决方案。在 LL-DPLL 中，DLF 用双向计数逻辑和比较逻辑实现，DCO 采用“加”“扣”脉冲式数控振荡器。这样设计出来的 DPLL 具有结构简洁、参数调节方便、工作稳定可靠的优点。DPLL 实现框图如图 6.2.1 所示。

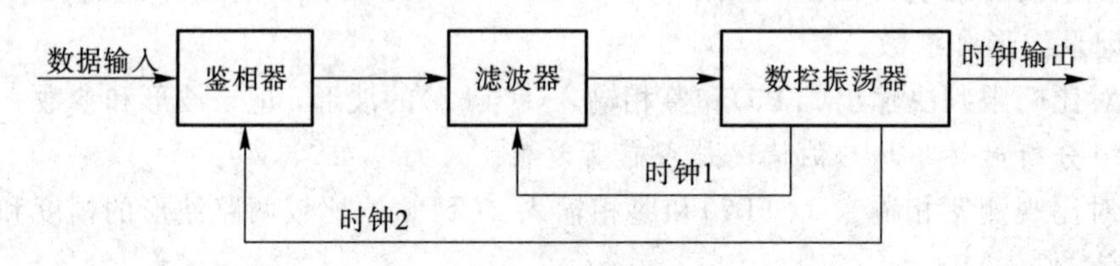

图 6.2.1 数字锁相环框图

下面针对数字锁相环的各个组成模块的详细功能、内部结构以及对外接口信号进行说明：

1) 超前-滞后型数字鉴相器

与一般 DPLL 的 DPD 设计不同，位同步 DPLL 的 DPD 需要排除输入位流数据连续几位码值保持不变的不利影响。LL-DPD 为二元鉴相器，在有效的相位比较结果中仅给出相位超前或相位滞后两种相位误差极性，而相位误差的绝对大小固定不变。LL-DPD 通常有两种实现方式：微分型 LL-DPD 和积分型 LL-DPD。积分型 LL-DPD 具有优良的抗干扰性能，而它的结构和硬件实现都比较复杂。微分型 LL-DPD 虽然抗干扰能力不如积分型 LL-DPD，但是结构简单，硬件实现比较容易。本实验采用微分型 LL-DPD，将环路抗噪声干扰的任务交给 DLF 模块负责。

如图 6.2.2 所示，LL-DPD 在 ClkEst 跳变沿（含上升沿和下降沿）处采样 DataIn 上的码值，并寄存在 Mem 中。在 ClkEst 下降沿处再将它们送到对应的两路异或逻辑中，判断出相位误差信息并输出。Sign 给出相位误差极性，即 ClkEst 相对于 DataIn 是相位超前（Sign＝1）还是滞后（Sign＝0）。AbsVal 给出相位误差绝对值：若前一位数据有跳变，则判断有效，以 AbsVal 输出 1 表示；否则，输出 0 表示判断无效。

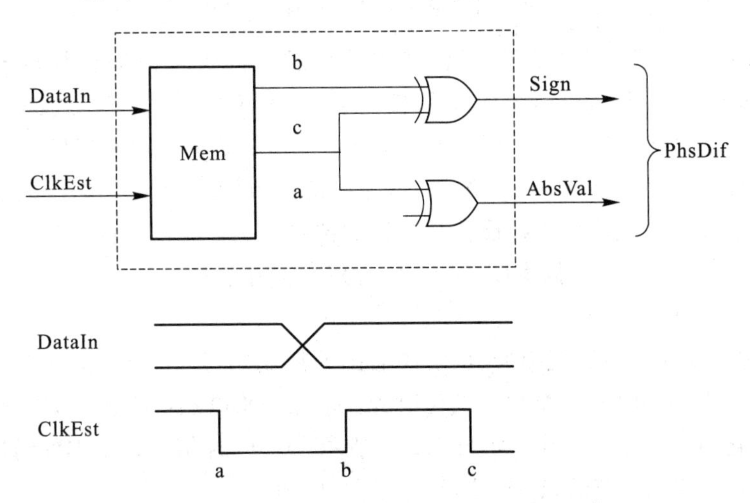

图 6.2.2　LL-DPD 模块内部结构与对外接口信号

图 6.2.3 为 LL-DPD 模块的仿真波形图。

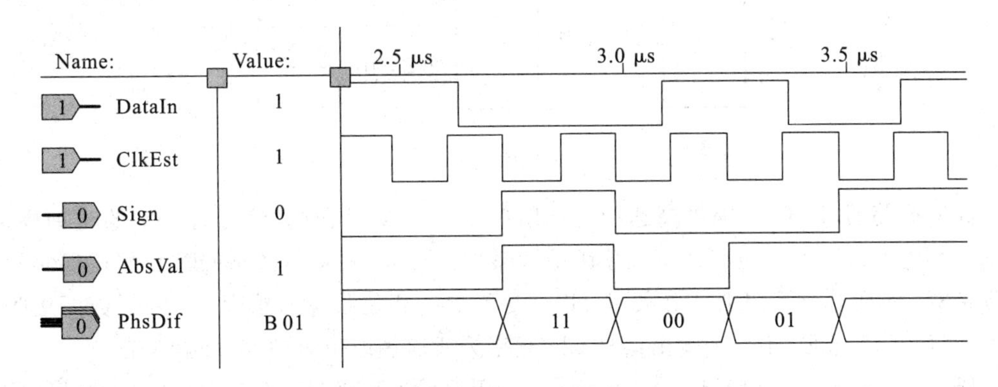

图 6.2.3　LL-DPD 模块输入、输出关系仿真波形图

2）数字环路滤波器（DLF）

DLF 用于滤除因随机噪声引起的相位抖动，并生成控制 DCO 动作的控制指令。本实验实现的 DLF 内部结构及其对外接口信号如图 6.2.4 所示。

滤波功能用加减计数逻辑 CntLgc 实现，控制指令由比较逻辑 CmpLgc 生成。在初始时刻，CntLgc 被置初值 $M/2$。前级 LL-DPD 模块送来的相位误差 PhsDif 在 CntLgc 中作代数累加。在计数值达到边界值 0 或 M 后，比较逻辑 CmpLgc 将计数逻辑 CntLgc 同步置回 $M/2$，同时分别在 Deduct 或 Insert 引脚上输出一高脉冲作为控制指令。

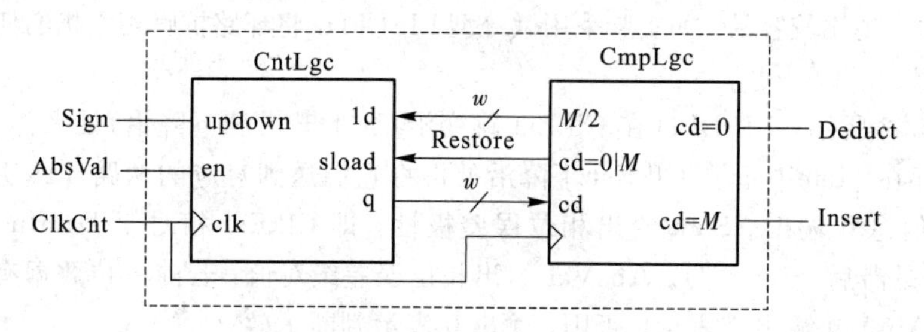

图 6.2.4 DLF 模块内部结构与对外接口信号

由于随机噪声引起的 LL-DPD 相位误差输出长时间保持同一极性的概率极小，在 CntLgc 中会被相互抵消，而不会传到后级模块中去，因而达到了去噪滤波的目的。计数器逻辑 CntLgc 的模值 M 对 DPLL 的性能指标有着显著的影响。加大模值 M，有利于提高 DPLL 的抗噪能力，但是会导致较大的捕捉时间和较窄的捕捉带宽。减小模值 M 可以缩短捕捉时间，扩展捕捉带宽，但是降低了 DPLL 的抗噪能力。根据理论分析和调试实践，确定 M 为 1024，图中计数器数据宽度 w 可以根据 M 值确定为 10。

3）数控振荡器(DCO)

DCO 的主要功能是根据前级 DLF 模块输出的控制信号 Deduct 和 Insert 生成本地估算时钟 ClkEst，即为 DPLL 恢复出来的位时钟。同时，DCO 还产生协调 DPLL 内各模块工作的时钟，使它们能够协同动作。如图 6.2.5 所示，DCO 包括三个基本的组成部分：高速振荡器(HsOsc)、相位调节器(PhsAdj)和分频器(FnqDvd)。

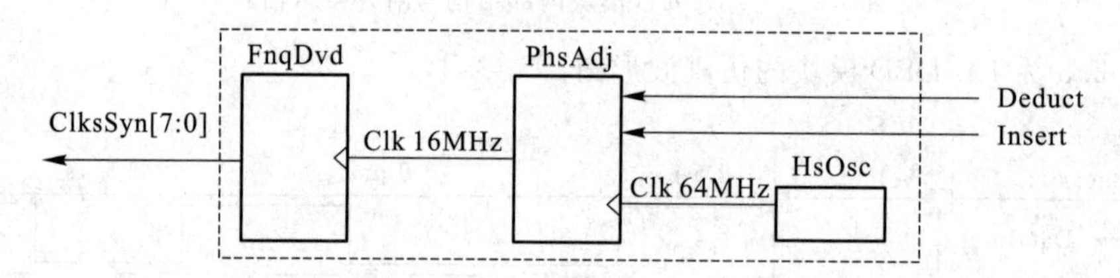

图 6.2.5 DCO 模块内部结构与对外接口信号

高速振荡器(HsOsc)提供高速稳定的时钟信号 Clk，该时钟信号有固定的时钟周期，周期大小为 DPLL 在锁定状态下相位跟踪的精度。同时，Clk 还影响 DPLL 的捕捉时间和捕捉带宽。为了达到 DPLL 工作要求，以及尽量提高相位跟踪的精度，以降低数据接收误码率的目的，一般取 HsOsc 输出信号 Clk 频率为所需提取位时钟信号的 16 倍。

PhsAdj 在控制信号 Deduct 和 Insert 上均无高脉冲出现时，仅对 Osc 输出的时钟信号作 4 分频处理，产生的 Clk 16 MHz 时钟信号将是严格 16 MHz 的。当信号 Deduct 上有高脉冲时，在脉冲上升沿后，PhsAdj 会在时钟信号 Clk 16 MHz 的某一周期中扣除一个 Clk 64 Mhz 时钟周期，从而导致 Clk 16 MHz 时钟信号相位前移。当在信号 Insert 上有高脉冲时，相对应的处理会导致 Clk 16 MHz 时钟信号相位后移。

图 6.2.6 为相位调节器单元仿真输出的波形图。

引入分频器 FnqDvd 的目的主要是为 DPLL 中 DLF 模块提供时钟控制，协调 DLF 与其他模块的动作。分频器 FnqDvd 用计数器实现，可以提供多路与输入位流数据有良好相位同步关系的时钟信号。

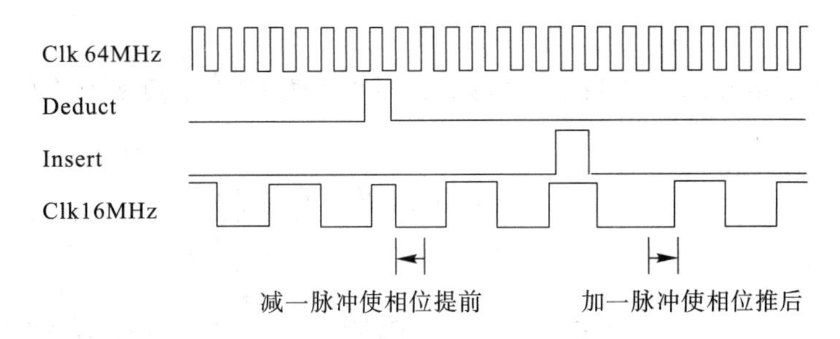

图 6.2.6　DCO 模块相位调节器 PhsAdj 单元输入输出关系

在系统中，分频器 FnqDvd 提供 8 路输出[ClksSyn7，ClksSyn6，…，ClksSyn0]。其中，ClksSyn1 即为本地估算时钟 ClkEst，也即恢复出的位时钟；ClksSyn0 为 DLF 模块的计数时钟 ClkCnt，其速率是 ClkEst 的两倍，可以加速计数，缩短 DPLL 的捕捉时间，并可扩展其捕捉带宽。

2. 实验原理框图

本实验原理框图如图 6.2.7 所示。

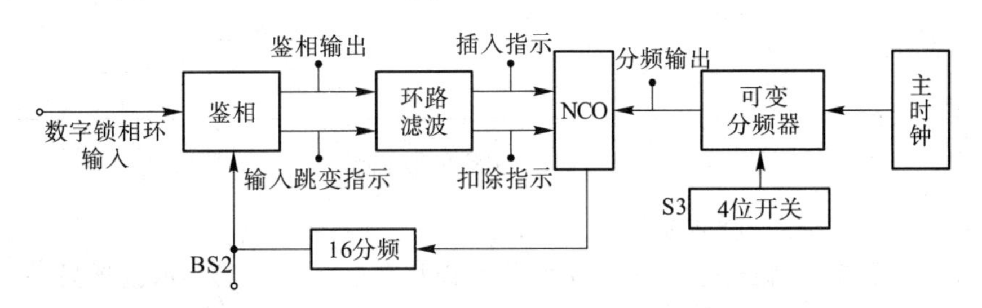

图 6.2.7　数字锁相环位同步提取实验原理框图

本实验是通过比较和观测数字锁相环位同步电路中各点相位超前、延时以及抖动情况，探讨数字锁相环法位同步的提取原理。图 6.2.7 中 NCO 同下文 DCO，均为数控振荡器。

三、实验内容和步骤

1. 实验仪器

实验仪器包括实验箱、示波器等。

2. 实验步骤

1）实验连线

模块关电，按表 6.2.1 所示进行信号连线，实验交互界面如图 6.2.8 所示。

表 6.2.1　信号连线说明

源端口	目的端口	连线说明
信号源：D1	模块 13：数字锁相环输入	基带传输信号输入

2）检查连线

检查连线是否正确，检查无误后打开实验箱电源。

(1) 将实验模块开电，在显示屏主界面选择【实验项目】→【同步技术】→【数字锁相环法位同步】。

(2) 点击“数字信号源”，设置 D1 的输出信号类型为 PN15，速率为 256 kHz。

(3) 将 13 号模块的 S3 拨为 0100。

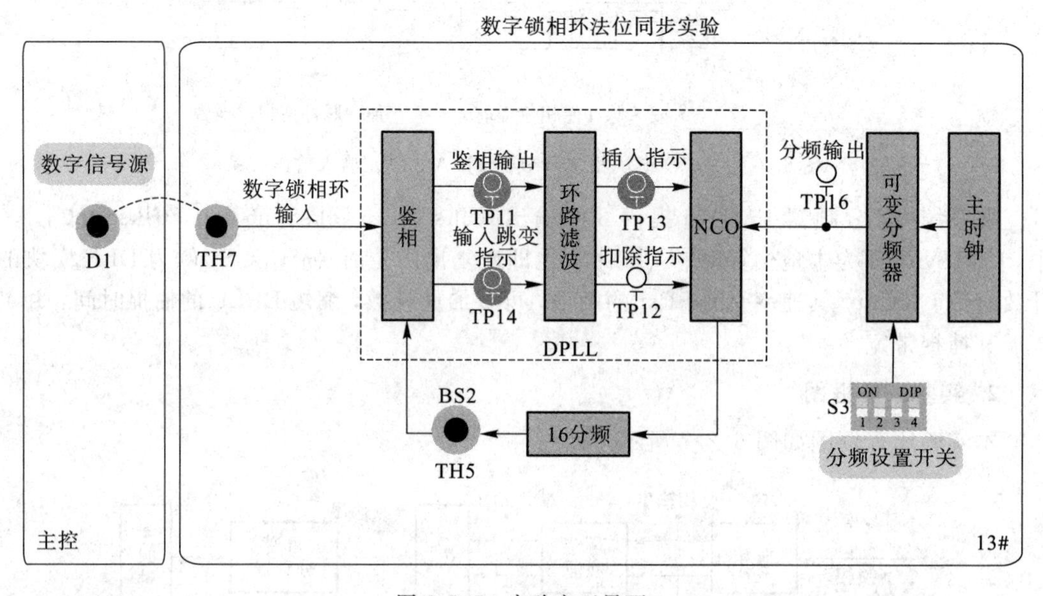

图 6.2.8 实验交互界面

3) 实验操作及波形观测与分析

(1) 将示波器触发源通道接 13 模块的数字锁相环输入(TH7)，示波器另外一个通道接输入跳变指示(TP14)。观测当数字锁相环输入(TH7)没有跳变和有跳变时输入跳变指示(TP14)的波形，记录波形和参数。

(2) 将示波器触发源通道接 13 模块的数字锁相环输入(TH7)，示波器另外一个通道接鉴相输出(TP11)。观测相位超前滞后的情况，记录波形和参数。

(3) 观测 13 模块的插入指示(TP13)和扣除指示(TP12)。

思考：分析波形有何特点，为什么出现这种情况。

(4) 将示波器触发源通道接信号源模块的时钟信号 Clk，示波器另外一个通道接 13 号模块的 BS2(TH5)，记录波形和参数。

思考：BS2 恢复的时钟是否有抖动的情况，为什么？试分析 BS2 抖动的区间有多大？如何减小这个抖动的区间？

4) 实验结束

关闭电源，整理数据完成实验报告。

四、思考题

(1) 尝试画出本实验的电路原理图。

(2) 结合实验波形分析数字锁相环原理。

(3) 试举例哪几种数字解调技术中需要用到数字锁相环。

(4) 记录实验过程中遇到的问题并进行分析，提出改进建议。

实验 6-3　载波同步实验

一、实验目的

(1) 掌握相干解调与非相干解调的区别。

(2) 掌握用科斯塔斯环提取载波的实现方法。

(3) 了解相干解调过程中提取同步载波产生相位模糊的原因。

二、实验原理

科斯塔斯环又称同相正交环，本实验原理框图如图 6.3.1 所示。

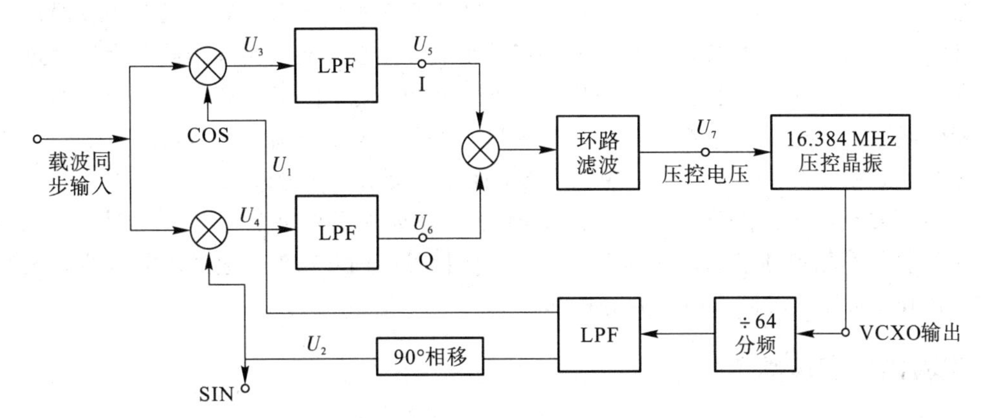

图 6.3.1　科斯塔斯环同步原理框图

在科斯塔斯环环路中，误差信号(压控电压 U_7)是由两路积分电路、两路乘法器及低通滤波器共同提供的。压控振荡器输出信号直接供给一路相乘器，经 90°移相后供给另一路。两路相乘器的输出均包含有调制信号，两者相乘以后可以消除调制信号的影响，经环路滤波器得到仅与压控振荡器输出和理想载波之间相位差有关的控制电压，从而准确地对压控振荡器进行调整，恢复出原始的载波信号。

现在从理论上对科斯塔斯环的工作过程加以说明。

设输入调制信号为 $m(t)\cos\omega_c t$，则

$$u_3=m(t)\cos\omega_c t\cos(\omega_c t+\theta)=\frac{1}{2}m(t)[\cos\theta+\cos(2\omega_c t+\theta)] \tag{6.3.1}$$

$$u_4=m(t)\cos\omega_c t\sin(\omega_c t+\theta)=\frac{1}{2}m(t)[\sin\theta+\sin(2\omega_c t+\theta)] \tag{6.3.2}$$

经低通滤波器后的输出分别为

$$u_5=\frac{1}{2}m(t)\cos\theta \tag{6.3.3}$$

$$u_6=\frac{1}{2}m(t)\sin\theta \tag{6.3.4}$$

将 u_5 和 u_6 在相乘器中相乘，得

$$u_7=u_5u_6=\frac{1}{8}m^2(t)\sin 2\theta \tag{6.3.5}$$

式(6.3.5)中 θ 是压控振荡器输出信号与输入信号载波之间的相位误差，当 θ 较小时，有

$$u_7\approx\frac{1}{4}m^2(t)\theta \tag{6.3.6}$$

式(6.3.6)中的 u_7 大小与相位误差 θ 成正比，它就相当于一个鉴相器的输出。用 u_7 去调整压控振荡器输出信号的相位，最后使稳定相位误差减小到很小的数值。这样压控振荡器的输出就是所需提取的载波。

载波同步系统的主要性能指标是高效率和高精度。所谓高效率，就是为了获得载波信号而尽量少消耗发送功率。用直接法提取载波时，发送端不专门发送导频，因而效率高；而用插入导频法时，由于插入导频要消耗一部分功率，因而系统的效率降低。

所谓高精度，就是提取出的载波应是相位尽量准确的相干载波，也就是相位误差应该尽量小。相位误差通常由稳态相差和随机相差组成。稳态相差主要是指载波信号通过同步信号提取电路后，在稳态下所引起的相差；随机相差是由于随机噪声影响而引起的相位误差。相位误差对双边带信号解调性能的影响只是引起信噪比下降，对残留边带信号和单边带信号来说，相位误差不仅引起信噪比下降，而且还会引起信号畸变。

载波同步系统的性能除了高效率、高精度外，还要求同步建立时间快、保持时间长等。

本实验是利用科斯塔斯环法提取 BPSK 调制信号的同步载波，通过调节压控晶振的压控偏置电压，观测载波同步情况并分析其结果。

三、实验内容和步骤

1. 实验仪器

实验仪器包括实验箱、示波器等。

2. 实验步骤

1）实验连线

模块关电，按表 6.3.1 所示进行信号连线，实验交互界面如图 6.3.2 所示。

表 6.3.1 信号连线说明

源端口	目的端口	连线说明
信号源：D1	模块 9：TH1(基带信号)	调制信号输入
信号源：A2	模块 9：TH14(载波 1)	载波 1 输入
信号源：A2	模块 9：TH3(载波 2)	载波 2 输入
模块 9：TH4(调制输出)	模块 13：TH2(载波同步输入)	信号输入同步模块

2）检查连线

检查连线是否正确，检查无误后打开实验箱电源。

(1) 将实验模块开电，在显示屏主界面选择【实验项目】→【同步技术】→【载波同步】。

(2) 点击“数字信号源”，设置 D1 的输出信号类型为 PN15、频率为 32 kHz。

(3) 点击“载波信号”，设置 A2 的输出信号类型为正弦波、频率为 256 kHz、幅度可设置为 100%(输出电压的峰峰值为 3 V 左右即可)。

(4) 将 9 号模块的开关 S1 拨为 0000(即选择 BPSK 调制方式)。

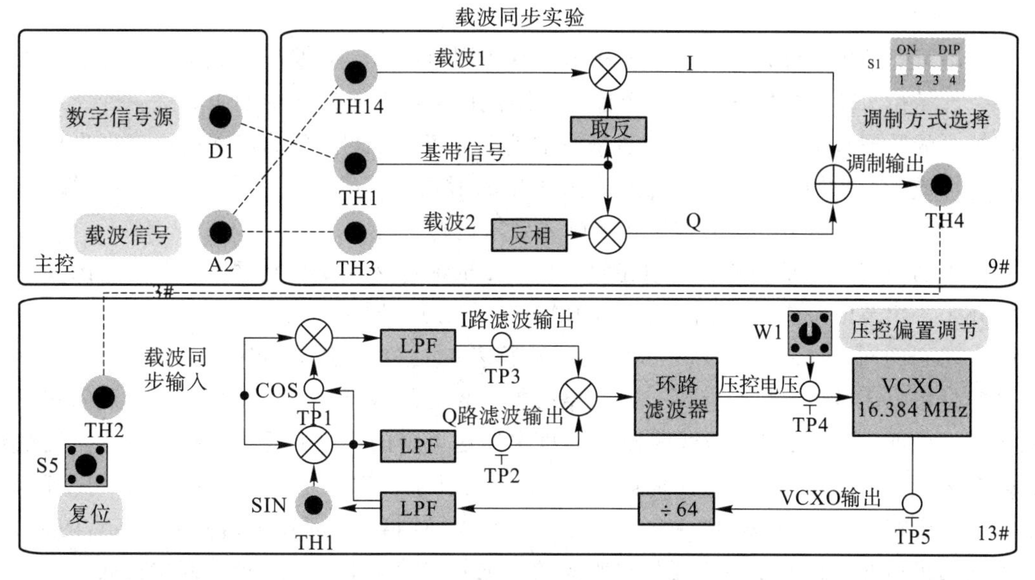

图 6.3.2　实验交互界面

3) 实验操作及波形观测与分析

(1) 对比观测信号源载波信号 A2 和 13 号模块的 SIN(TH1)，调节 13 号模块的压控偏置调节电位器 W1，观测载波同步情况，记录波形和参数。

(2) 按复位键 S5，重新对比观测载波信号 A2 和 13 号模块的 SIN(TH1)反相同步的情况，记录波形和参数。

(3) 结合原理框图，用示波器观测科斯塔斯环路的各中间过程测试点，记录波形和参数。

4) 实验结束

关闭电源，整理数据完成实验报告。

四、思考题

(1) 整理分析实验波形。

(2) 记录实验过程中遇到的问题并进行分析，提出改进建议。

实验 6-4　帧同步提取实验

一、实验目的

(1) 掌握巴克码识别原理。

(2) 掌握同步保护原理。

(3) 掌握假同步、漏同步、捕捉态、维持态的概念。

二、实验原理

1. 实验原理

在串行通信中，数据以流的形式从源端发送到目的端。数据流被分成若干个帧，帧是由一个起始位、若干个数据位和一个停止位组成的。异步通信帧中数据代表一个字符。以太网帧中的数据包含一个完整的或者部分的信息分组。分组在源端较高层协议中形成并分割进一个或多个帧的数据域中。之所以采用帧的形式传送数据，是当线路发生误操作时，可及时地进行错误恢复。只有被破坏的帧才要求进行重传。

帧中的数据可以是变长也可以是定长的。如果帧定义了变长数据域，那么它的大小可以在几千个字节的范围内变化。大多数 LAN(例如帧中继)采用变长的数据域。使用定长帧(称为信元)的网，如 ATM，具有预定义的发送速率，这在传送如视频图像这样时间敏感的信息时是很有用的。定长信元不会在网络交换设备处导致延迟，而变长帧却可能阻止其他帧传送。然而，拥有变长数据域的帧可以每次传送更多的用户数据。数据域越大，与帧相关的帧格式和头部信息就越少。例如，在光纤通道中，一次完整的传输可能就是仅有一个头部的一个帧，相反，同样的传输可能需要许多 ATM 信元，而每个信元都有各自的头部。

帧同步指的是接收方应当能从接收到的二进制比特流中区分出帧的起始与终止。

两个工作站之间以报文分组为单位传输信息时，必须将线路上的数据流划分成报文分组或 HDLC(高级数据链路控制)规程的帧，以帧的格式进行传送。在 HDLC 通信规程中的帧的帧标识位 F(01111110)，就是用来标识帧的开始和结束的。通信开通时，当检测到帧标识 F，即认为是帧的开始，然后在数据传输过程中一旦检测到帧标识 F 即表示帧结束。

数据链路层之所以要把比特组合成以帧为单位传送，是为了在出错时，可只重发有错的帧，而不必重新发送全部数据，从而提高了效率。帧是否出错，通常是通过校验和判定：针对每个帧计算一个校验和，当一帧到达目的地后，再计算一遍校验和，若此时的校验和与原校验和不同，就可判定出错了。

常用的帧同步方法有使用字符填充的首尾定界符法、使用比特填充的首尾标志法、违法编码法和字节计数法。使用字符填充的首尾定界符法使用一些特定的字符来定界帧的首尾，但兼容性比较差，使用麻烦。使用比特填充的首尾标志法用一组特定的比特模式来标志帧的起始与终止。违法编码法用违法编码序列来定界帧的起始与终止。字节计数法以一个特殊字符表征一帧的起始，并以一个专门字段来标明帧内的字节数。

目前，使用较普遍的是后两种方法。在字节计数法中，“字节计数”字段是十分重要的，必须采取措施来保证它不会出错。因为它一旦出错，就会失去帧尾的位置，特别是其错误值变大时不但会影响本帧，而且会影响随后的帧，造成灾难性的后果。比特填充的方法优于字符填充的方法。违例编码法不需要任何填充技术，但它只适于采用了冗余编码的特殊编码方法。

巴克码是 20 世纪 50 年代初，R. H. 巴克提出的一种具有特殊规律的二进制码组。它是一个非周期序列，一个 n 位的巴克码($X_1 \quad X_2 \quad \cdots \quad X_n$)，每个码元只可能取值 $+1$ 或 -1，它的自相关函数为

$$R(j)=\sum_{i=1}^{N-j} X_i X_{i+j} \tag{6.4.1}$$

巴克码序列是相位编码信号的一种，具有理想的自相关特性。

2. 实验原理框图

本实验原理框图如图 6.4.1 所示。

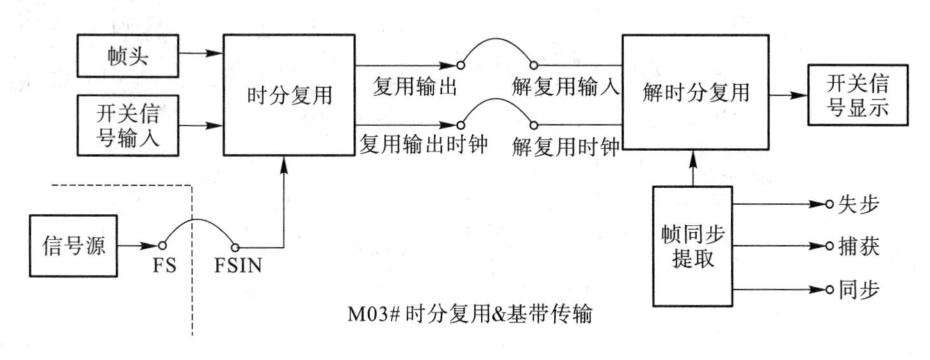

图 6.4.1　帧同步提取实验框图

帧同步是通过时分复用模块，展示在恢复帧同步时失步、捕获、同步三种状态间的切换，以及假同步及同步保护等功能。本实验是通过改变输入信号的误码插入情况，观测失步、捕获以及同步等指示灯变化情况，从而了解帧同步提取的原理。

三、实验内容和步骤

1. 实验仪器

实验仪器包括实验箱、示波器等。

2. 实验步骤

1) 实验连线

模块关电，按表 6.4.1 所示进行信号连线，实验交互界面如图 6.4.2 所示。

表 6.4.1　信号连线说明

源端口	目标端口	连线说明
信号源：FS	模块 M03：TH5(FSIN)	提供复用帧同步信号
模块 M03：TH6(复用输出)	模块 M03：TH8(解复用输入)	复用与解复用连接
模块 M03：TH7(复用输出时钟)	模块 M03：TH9(解复用时钟)	提供解复用时钟信号

2) 检查连线

检查连线是否正确，检查无误后打开实验箱电源。

(1) 将实验模块开电，在显示屏主界面选择【实验项目】→【同步技术】→【帧同步】。

(2) 点击“帧信号”，设置 FS 输出为模式一。

3) 实验操作及波形观测与分析

(1) 观察在没有误码的情况下“失步”“捕获”“同步”三个灯的亮灭情况。

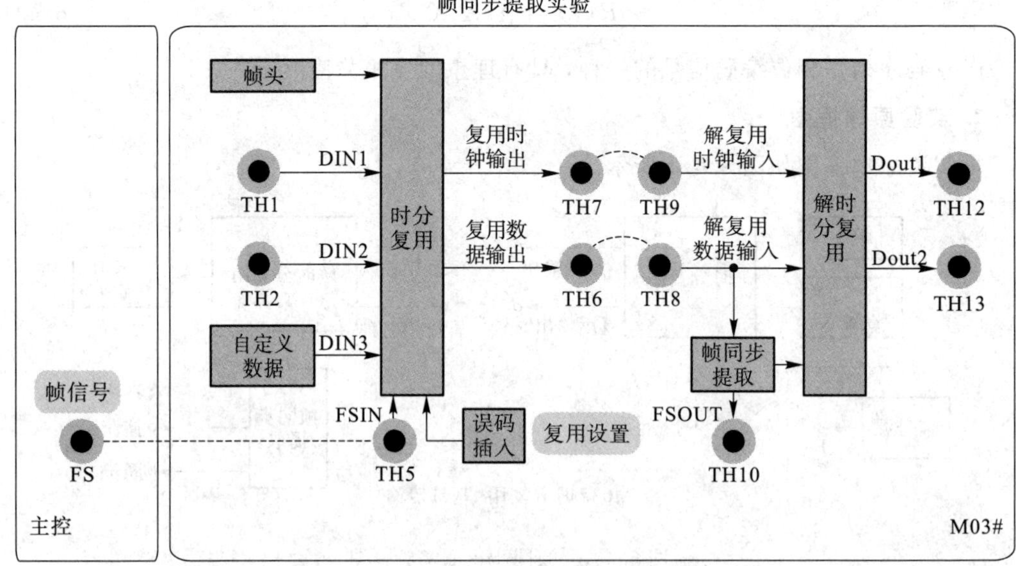

图 6.4.2 实验交互界面

(2) 点击“复用设置”，按住 M03 模块上的“误码插入”按键不放，打开 M03 模块电源，再观测“失步”“捕获”“同步”三个灯的变化情况(注：误码插入功能是在巴克码中插入一个差错，若单击则插入一次单个码元差错，若长按则连续插入单个码元差错)。

(3) 观察同步保护现象：当“同步”指示灯点亮时，设置数据信号为 01110010，即与复用帧头的巴克码数据一致，此时应观察到解复用端自定义数据信号(第 3 时隙)与复用端一致，表明系统此时对已同步的帧同步信号有一定保护。

(4) 在“同步”状态下长时间按住“误码插入”按键不放，观测帧同步码元出现误码时三个 LED 灯的变化情况。

(5) 观察假同步现象：设置拨码开关数据信号为 01110010，即与复用的巴克码一致。将 M03 模块关电再开电，观察解复用端的自定义数据信号(第 3 时隙)，注意是否出现了假同步状态。

注意：当出现假同步时，即此时时分复用单元将自定义数据信号的码值作为帧头码，其他码元和原巴克码被当做了数据码元，从而原本应该在解复用端显示自定义数据信号的位置出现错误。

4) 实验结束

关闭电源，整理数据完成实验报告。

四、思考题

(1) 分析实验电路的工作原理，简述其工作过程。

(2) 分析实验点的波形图，并分析实验现象。

(3) 记录实验过程中遇到的问题并进行分析，提出改进建议。

实验 6－5　时分复用与解复用实验

一、实验目的

（1）掌握时分复用的概念及工作原理。

（2）了解时分复用帧结构的构成。

（3）了解时分复用在整个通信系统中的作用。

二、实验原理

1. 实验原理

时分复用（Time Division Multiplexing，TDM）采用同一物理连接的不同时段来传输不同的信号，以达到多路传输的目的。时分多路复用以时间作为信号分割的参量，故必须保证各路信号在时间轴上互不重叠。

本实验平台可以通过鼠标点击“复接模式”，来选择不同速率帧结构的复用方式，包括复用速率 256 kHz 和 2048 kHz。

（1）在复用速率 256 kHz 的模式下，每帧信号包含 4 个时隙，其复用帧结构为：第 0 时隙是自定义帧头（如 01110010）、第 1～3 时隙是数据时隙，其中第 1 时隙是从 M03 模块 DIN1 输入的数据，第 2 时隙是从 M03 模块 DIN2 输入的数据，第 3 时隙是以 M03 模块自带的拨码开关 S1 的码值作为数据。此时，时分复用输出信号的速率是输入信号速率的 4 倍，时分复用输出信号每一帧由 32 位数据组成。其帧结构如图 6.5.1 所示。

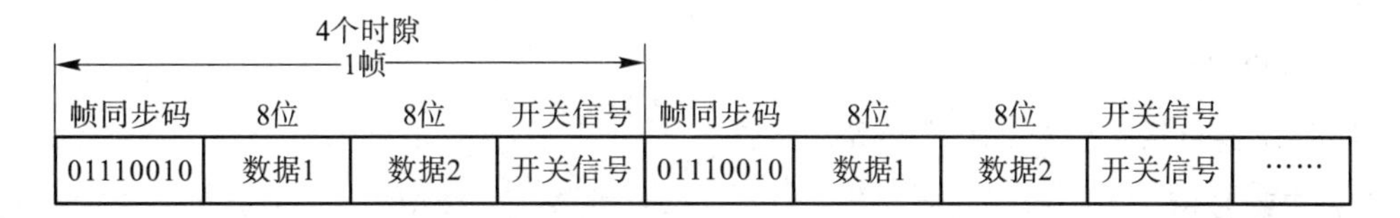

图 6.5.1　时分复用输出信号 32 位数据帧结构

（2）在复用速率 2048 kHz 的模式下，每帧信号包含 32 个时隙，其复用帧结构为：第 0 时隙是自定义帧头、第 1 时隙是从 M03 模块 DIN1 输入的数据，第 2 时隙是从 M03 模块 DIN2 输入的数据，第 3 时隙是从 M03 模块 DIN3 输入的数据，第 4 时隙是从 M03 模块 DIN4 输入的数据，第 5 时隙是以 M03 模块自带的拨码开关的码值作为数据。在 2048 kHz 复用模式下，各路数据所在时隙位置可以随意更改。此时，时分复用输出信号的速率是输入信号速率的 32 倍，时分复用输出信号每一帧由 256 位数据组成。其帧结构如图 6.5.2 所示。

32个时隙 / 1帧

帧同步码	8位	8位	8位	8位	开关信号	……	帧同步码	……
01110010	数据1	数据2	数据3	数据4	开关信号	……	01110010	……

图 6.5.2　时分复用输出信号 256 位数据帧结构

2. 实验原理框图

本实验原理框图如图 6.5.3 所示。

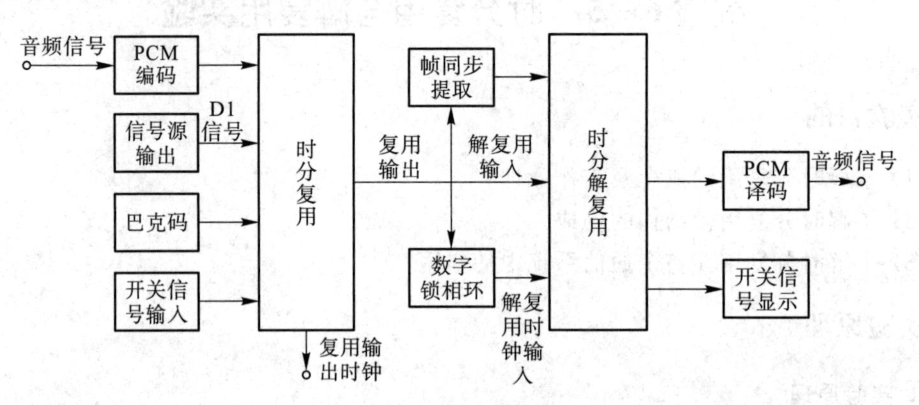

图 6.5.3　时分复用与解复用实验框图

本实验框图中，主控模块输出模拟信号 A1 和数字信号 D1，并提供 PCM 编译码以及时分复用所需的时钟和帧指示信号。模拟信号 A1 经 3 号模块的 PCM 编码输出后，与 D1 信号一起送至时分复用单元。时分复用单元按端口进行帧数据拼接，形成完整的数据帧信号，再送入时分解复用单元。解复用单元根据位同步和帧同步信息，按时隙将数据解开，从而使每个输出端口获取自己时隙的数据输出。解复用单元所需的位同步信息由 13 号模块提取，实验时应注意不同复用模式下位同步信息提取时钟速率不同。

本实验是通过观测 256 K 帧同步信号及复用输出波形，了解复用的基本原理；通过观测 2048K 复用输出波形，并改变数据所在时隙位置，了解复用的基本原理和时隙搬移。

三、实验内容和步骤

1. 实验仪器

实验仪器包括实验箱、示波器等。

2. 实验步骤

1）实验连线

模块关电，按表 6.5.1 所示进行信号连线，实验交互界面如图 6.5.4 所示。

表 6.5.1　信号连线说明

源端口	目的端口	连线说明
信号源：FS	模块 M03：TH5(FSIN)	帧同步输入
信号源：FS	模块 3：TH10(编码-帧同步)	
信号源：CLK	模块 3：TH9(编码-时钟)	位同步输入
信号源：A1/A3	模块 3：TH5(LPF - IN)	模拟信号输入
模块 3：TH6(LPF - OUT)	模块 3：TH13(编码输入)	滤波后送至编码单元
模块 3：TH14(编码-编码输出)	模块 M03：TH1(DIN1)	送至复用单元
信号源：D1	模块 M03：TH2(DIN2)	送至复用单元

续表

源端口	目的端口	连线说明
模块 M03：TH6(复用输出)	模块 M03：TH8(解复用输入)	时分复用输入
模块 M03：TH6(复用输出)	模块 13：TH7（数字锁相环输入）	锁相环提取位同步
模块 13：TH5(BS2)	模块 M03：TH9(解复用时钟)	
模块 M03：TH10(FSOUT)	模块 3：TH16(译码-帧同步)	提供译码帧同步
模块 M03：TH11(BSOUT)	模块 3：TH15(译码-时钟)	提供译码位同步
模块 M03：TH12(DOUT1)	模块 3：TH19(译码-译码输入)	解复用输入

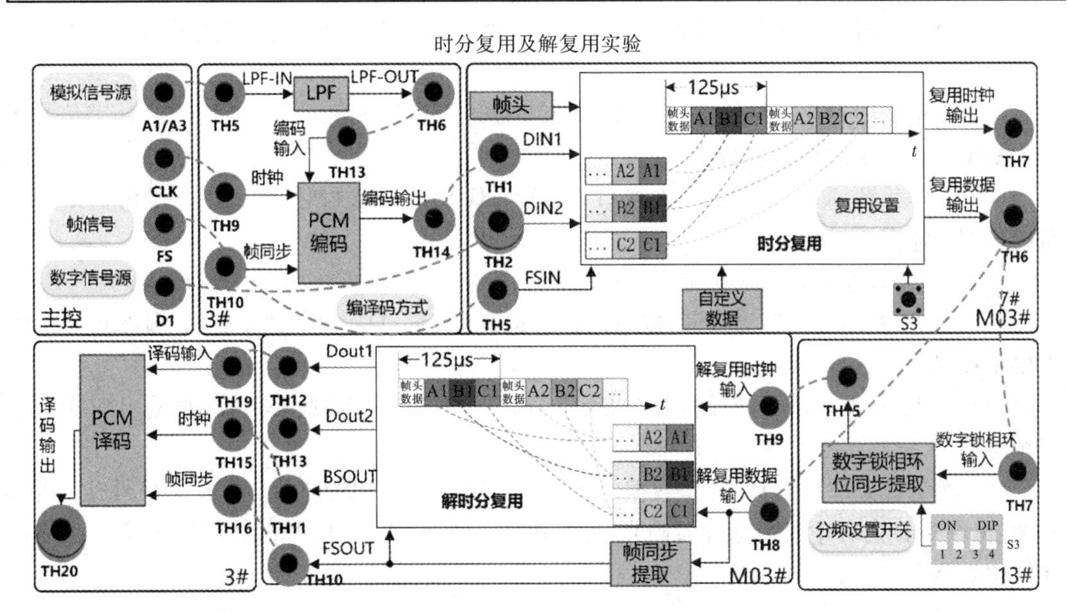

图 6.5.4 实验交互界面

2）检查连线

检查连线是否正确，检查无误后打开实验箱电源。

(1) 将实验模块开电，在显示屏主界面选择【实验项目】→【复用技术】→【时分复用及解复用】。

(2) 点击“模拟信号源”，设置 A1 的输出信号类型为正弦波、频率为 2000Hz，幅度可设置为 100%。

(3) 点击“数字信号源”，设置 D1 的输出信号类型为数字信号源信号、频率为 64 kHz；点击“数据设置”，分别设置 S1 为 01110010、S2 为 11110000、S3 为 11001100、S4 为 10101010（注：S1～S4 可自定任意设置）。

(4) 点击“帧信号”，选择帧信号 FS 输出为模式一（该模式用于复用和 PCM 编码）。

(5) 点击“编译码方式”，选择编译码方式为 A 率编译码。

(6) 将 13 号模块的分频设置开关 S3 设置为 0100，开关 S2 拨为滤波器法位同步。

(7) 在框图中点击“复用设置”，此时 M03 模块的复用速率为 256 kHz，复用信号每帧只有四个时隙，其中第 0、1、2、3 输出数据分别为帧头、DIN1、DIN2、开关拨码信号。设置帧头信号为“01110010”，设置开关信号为“11110000”。

(8) 将 13 号模块的分频设置开关 S3 拨位 0100，开关 S2 拨为滤波器法位同步。正常无误码传输时，可观察到 M03 模块的同步指示灯亮。

注：正常情况下，M03 模块的“同步”指示灯亮。若发现“失步”或“捕获”指示灯亮，先检查连线或拨码是否正确，再逐级观测数据或时钟是否正常。

3) 256K 时分复用及解复用观测和分析

(1) 以 M03 模块的帧同步信号 FS0 作为触发，用示波器观测复用数据输出信号 TH6，分析数据帧结构，记录波形和参数。

(2) 改变 M03 模块的拨码开关，观测复用输出中信号变化情况，记录波形和参数。

(3) 用示波器对比观测信号源 A1 和 3 号模块的译码输出 TH20，观测模拟信号的恢复情况，记录波形和参数。

(4) 用示波器对比观测数字信号源 D1 和 M03 模块的 Dout2(TH12)，观测数字信号源的恢复情况，记录波形和参数。

(5) 将信号源 A1 接口换成 A3 接口，设置 MUSIC 信号类型，将 PCM 译码输出端接至扬声器，体会传输效果。

4) 2048K 时分复用观测和分析

(1) 点击“复用设置”，在复用速率选择栏选择 2048 kHz，点击“设置”，即选择 2048K 复接工作模式。

(2) 将 13 号模块的分频设置开关 S3 拨为 0001。用示波器观测复用数据输出 TH6，分析帧结构。

(3) 在时隙选择栏选择“开关数据时隙－6”，然后点击“设置”即设置开关信号位于第 6 时隙(可在下拉列表中任意选择时隙)。观测拨码开关 S1 对应数据在复用输出信号中的所在帧位置变化情况。

5) 实验结束

关闭电源，整理数据完成实验报告。

四、思考题

(1) 画出各测试点波形，并分析实验现象。

(2) 分析电路的工作原理，叙述其工作过程。

(3) 分别计算 256 K 和 2048 K 帧同步信号的码元周期、帧周期和时隙宽度。

(4) 记录实验过程中遇到的问题并进行分析，提出改进建议。

第二部分

进阶设计拓展实验

第七章　通信系统综合实验

实验7－1　HDB3线路编码通信系统综合实验

一、实验目的

（1）熟悉HDB3编译码原理及作用。

（2）熟悉通信系统的系统组成及各模块的作用。

（3）能够自行设计HDB3码。

二、实验原理

本实验将PCM编解码、时分复用、HDB3编解码、位同步等相关环节串联成一个简单的数字通信系统，可进一步加深对通信系统的组成及各模块功能的理解。实验原理框图如图7.1.1所示。

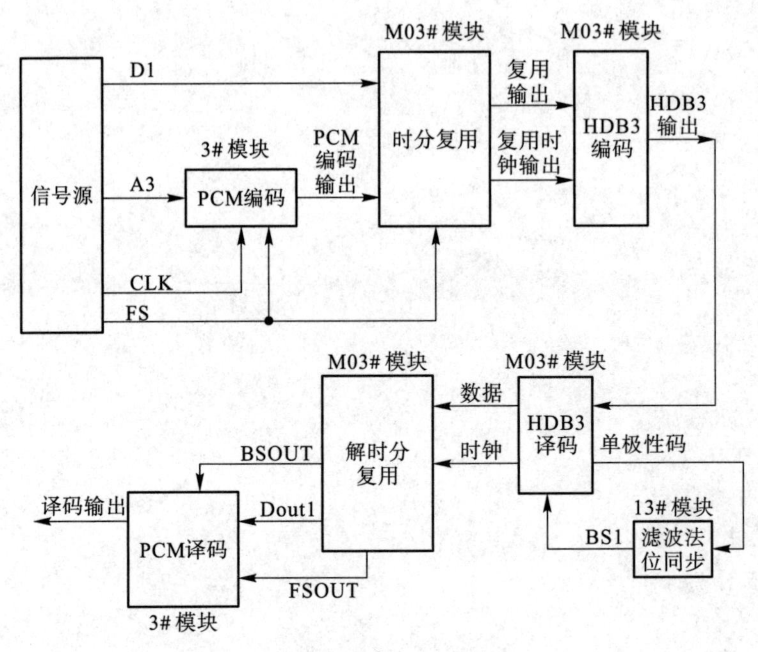

图7.1.1　HDB3线路编码通信系统实验框图

主控信号源输出音乐信号经过3号模块进行PCM编码，与主控模块的数字信号一起送入M03模块，进行时分复用，然后通过M03模块进行HDB3编码；编码输出信号再送回M03模块进行HDB3译码，其中译码时钟用13号模块滤波法位同步提取，输出信号再送入M03模块进行解复接，恢复输出两路数据，其中一路送到3号模块的PCM译码单元，从而可以从扬声器中听到原始信号源音乐信号。

三、实验内容和步骤

1. 实验仪器

实验仪器包括实验箱、示波器等。

2. 实验步骤

1）实验连线

模块关电，按表7.1.1所示进行信号连线，实验交互界面如图7.1.2所示。

表7.1.1 信号连线说明

源端口	目的端口	连线说明
信号源：A3	模块3：TH5(LPF-IN)	送入滤波单元
模块3：TH6(LPF-OUT)	模块3：TH13(编码输入)	提供编码信号
信号源：FS	模块3：TH10(编码-帧同步)	提供编码帧同步信号
信号源：CLK	模块3：TH9(编码-时钟)	提供编码时钟
模块3：TH14(编码-编码输出)	模块M03：TH2(DIN2)	复用一路输入
信号源：D1	模块M03：TH1(DIN1)	复用二路输入
信号源：FS	模块M03：TH5(FSIN)	提供复用帧同步信号
模块M03：TH6(复用输出)	模块M03：TH16(编码输入)	进行HDB3编码
模块M03：TH7(复用时钟输出)	模块M03：TH17(时钟)	提供HDB3编码时钟
模块M03：TH18(HDB3输出)	模块M03：TH25(HDB3输入)	进行HDB3译码
模块M03：TH23(单极性码)	模块13：TH3(滤波法位同步输入)	滤波法位同步提取
模块13：TH4(BS1)	模块M03：TH22(译码时钟输入)	提取位时钟进行译码
模块M03：TH27(时钟)	模块M03：TH9(解复用时钟)	解复用时钟输入
模块M03：TH26(数据)	模块M03：TH8(解复用输入)	解复用数据输入
模块M03：TH10(FSOUT)	模块3：TH16(译码-帧同步)	提供PCM译码帧同步
模块M03：TH13(Dout2)	模块3：TH19(译码-译码输入)	提供PCM译码数据
模块M03：TH11(BSOUT)	模块3：TH15(译码-时钟)	提供PCM译码时钟
模块3：TH20(译码输出)	信号源：扬声器	送至扬声器播放

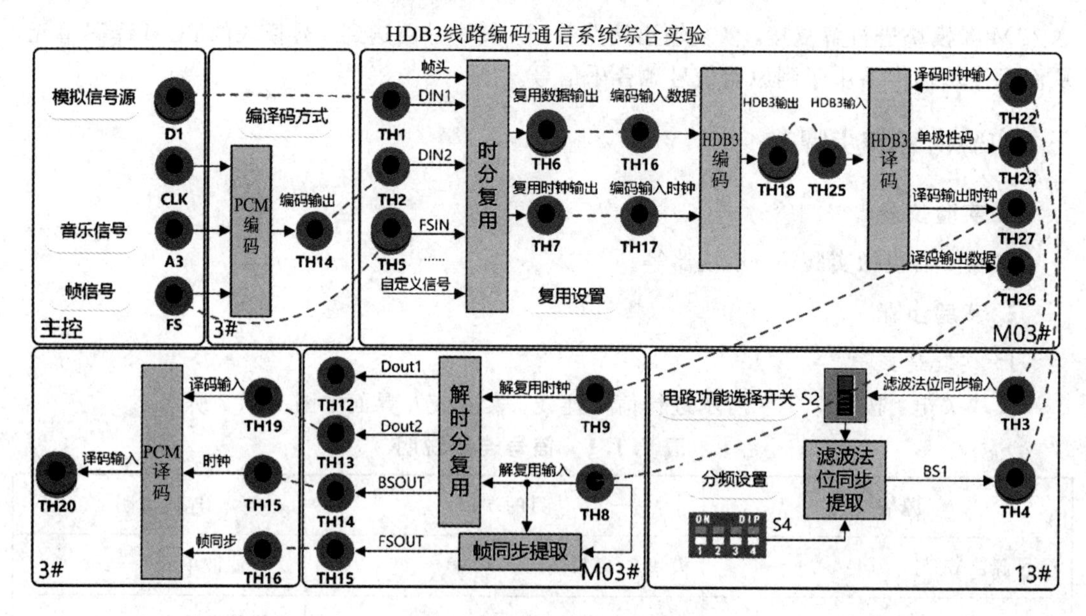

图 7.1.2 实验交互界面

2）检查连线

检查连线是否正确，检查无误后打开实验箱电源。

(1) 将实验模块开电，在显示屏主界面选择【实验项目】→【通信系统】→【HDB3 线路编码通信系统】。

(2) 点击“数字信号源”，设置 D1 的输出信号类型为数字信号源信号、频率为 64 kHz；点击“数据设置”，分别设置 S1 为 01110010、S2 为 11110000、S3 为 11001100、S4 为 10101010(注：S1～S4 可自定任意设置)。

(3) 点击“音乐信号 A3”，设置音乐信号的输出为 3K+1K 正弦合成波，幅度可设置为 100%。

(4) 点击“帧信号”，选择帧信号 FS 输出为模式一(该模式用于复用和 PCM 编码)。

(5) 点击“编译码方式”，选择编译码方式为 A 率编译码。

(6) 将 13 号模块的拨码开关 S4 设置为 1000，开关 S2 拨为滤波器法位同步。

正常无误码传输时，可观察到 M03 模块的同步指示灯亮。可以点击“音乐信号”，自行将 MUSIC 改换成音乐 1 或音乐 2，通过扬声器感受音乐传输效果。

3）实验操作及波形观测与分析

(1) 用示波器分别接主控模块的模拟信号源 D1 和 M03 模块的 Dout1(TH12)，对比原始数据和恢复数据。

(2) 用示波器观测整个传输系统的中间过程测试点，记录波形和参数。

4）实验结束

关闭电源，整理数据完成实验报告。

四、思考题

(1) 简述 HDB3 码在通信系统中的作用及对通信系统的影响。

（2）结合信号在传输过程中的各点波形，分析系统的运行原理。

（3）结合实验，谈一谈对数字通信系统组成的理解。

（4）记录实验过程中遇到的问题并进行分析，提出改进建议。

实验 7－2　ASK 通信系统综合实验

一、实验目的

（1）熟悉汉明码编译码原理及其作用。

（2）掌握信道调制技术的原理及作用。

（3）掌握 ASK 调制解调原理及其应用。

（4）熟悉本实验通信系统组成及各模块的作用。

二、实验原理

本实验原理框图如图 7.2.1 所示。

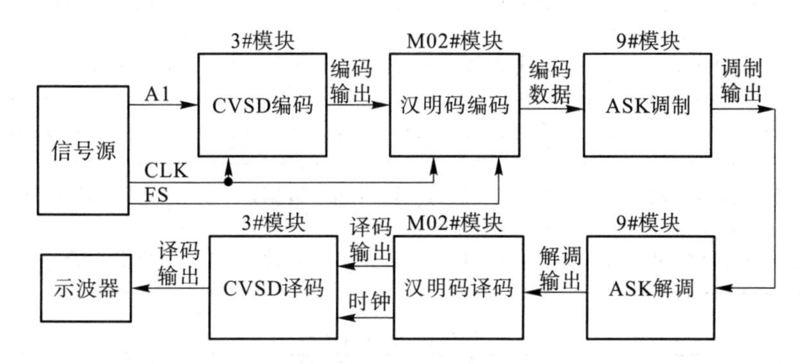

图 7.2.1　ASK 通信系统综合实验

模拟信号先经过 3 号模块的 CVSD 编码，再经过 M02 号模块进行汉明码编码，再通过 9 号模块进行 ASK 调制解调，再返回给 M02 号模块进行汉明码译码，最后用 3 号模块进行 CVSD 译码，并用示波器观察译码输出波形。

三、实验内容和步骤

1. 实验仪器

实验仪器包括实验箱、示波器等。

2. 实验步骤

1）实验连线

模块关电，按表 7.2.1 所示进行信号连线，实验交互界面如图 7.2.2 所示。

表 7.2.1 信号连线说明

源端口	目的端口	连线说明
信号源：A3	模块 3：TH5(LPF－IN)	送入滤波单元
模块 3：TH6(LPF－OUT)	模块 3：TH13(编码输入)	提供编码信号
信号源：CLK	模块 3：TH9(编码-时钟)	提供编码时钟
模块 3：TH14(编码输出)	模块 M02：TH1 (编码数据)	进行汉明编码
信号源：CLK	模块 M02：TH2 (编码时钟)	提供汉明编码时钟
信号源：FS	模块 M02：TH3(辅助观测帧头指示)	提供编码帧同步
模块 M02：TH5(编码输出)	模块 9：TH1(基带信号)	提供调制基带信号
信号源：A2	模块 9：TH14(载波 1)	提供调制载波
模块 9：TH4(ASK 调制输出)	模块 9：TH7(解调输入)	调制输出信号送入解调端
模块 9：TH4(ASK 调制输出)	模块 M02：TH7(译码输入数据)	解调数据送入汉明译码
模块 M02：TH6(编码时钟)	模块 M02：TH8(译码输入时钟)	提供汉明译码时钟
模块 M02：TH10(译码数据)	模块 3：TH19(译码输入数据)	译码数据送入 CVSD 译码
模块 M02：TH11(译码时钟)	模块 3：TH15(译码输入时钟)	提供 CVSD 译码时钟

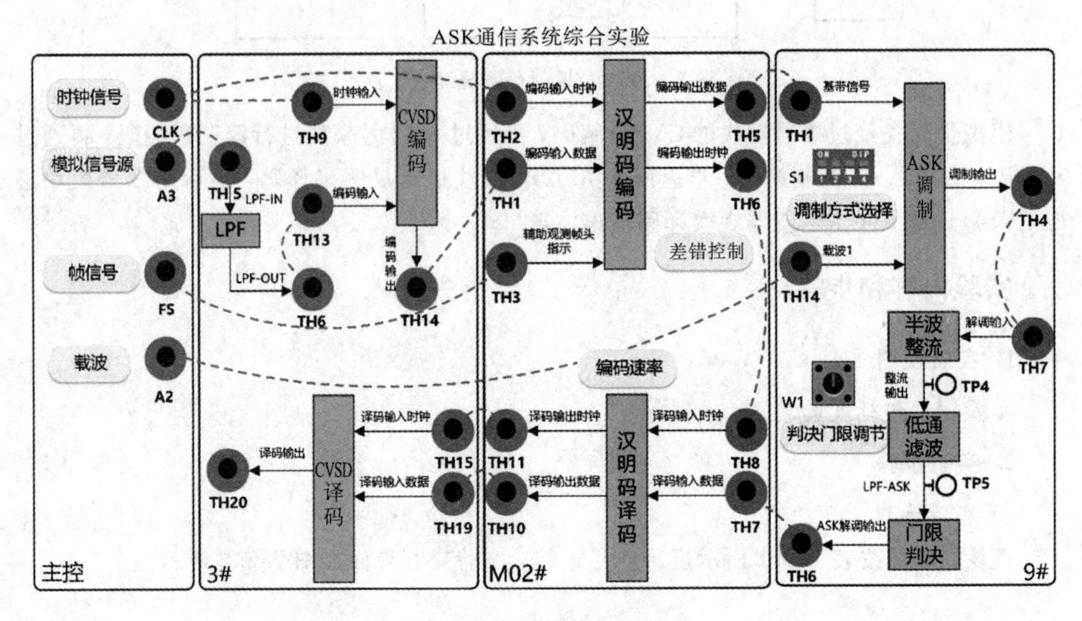

图 7.2.2 实验交互界面

2）检查连线

检查连线是否正确，检查无误后打开实验箱电源。

(1) 将实验模块开电，在显示屏主界面选择【实验项目】→【通信系统】→【ASK 通信系统综合实验】。

(2) 点击“时钟信号”，设置时钟频率为 32 kHz。

(3) 点击“模拟信号源”，设置 A3 的输出信号类型为 1 K+3 K 正弦波，幅度为 25%左右。

(4) 点击“帧信号”，选择帧信号 FS 输出为模式二(该模式用于汉明编码)。

(5) 点击“载波”，设置载波输出频率为 128 kHz，幅度设为最大。

(6) 点击“编码速率”，设置编码速率为 32 Kb/s。

(7) 点击“差错控制”，设置为无差错模式。

3）实验操作及波形观测与分析

(1) 对比观测 9 号模块的基带信号 TH1 和 ASK 解调输出 TH6，通过调节判决门限旋钮 W1，使恢复信号的码型与基带信号一致，记录波形和参数。

(2) 对比观测模拟信号源 A3 和 3 号模块的译码输出 TH20，观测模拟信号源传输效果，记录波形和参数。

(3) 用示波器观测整个传输系统的中间过程测试点，记录波形和参数。

4）实验结束

关闭电源，整理数据完成实验报告。

四、思考题

(1) 列举几种常见的信道编码方式及其优缺点。

(2) 简述信道调制技术在通信系统中的作用及其设计要点。

(3) 简述本实验通信系统组成框图及原理。

(4) 记录实验过程中遇到的问题并进行分析，提出改进建议。

实验 7-3 FSK 通信系统综合实验

一、实验目的

(1) 熟悉汉明编码在通信系统中的地位及发挥的作用。

(2) 掌握 FSK 调制解调方式。

二、实验原理

本实验原理框图如图 7.3.1 所示。

模拟信号先经过 3 号模块的 CVSD 编码，再经过 M02 号模块进行汉明码编码，再通过 9 号模块进行 BPSK 调制解调，再返回给 M02 号模块进行汉明码译码，最后用 3 号模块进行 CVSD 译码，并用示波器观察译码输出波形。

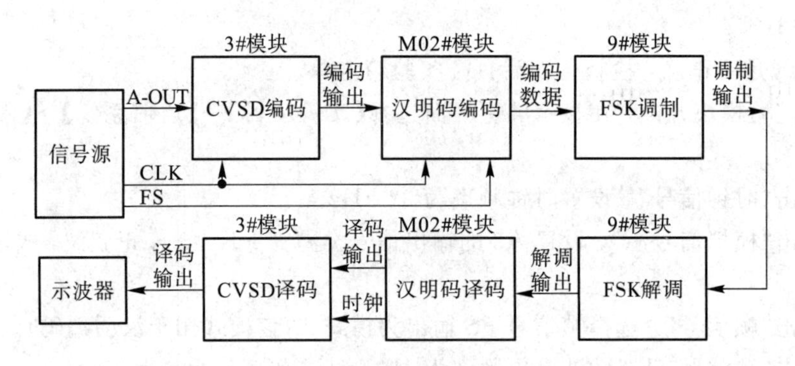

图 7.3.1 FSK 通信系统综合实验

三、实验内容和步骤

1. 实验仪器

实验仪器包括实验箱、示波器等。

2. 实验步骤

1）实验连线

模块关电，按表 7.3.1 所示进行信号连线，实验交互界面如图 7.3.2 所示。

表 7.3.1 信号连线说明

源端口	目的端口	连线说明
信号源：A3	模块 3：TH5(LPF-IN)	送入滤波单元
模块 3：TH6(LPF-OUT)	模块 3：TH13(编码输入)	提供编码信号
信号源：CLK	模块 3：TH9(编码-时钟)	提供编码时钟
模块 3：TH14(编码输出)	模块 M02：TH1（编码数据）	进行汉明编码
信号源：CLK	模块 M02：TH2（编码时钟）	提供汉明编码时钟
信号源：FS	模块 M02：TH3(辅助观测帧头指示)	提供编码帧同步
模块 M02：TH5(编码输出)	模块 9：TH1(基带信号)	提供调制基带信号
信号源：A2	模块 9：TH14(载波 1)	提供一路载波信号
信号源：A1	模块 9：TH3(载波 2)	提供二路载波信号
模块 9：TH4(调制输出)	模块 9：TH7(解调输入)	调制输出信号送入解调端
模块 9：TH4(调制输出)	模块 M02：TH7(译码输入数据)	解调数据送入汉明译码
模块 M02：TH6(编码时钟)	模块 M02：TH8(译码输入时钟)	提供汉明译码时钟
模块 M02：TH10(译码数据)	模块 3：TH19(译码输入数据)	译码数据送入 CVSD 译码
模块 M02：TH11(译码时钟)	模块 3：TH15(译码输入时钟)	提供 CVSD 译码时钟

FSK通信系统综合实验

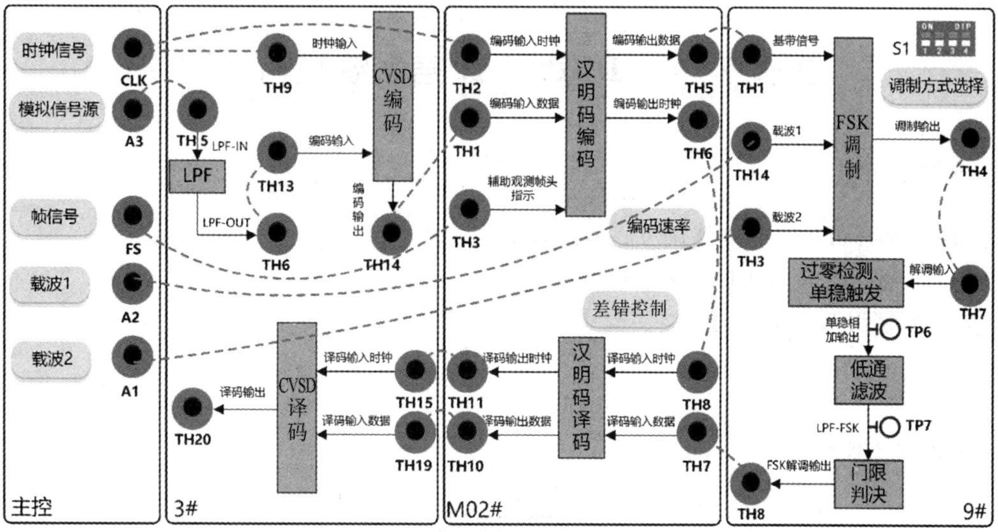

图 7.3.2　实验交互界面

2）检查连线

检查连线是否正确，检查无误后打开实验箱电源。

（1）将实验模块开电，在显示屏主界面选择【实验项目】→【通信系统】→【FSK 通信系统综合实验】实验。

（2）点击“时钟信号”，设置时钟频率为 32 kHz。

（3）点击“模拟信号源”，设置 A3 的输出信号类型为 1K＋3K 正弦波信号，幅度为 25％。

（4）点击“帧信号”，选择帧信号 FS 输出为模式二（该模式用于汉明编码）。

（5）点击“载波 1”，设置 A2 输出为 256 kHz 的载波信号，幅度调为最大。

（6）点击“载波 2”，设置 A1 输出为 128 kHz 的载波信号，幅度调为最大。

（7）点击“编码速率”，设置编码速率为 32 Kbis。

（8）点击“差错控制”，设置为无差错模式。

3）实验操作及波形观测与分析

（1）对比观测模拟信号源 A3 和 3 号模块的译码输出 TH20，观测模拟信号源传输效果，记录波形和参数。

（2）用示波器观测整个传输系统的中间过程测试点，记录波形和参数。

提醒：有兴趣的同学可以将 A3 输出的信号源类型改为音乐信号，连接 3 号模块的译码输出至主控模块的扬声器输入，感受一下译码输出语音的效果。

4）实验结束

关闭电源，整理数据完成实验报告。

四、思考题

（1）简述 FSK 调制技术原理及应用。

（2）对比 ASK 和 FSK 调制技术优缺点。

（3）记录实验过程中遇到的问题并进行分析，提出改进建议。

实验 7-4 DBPSK 通信系统综合实验

一、实验目的

(1) 掌握 DBPSK 调制解调方式原理及应用。
(2) 掌握 BPSK 及 DBPSK 差别。
(3) 理解汉明码编译码在本实验中的作用。

二、实验原理

本实验原理框图如图 7.4.1 所示。

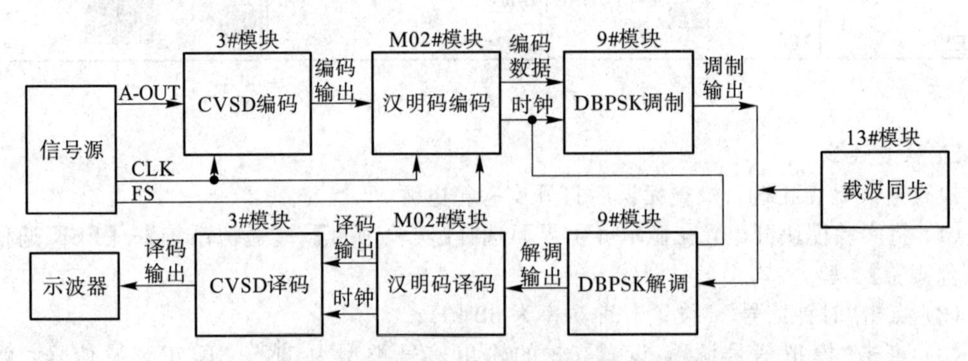

图 7.4.1 DBPSK 通信系统综合实验

模拟信号先经过 3 号模块的 CVSD 编码，再经过 M02 号模块进行汉明码编码，再通过 9 号模块进行 BPSK 调制解调，再返回给 M02 号模块进行汉明码译码，最后用 3 号模块进行 CVSD 译码，并用示波器观察译码输出波形。

三、实验内容和步骤

1. 实验仪器

实验仪器包括实验箱、示波器等。

2. 实验步骤

1) 信号连线

模块关电，按表 7.4.1 所示进行信号连线，实验交互界面如图 7.4.2 所示。

表 7.4.1 信号连线说明

源端口	目的端口	连线说明
信号源：A3	模块 3：TH5(LPF-IN)	送入滤波单元
模块 3：TH6(LPF-OUT)	模块 3：TH13(编码输入)	提供编码信号
信号源：CLK	模块 3：TH9(编码-时钟)	提供编码时钟

续表

源端口	目的端口	连线说明
模块 3：TH14(编码输出)	模块 M02：TH1 (编码数据)	进行汉明编码
信号源：CLK	模块 M02：TH2 (编码时钟)	提供汉明编码时钟
信号源：FS	模块 M02：TH3(辅助观测帧头指示)	提供编码帧同步
模块 M02：TH5(编码输出)	模块 9：TH1(基带信号)	提供调制基带信号
模块 M02：TH6(编码-时钟)	模块 9：TH2(差分编码时钟)	提供差分编码时钟
信号源：A2	模块 9：TH14(载波 1)	提供一路载波信号
信号源：A2	模块 9：TH3(载波 2)	提供二路载波信号
模块 9：TH4(调制输出)	模块 9：TH7(解调输入)	调制输出信号送入解调端
模块 9：TH4(调制输出)	模块 13：TH2(载波同步输入)	载波同步提取
模块 13：TH1(SIN)	模块 9：TH10(相关载波输入)	同步载波送入解调端
模块 9：TH2(差分编码时钟)	模块 9：TH11(差分译码时钟)	提供差分译码时钟
模块 9：TH13(DBPSK 解调输出)	模块 M02：TH7(译码输入数据)	解调数据送入汉明译码
模块 M02：TH6(编码时钟)	模块 M02：TH8(译码输入时钟)	提供汉明译码时钟
模块 M02：TH10(译码数据)	模块 3：TH19(译码输入数据)	译码数据送入 CVSD 译码
模块 M02：TH11(译码时钟)	模块 3：TH15(译码输入时钟)	提供 CVSD 译码时钟

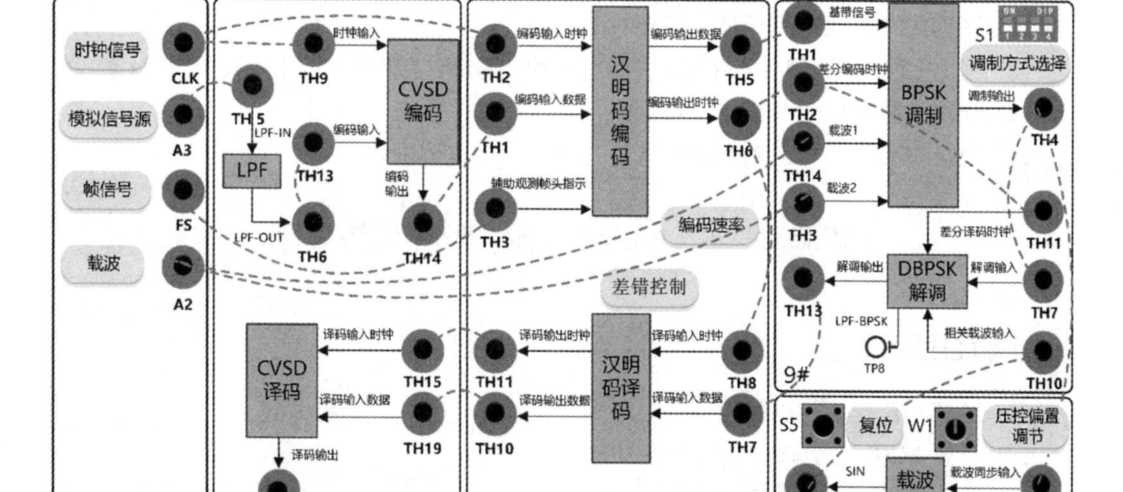

图 7.4.2　实验交互界面

2）检查连线

检查连线是否正确，检查无误后打开实验箱电源。

（1）将实验模块开电，在显示屏主界面选择【实验项目】→【通信系统】→【DBPSK 通信系统综合实验】。

(2) 点击“时钟信号”，设置时钟频率为 32 kHz。

(3) 点击“模拟信号源”，设置 A3 的输出信号类型为 1 K+3 K 正弦波，幅度为 25%左右。

(4) 点击“帧信号”，选择帧信号 FS 输出为模式二(该模式用于汉明编码)。

(5) 用示波器观测主控模块的 A2，点击“载波”，设置载波信号频率为 256 kHz，幅度为 100%。

(6) 点击“编码速率”，设置编码速率为 32 Kb/s。

(7) 点击“差错控制”，设置为无差错模式。

3) 实验操作及波形观测

(1) 对比观测信号源载波信号 A2 和 13 号模块的 SIN(TH2)，调节 13 号模块的压控偏置调节电位器 W1，观测载波同步情况，记录波形和参数。

(2) 对比观测模拟信号源 A3 和 3 号模块的译码输出 TH20，观测模拟信号源传输效果，记录波形和参数。

(3) 用示波器观测整个传输系统的中间过程测试点，记录波形和参数。

提醒： 有兴趣的同学可以选择信号源类型为音乐信号，连接 3 号模块的译码输出至主控模块的扬声器输入，感受一下译码输出语音的效果。

4) 实验结束

关闭电源，整理数据完成实验报告。

四、思考题

(1) 画出 BPSK 调制解调原理框图。

(2) 画出 DBPSK 调制各点波形，并结合说明 DBPSK 为何能消除 BPSK 的“倒 π 现象”?

(3) 计算系统码率并写出推导依据。

(4) 记录实验过程中遇到的问题并进行分析，提出改进建议。

实验 7-5　GSM 无线通信系统实验

一、实验目的

(1) 了解相位连续性的重要意义。

(2) 了解 MSK 的优缺点及应用背景。

(3) 会分析系统码元速率的变化。

二、实验原理

数字调制是数字信号转换为与信道特性相匹配的波形的过程，调制过程就是输入数据控制(键控)载波的幅度、频率和相位。最小频移键控(Minimum Shift Keying，MSK)调制是调制指数为 0.5 的二元数字频率调制，具有很好的特性，如恒包络、相对窄的带宽，并可以相干检测。MSK 信号在任一码元间隔内，其相位变化为 $\pi/2$，而在码元转换时刻保持相位连续。MSK 调制方式是数字调制技术的一种。

然而，MSK 信号的相位变化是折线，在码元转换时刻会产生尖角，从而使其频谱特性的旁瓣降缓慢，带外辐射相对较大。移动数字通信中采用高速传输速率时，要求邻道带外辐射低于－60～－80 dB，而 MSK 信号不能满足功率谱在相邻信道的取值低于主瓣峰值 60 dB 以上的要求，所以需寻求进一步压缩带宽的方法。

为了进一步改善 MSK 的频谱特性，有效的办法是对基带信号进行平滑处理，使调制后的信号相位在码元转换时刻不仅连续而且变化平滑，从而达到改善频谱特性的目的。

最小高斯频移键控(Gaussian Filtered Minimum Shift Keying，GMSK)作为 MSK 的改进型，即是以高斯低通滤波器作为预调滤波基带滤波器的 MSK 方式，所以称为高斯 MSK 或 GMSK。

如图 7.5.1 所示，发送部分是一台实验箱的信号源模块输出数字信号，再经过 M02 号模块进行信道编码，然后通过 28 号模块的 MSK 调制电路，从天线发送出去，载频 10.7M。另外一台实验箱接收到天线信号后经过 28 号模块的 MSK 解调电路，还原出数字信号，然后经过 M02 号模块进行信道译码，输出原始数字信号。

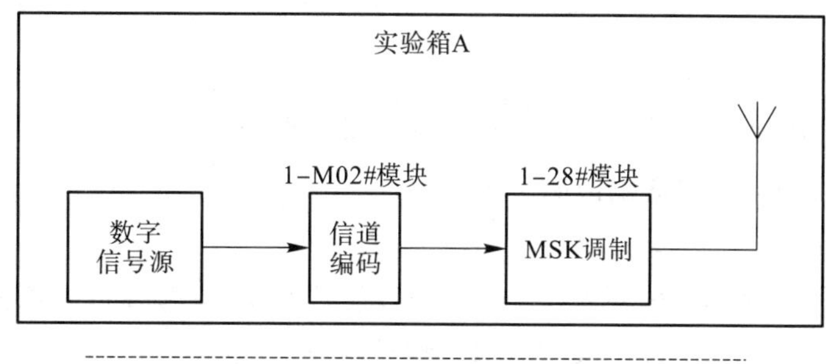

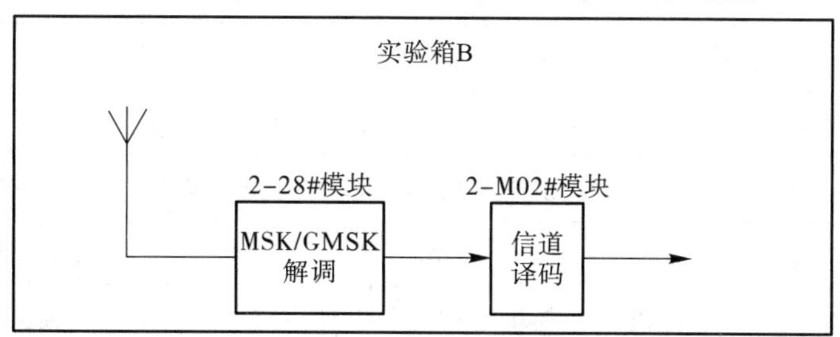

图 7.5.1　GSM 无线通信系统(信道＋调制)实验

如图 7.5.2 所示，GSM 通信系统框图中，发送部分是一台实验箱的信号源输出的模拟信号经过 3 号模块 CVSD 编码转换为数字信号，再经过 M02 号模块进行信道编码，然后通过 28 号模块的 MSK 调制电路，从天线发送出去，载频 10.7M。接收部分是另一台实验箱天线接收的信号经过 28 号模块的 MSK 解调电路，还原出数字信号，然后经过 M02 号模块进行信道译码，再通过 3 号模块的信源译码功能，将数字信号还原为原始的模拟信号源。当模拟信号源选择音频信号时，可以将译码输出的信号送入到信号源模块的扬声器端口，感受音频信号的传输效果。

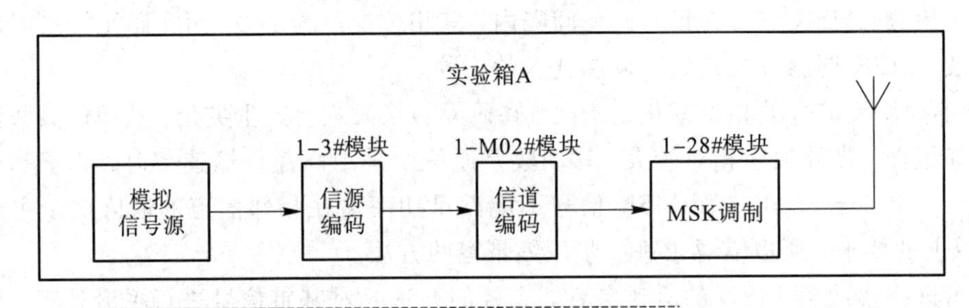

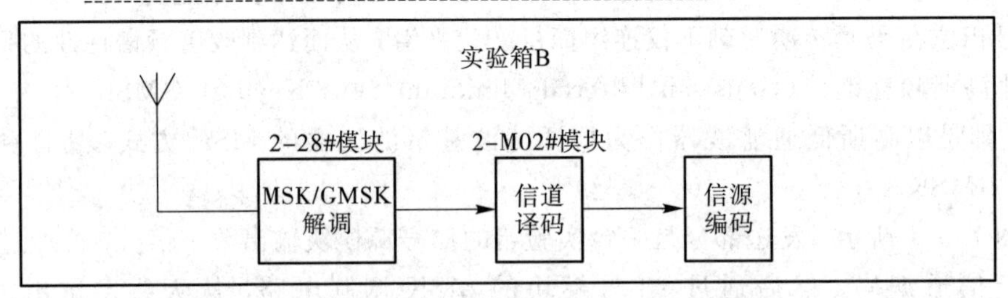

图 7.5.2 GSM 无线通信系统(信源+信道+调制)实验

三、实验内容和步骤

1. 实验仪器

实验仪器包括实验箱 2 台、示波器和 FM 天线 2 根等。

2. 任务一实验步骤(信道编译码+调制)

1) 实验连线

两台实验箱模块关电，按表 7.5.1 所示进行信号连线，实验交互界面如图 7.5.3 所示。

表 7.5.1 信号连线说明

实验箱 A 信号连线，搭建 GSM 发射系统(信道编码+调制)		
源端口	目的端口	连线说明
信号源：D1	模块 1-M02：TH1 (编码数据)	提供信道编码数据
信号源：CLK	模块 1-M02：TH2 (编码时钟)	提供信道编码时钟
模块 1-M02：TH5(编码数据输出)	模块 1-28：TH1(基带数据)	提供调制基带数据
模块 1-M02：TH6(编码时钟输出)	模块 1-28：TH2(基带时钟)	提供调制基带时钟
实验箱 B 信号连线，搭建 GSM 接收系统(解调+信道译码)		
源端口	目的端口	连线说明
模块 2-28：TH1(解调数据)	模块 2-M02：TH7 (译码数据)	提供信道译码数据
模块 2-28：TH2(解调时钟)	模块 2-M02：TH8 (译码时钟)	提供信道译码时钟

分别在实验箱 A 的 28 号模块的 RF 射频发送端口和实验箱 B 的 28 号模块的 RF 射频接收端口处接上 FM 天线，用以发送和接收无线信号。

注：由于实验中涉及两个实验箱，实验交互界面中以及实验内容和步骤中提到的 1-3、

1－M02、1－28 均为实验箱 A 的实验模块；2－3、2－M02、2－28 均为实验箱 B 的实验模块。

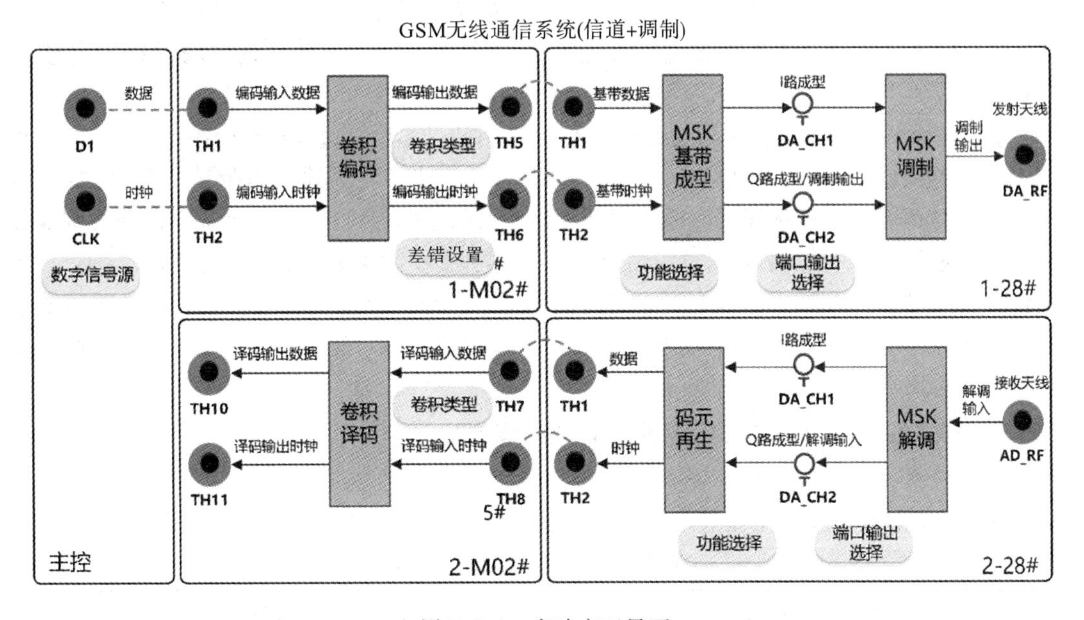

图 7.5.3　实验交互界面

2）检查连线

检查连线是否正确，检查无误后打开实验箱电源。

（1）将两台实验箱的实验模块分别开电，在显示屏主界面均选择【实验项目】→【通信系统】→【GSM 无线通信系统（信道＋调制）】。

（2）在实验箱 A 上设置参数如下：

点击“数字信号源”，设置信号源为 16 kHz 的 PN15。

点击 1－M02 号模块的“卷积类型”，选择卷积方式为“2，1，3 卷积不加交织”，设置编码速率为 16 Kb/s。

点击 1－M02 号模块的“差错设置”，设置为无误码。

点击 1－28 号模块的“功能选择”，选择 MSK 调制，设置调制速率为 32 Kb/s。

（3）在实验箱 B 上设置参数如下：

点击 2－28 号模块的“功能选择”，选择 MSK 解调，设置解调速率为 32 Kb/s。

点击 2－M02 号模块的“卷积类型”，选择卷积方式为“2，1，3 卷积不加交织”。

3）实验操作及波形观测

（1）对比观测实验箱 A 的信号源 D1 和实验箱 B 的 M02 号模块译码输出端口 TH10，记录波形和参数。

（2）用示波器观测整个传输系统的中间过程测试点，记录波形和参数。

注：调制端的 Q 路成型信号和调制输出信号均可从 1－28 号模块的 DA_CH2 端口输出，实验时需先点击“端口输出选择”，选择 DA_CH2 输出的信号类型再来进行观测。同理，解调端信号在进行观测时也同样需要先选择端口输出的信号类型。

（3）点击实验箱 A 上 1－M02 号模块的“差错设置”，插入不同类型的错码，观察信号在系统中的传输效果，记录波形和参数。

(4) 分别点击实验箱 A 上 1-M02 号模块和实验箱 B 上 2-M02 号模块的卷积类型，选择不同的卷积编译码方式，观察信号在系统中的传输效果，记录波形和参数。

(5) 有兴趣的同学还可以改变实验过程中的编码速率，了解系统传输过程中的速率匹配。

需要注意的是，本实验中信道编译码部分采用的(2，1，3)卷积(加交织与不加交织)和(2，1，7)卷积(加交织与不加交织)方式其输出信号的速率均为输入基带信号速率的 2 倍，在后续的 28 号模块的速率设置时要注意和编码输出的速率保持一致。此外，调制与解调部分的速率也应该保持一致。例如信号源输出 8 K 的数字信号，假设此时卷积类型为(2，1，7)卷积不加交织，则 1-M02 号模块的编码速率即设置为 8 K，经过信道编码之后输出的速率为 16 K，所以 1-28 号模块的调制速率应设置为 16 K。相应地，在 2-28 号模块上的解调速率也应设置为 16 K。

3. 任务二实验步骤(CVSD＋信道编译码＋调制)

1) 信号连线

两台实验箱模块关电，按表 7.5.2 所示进行信号连线，实验交互界面如图 7.5.4 所示。

表 7.5.2 信号连线说明

实验箱 A 信号连线，搭建 GSM 发射系统(CVSD 编码＋信道编码＋调制)		
源端口	目的端口	连线说明
信号源：A3	模块 1-3：TH5(LPF-IN)	送入滤波单元
模块 1-3：TH6(LPF-OUT)	模块 1-3：TH13(编码输入)	提供编码信号
信号源：CLK	模块 1-3：TH9(编码时钟)	提供编码时钟
模块 1-3：TH14(编码输出)	模块 1-M02：TH1 (编码数据)	进行卷积编码
信号源：CLK	模块 1-M02：TH2 (编码时钟)	提供卷积编码时钟
模块 1-M02：TH5(编码数据输出)	模块 1-28：TH1(基带数据)	提供调制基带数据
模块 1-M02：TH6(编码时钟输出)	模块 1-28：TH2(基带时钟)	提供调制基带时钟
实验箱 B 信号连线，搭建 GSM 接收系统(解调＋信道译码＋CVSD 译码)		
源端口	目的端口	连线说明
模块 2-28：TH1(解调数据)	模块 2-M02：TH7 (译码数据)	提供信道译码数据
模块 2-28：TH2(解调时钟)	模块 2-M02：TH8 (译码时钟)	提供信道译码时钟
模块 2-M02：TH10(译码数据)	模块 2-3：TH19(译码输入数据)	译码数据送入 CVSD 译码
模块 2-M02：TH11(译码时钟)	模块 2-3：TH15(译码输入时钟)	提供 CVSD 译码时钟

分别在实验箱 A 的 28 号模块的 RF 射频发送端口和实验箱 B 的 28 号模块的 RF 射频接收端口处接上 FM 天线，用以发送和接收无线信号。

注：由于实验中涉及两个实验箱，实验交互界面中以及实验内容和步骤中提到的 1-3、1-M02、1-28 均为实验箱 A 的实验模块；2-3、2-M02、2-28 均为实验箱 B 的实验模块。

2) 检查连线

检查连线是否正确，检查无误后打开实验箱电源。

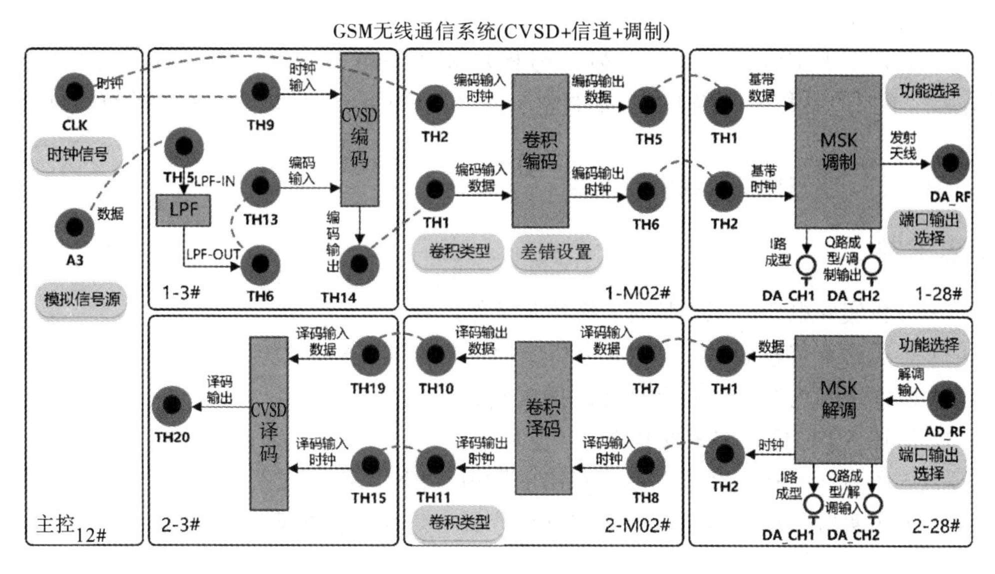

图 7.5.4　实验交互界面

(1) 将两台实验箱的实验模块分别开电，在显示屏主界面均选择【实验项目】→【通信系统】→【GSM 无线通信系统(CVSD＋信道＋调制)】。

(2) 在实验箱 A 上设置参数如下：

点击“模拟信号源”，设置信号源为 1 K＋3 K 正弦信号。

点击“时钟信号”，设置时钟信号为 32 K。

点击 1－M02 号模块的“卷积类型”，选择卷积方式为“2，1，3 卷积不加交织”，设置编码速率为 32 Kb/s。

点击 1－M02 号模块的“差错设置”，设置为无误码。

点击 1－28 号模块的“功能选择”，选择 MSK 调制，调制速率为 64 Kb/s。

(3) 在实验箱 B 上设置参数如下：

点击 2－28 号模块的“功能选择”，选择 MSK 解调，解调速率为 64 Kb/s。

点击 2－M02 号模块的“卷积类型”，选择卷积方式为“2，1，3 卷积不加交织”。

3) 实验操作及波形观测

(1) 对比观测实验箱 A 的信号源 A3 和实验箱 B 的 3 号模块译码输出端口 TH20，记录波形和参数。

(2) 用示波器观测整个传输系统的中间过程测试点，记录波形和参数。

注：调制端的 Q 路成型信号和调制输出信号均可从 1－28 号模块的 DA_CH2 端口输出，实验时需先点击“端口输出选择”，选择 DA_CH2 输出的信号类型再来进行观测。同理，解调端信号在进行观测时也同样需要先选择端口输出的信号类型。

(3) 点击实验箱 A 上 1－M02 号模块的“差错设置”，插入不同类型的错码，观察信号在系统中的传输效果，记录波形和参数。

注：可以选择模拟信号源为音频信号、语音信号或者麦克风信号(麦克风信号接口在实验箱右侧电源开关旁边，插入带麦克风的 3.5 mm 耳机后，麦克风拾音，从 A3 端口输出音频信号)，将实验箱 B 的 3 号模块译码输出数据连接至信号源模块的扬声器，感受音频

信号的传输效果。

(4) 分别点击实验箱 A 上 1－M02 号模块和实验箱 B 上 2－M02 号模块的“卷积类型”，选择不同的卷积编译码方式，观察信号在系统中的传输效果，记录波形和参数。

4) 实验结束

关闭电源，整理数据完成实验报告。

四、思考题

(1) 分析实验电路的工作原理，简述其工作过程。

(2) 感受语音传输效果，观测并分析实验过程中的实验现象。

(3) 简述实验内容任务一和任务二的区别。

(4) 简述 MSK 信号的主要特点。

(5) 思考为什么在蜂窝移动通信系统中采用 MSK 调制方式?

(6) 记录实验过程中遇到的问题并进行分析，提出改进建议。

第八章　模拟调制综合实验

实验 8-1　AM 调制及检波实验

一、实验目的

(1) 了解使用 FPGA 可编程的方式实现模拟调制与检波的工作原理。
(2) 研究已调波与调制信号以及载波信号的关系。
(3) 掌握调幅系数的测量与计算方法。
(4) 对比不同检波方式的效果，了解使用 FPGA 实现检波的方法。

二、实验原理

1. 实验原理

幅度调制就是载波的振幅(包络)随调制信号参数的变化而变化。常规方法使用的是 1496 集成芯片来完成模拟调制解调，本模块使用的是 FPGA 可编程方式，实验中载波是由 28 号模块内部产生的 64 kHz～1 MHz 的载波信号，调制信号为信号源模块产生的模拟信号(如正弦波、音乐信号等)。

AM 调制输出波形如图 8.1.1 所示。

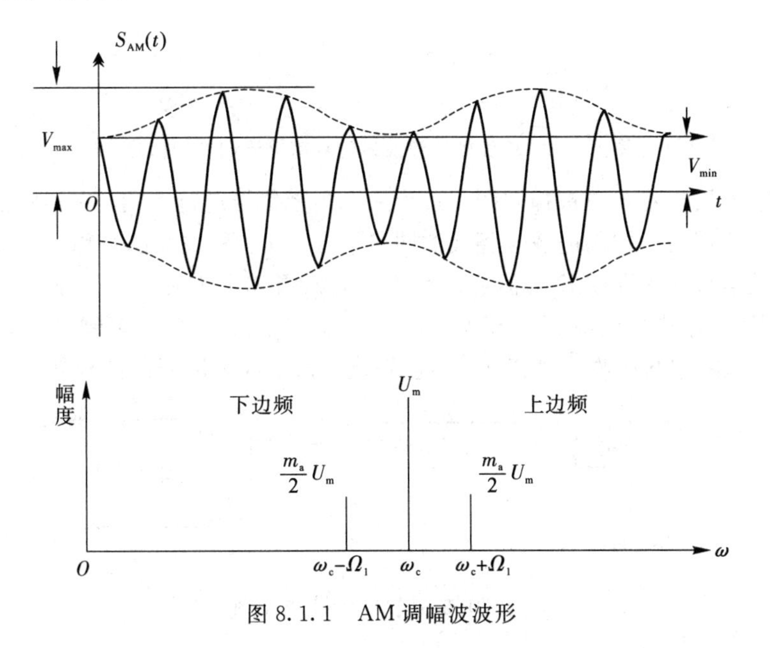

图 8.1.1　AM 调幅波波形

调制度：
$$m=\frac{V_{\max}-V_{\min}}{V_{\max}+V_{\min}}$$

本实验中的调制度是由模拟信号源的幅度和调制深度共同影响的，这里的调制深度可以理解为模拟信号源的幅度系数，模拟信号源与幅度系数(调制深度)相乘之后再经过载波进行调制。

检波器的作用是从振幅受调制的高频信号中还原出原调制信号。还原所得的信号与高频调幅信号的包络变化规律一致，故检波器又称为包络检波器。

假如输入信号是高频等幅信号，则输出就是直流电压。这是检波器的一种特殊情况，在测量仪器中应用比较多。例如某些高频伏特计的探头就是采用这种检波原理。

若输入信号是调幅波，则输出就是原调制信号。这种情况应用最广泛，比如各种连续波工作的调幅接收机检波器。

从频谱来看，检波就是将调幅信号频谱由高频搬移到低频，如图 8.1.2 所示单音频 Ω 调制的情况。检波过程首先应用非线性器件进行频率变换，产生许多新频率，然后通过滤波器，滤除无用频率分量，取出所需要的原调制信号。

常用的检波方法有包络检波和同步检波两种。全载波振幅调制信号的包络直接反映了调制信号的变化规律，可以用二极管包络检波或整流滤波的方法进行解调。而抑制载波的双边带或单边带振幅调制信号的包络不能直接反映调制信号的变化规律，无法用包络检波进行解调，所以采用同步解调(相干解调)方法。图 8.1.2 对比了检波器检波前后的频谱出原调制的信号。

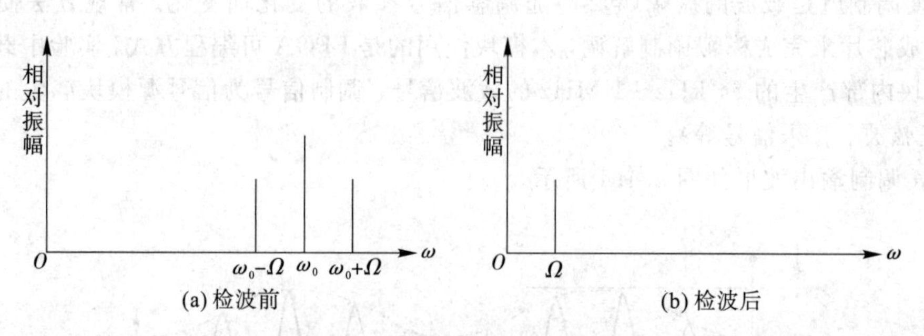

图 8.1.2 检波器检波前后的频谱出原调制的信号

同步检波器用于对载波被抑制的双边带或单边带信号进行解调。它的特点是必须外加一个频率和相位都与被抑制的载波相同的同步信号。同步检波器的名称由此而来。

外加载波信号加入同步检波器有两种方式，如图 8.1.3 所示。一种如图 8.1.3(a)所示，将它与接收信号在检波器中相乘，经低通滤波器后检出原调制信号；另一种如图 8.1.3(b)所示，将它与接收信号相加，经包络检波器后取出原调制信号。

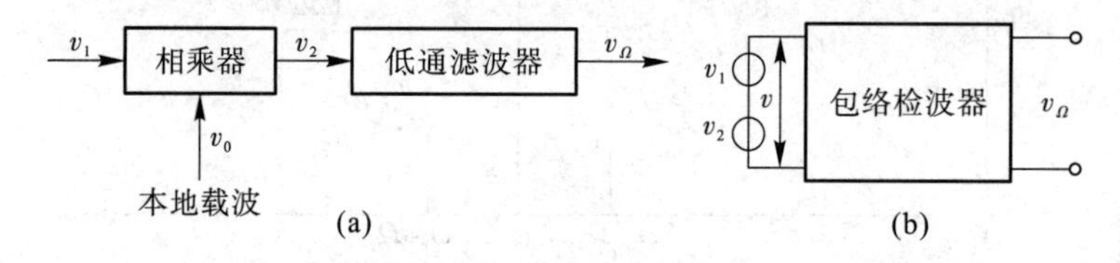

图 8.1.3 同步检波器方框图

本实验中解调端所使用到的低通滤波器均为 8 kHz 的 Fir 滤波器。

2. 实验端口说明

本实验可用到的实验端口号为 AD_CH1、AD_CH2、DA_CH1 和 DA_CH2。

AD_CH1 和 AD_CH2：输入信号的端口。

DA_CH1 和 DA_CH2：输出信号的端口，可灵活设置为实验中任意模拟输出信号的端口。

端口默认状态：AD_CH1 输入调制信号，DA_CH1 输出 AM 已调制信号，AD_CH2 输入 AM 解调信号，DA_CH2 输出恢复信号。支持自定义，需要注意的是，同一端口不能同时作为两个信号的输出端口。

三、实验内容和步骤

1. 实验仪器

实验仪器包括实验箱、示波器等。

2. 任务一实验步骤(相干解调)

1）实验连线

模块关电，按表 8.1.1 所示进行信号连线，实验交互界面如图 8.1.4 所示。

表 8.1.1　信号连线说明

源端口	目的端口	连线说明
信号源：A1	模块 28：AD_CH1（模拟信号输入）	提供调制信号
模块 28：DA_CH1/DA_CH2（AM 调制信号输出）	模块 28：AD_CH2（模拟信号输入）	提供解调信号

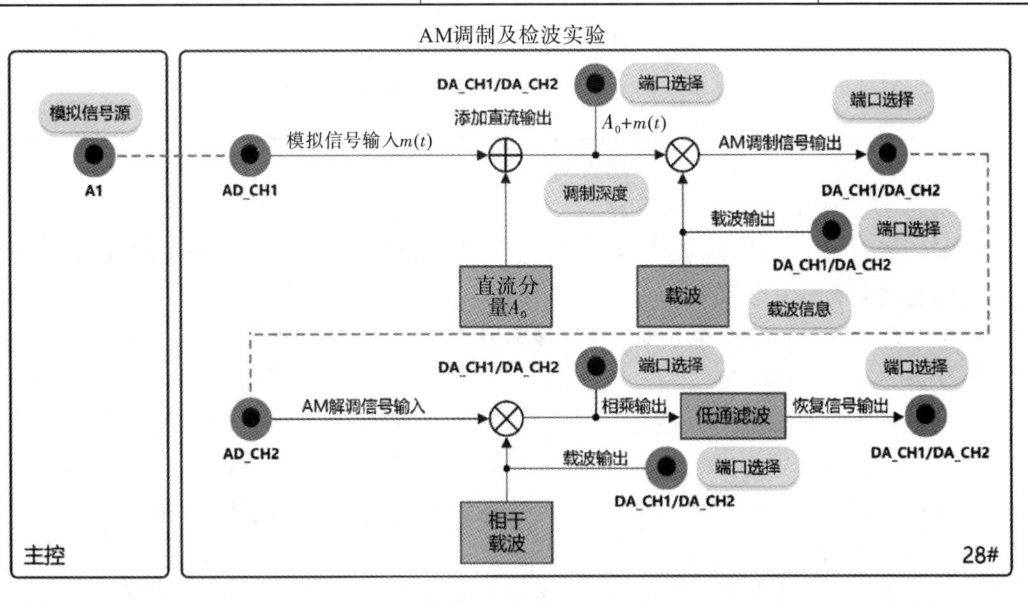

图 8.1.4　实验交互界面

2）检查连线

检查连线是否正确，检查无误后打开实验箱电源。

(1) 将实验模块开电，在显示屏主界面选择【实验项目】→【调制解调】→【AM调制解调实验(相干解调)】。

(2) 点击“模拟信号源”，设置A1的输出信号类型为正弦波、频率为1000 Hz，幅度设置为2 V(设置电压的峰峰值输出为2 V左右)。

(3) 点击“调制深度”，选择调制深度为“1”。

3）观测AM调制的信号观测及调制度测算

用示波器观测28号模块的调制输出端口，记下AM已调波对应的V_{max}和V_{min}，并计算调制度m。适当改变信号源A1的输出幅度V_{A1}，观察调制输出波形的变化情况，再记录AM波对应的V_{max}和V_{min}，并计算调制度m。

调制信号频率：________ kHz，载波信号频率：________ kHz，载波信号幅度：________。				
V_{A1}	V_{Aout}	V_{max}	V_{min}	调幅系数M_a
				1

关于AM总调制度：在基于FPGA算法实现模拟调制时，为了获得较大的调制度m，引入了一个常数，即调制深度，本实验中，AM的调制度m=调制深度×M_a。

思考： AM已调信号的包络有什么特征?

4）观测AM调制的调制系数M_a对已调信号的影响

基于任务一的参数设置，点击调制深度，选择其他类型的调制深度，改变信号源A1的输出幅度，观察调制输出波形的变化情况，并计算调制度。

调制信号频率：________ kHz，载波信号频率：________ kHz，载波信号幅度：________。				
V_{A1}	V_{Aout}	V_{max}	V_{min}	调幅系数M_a
				1

思考： AM的调制度m是不是越大越好?

5）观测载波频率对AM调制的影响

基于任务一的参数设置，点击“载波信息”，改变载波信号的频率，用示波器观测28号模块的调制输出端口波形。

思考： 对于一个AM调幅系统，载波频率对调制有什么影响?

6）观测AM相干解调

基于任务一的参数设置，用示波器观测信号源的调制信号A1和28号模块的解调输出信号波形，观测解调输出结果。

思考： 相干解调有什么优势？带着这个疑问，与后面的DSB解调进行对比。

7）观测载波对相干解调的影响

基于任务一的参数设置，改变发送和接收载波信号的幅度或频率，观测载波对解调输出的影响。

思考： 收发载波信号的幅度和频率变化分别对解调有什么影响？

8）观测 AM 调制度对解调的影响

基于任务一的参数设置，改变调制深度值，观测解调波形的变化情况。

注： 当选择的调制深度较大时更容易观察到过调制现象。

思考： 过调制对解调信号有什么影响？

3. 任务二实验步骤（包络检波）

1）实验连线

保持任务一连线不变，实验交互界面如图 8.1.5 所示。

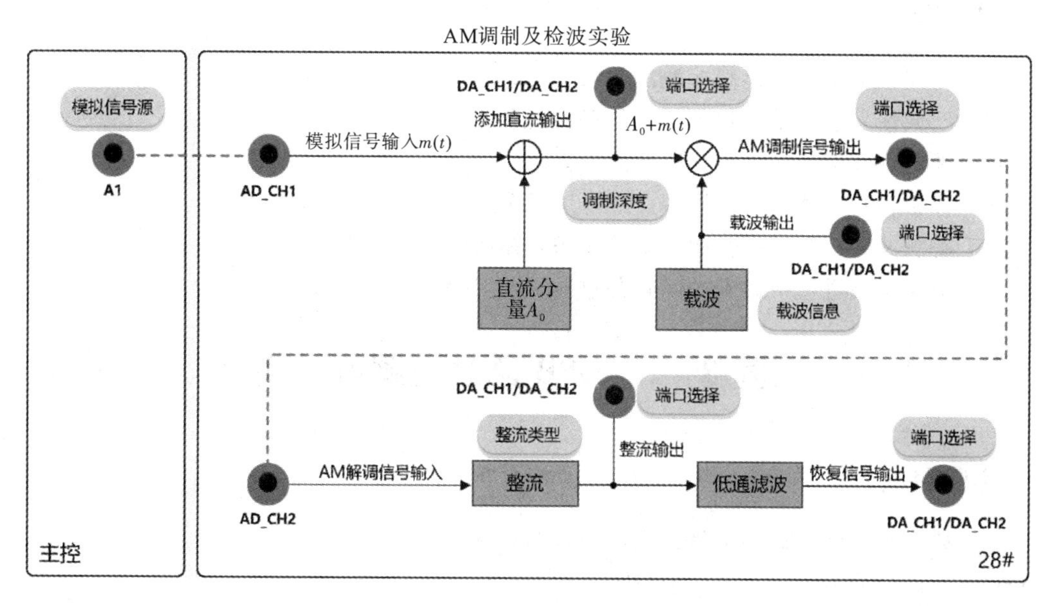

图 8.1.5　包络检波实验交互界面

2）检查连线

(1) 检查无误后，在主界面选择【实验项目】→【调制解调】→【AM 调制解调实验（包络检波）】。

(2) 点击“模拟信号源”，设置 A1 的输出信号类型为正弦波、频率为 1000Hz，幅度设置为 2 V（设置电压的峰峰值输出为 2 V 左右即可）。

(3) 点击“调制深度”，选择调制深度为“1”。

3）观测半波整流解调

点击“整流类型”，选择整流方式为半波整流，设置解调端的信号输出端口，改变模拟信号源的输出幅度，对比观测调制输入信号和解调输出波形，记录实验数据。

调制信号频率：________ kHz，载波信号频率：________ kHz，载波信号幅度：__________。	
模拟信号源的输出幅度	调制信号与解调输出波形

思考： 通过实验，简单总结半波整流解调的效果。

4）观测全波整流解调

基于步骤 2)，点击“整流类型”，选择整流方式为全波整流，设置解调端的信号输出端口，改变模拟信号源的输出幅度，对比观测调制输入信号和解调输出波形，记录实验数据。

调制信号频率：________ kHz，载波信号频率：________ kHz，载波信号幅度：________。	
模拟信号源的输出幅度	调制信号与解调输出波形

思考：通过实验，简单总结全波整流解调的效果。

5）实验结束

关闭电源，整理数据完成实验报告。

四、思考题

（1）简述相干解调和包络检波法的区别。

（2）已调信号能够采用相干解调的条件是什么？

（3）画出调幅信号的时域和频域波形。

（4）分析实验电路的工作原理，简述其工作过程。

（5）观测并分析实验过程中的实验现象，并记录实验波形。

（6）记录实验过程中遇到的问题并进行分析，提出改进建议。

实验 8-2　DSB 调制及解调实验

一、实验目的

（1）研究已调波与调制信号以及载波信号的关系。

（2）了解 AM 调制与 DSB 的区别。

（3）了解使用 FPGA 实现 DSB 调制及解调的方法。

二、实验原理

1. 实验原理

在 AM 信号中，载波分量并不携带信息，信息完全由边带传送。如果在 AM 调制模型中将直流分量去掉，即可得到一种高调制效率的调制方式——抑制载波双边带信号(DSB-SC)，简称双边带信号(DSB)。其时域表达式为

$$S_{\mathrm{DSB}}=m(t)\cos\omega_{\mathrm{c}}t \tag{8.2.1}$$

式中，假设 $m(t)$ 的平均值为 0。DSB 的频谱与 AM 的谱相近，只是没有了在 $\pm\omega_{\mathrm{c}}$ 处的 δ 函数，即

$$S_{\mathrm{DSB}}=\frac{1}{2}[M(\omega+\omega_{\mathrm{c}})+M(\omega-\omega_{\mathrm{c}})] \tag{8.2.2}$$

DSB 调制输出波形如图 8.2.1 所示。

与 AM 信号比较，因为不存在载波分量，DSB 信号的调制效率是 100%，即全部功率都用于信息传输。但是 DSB 信号的包络不再与调制信号的变化规律一致，因而不能采用简单的包络检波来恢复调制信号。DSB 信号解调时需采用相干解调，也称同步检测。

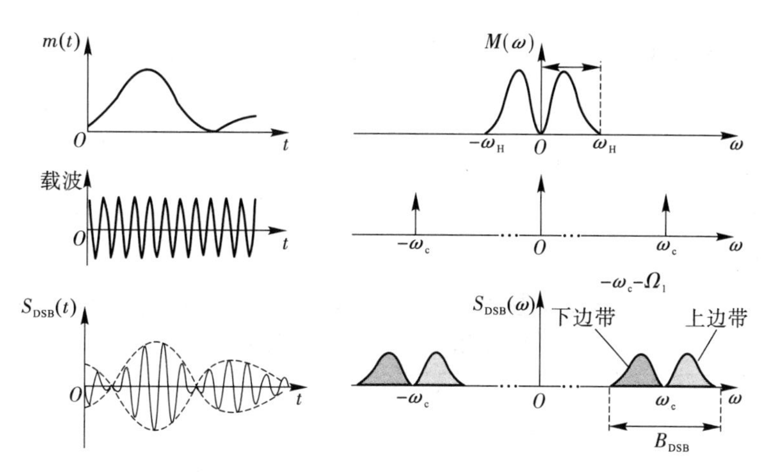

图 8.2.1　DSB 调制输出波形

本实验使用相干解调法。设输入的已调波为载波分量被抑止的双边带信号 u_1，即

$$u_1 = U_1\cos\Omega t\cos\omega_1 t \tag{8.2.3}$$

本地载波电压 $u_0 = U_0\cos(\omega_0 t + \varphi)$。本地载波的角频率 ω_0 准确地等于输入信号载波的角频率 ω_1，即 $\omega_1 = \omega_0$，但二者的相位可能不同。这里 φ 表示它们的相位差。

这时相乘输出(假定相乘器传输系数为 1)：

$$\begin{aligned}u_2 &= U_1U_0(\cos\Omega t\cos\omega_1 t)\cos(\omega_2 t + \varphi)\\ &= \frac{1}{2}U_1U_0\cos\varphi\cos\Omega t + \frac{1}{4}U_1U_0\cos[(2\omega_1 + \Omega)t + \varphi]\\ &\quad + \frac{1}{2}U_1U_0\cos[(2\omega_1 - \Omega)t + \varphi]\end{aligned}$$

低通滤波器滤除 $2\omega_1$ 附近的频率分量后，就得到频率为 Ω 的低频信号：

$$u_\Omega = \frac{1}{2}U_1U_0\cos\varphi\cos\Omega t \tag{8.2.4}$$

由式(8.2.4)可见，低频信号的输出幅度与 φ 成正比。当 $\varphi = 0$ 时，低频信号电压最大，随着相位差 φ 加大，输出电压减弱。因此，在理想情况下，除本地载波与输入信号载波的角频率必须相等外，希望二者的相位也相同。此时，乘积检波称为“同步检波”。

本实验中解调端所使用到的低通滤波器为 8 kHz 的 Fir 滤波器。

2. 实验端口说明

本实验可用到的实验端口号为 AD_CH1、AD_CH2、DA_CH1、DA_CH2。

AD_CH1 和 AD_CH2：输入信号的端口。

DA_CH1 和 DA_CH2：输出信号的端口，可灵活设置为实验中任意模拟输出信号的端口。

端口默认状态：AD_CH1 输入调制信号，DA_CH1 输出 DSB 已调制信号，AD_CH2 输入 DSB 解调信号，DA_CH2 输出恢复信号。支持自定义，需要注意的是，同一端口不能同时作为两个信号的输出端口。

三、实验内容和步骤

1. 实验仪器

实验仪器包括实验箱、示波器等。

2. 实验步骤

1）实验连线

模块关电，按表 8.2.1 所示进行信号连线，实验交互界面如图 8.2.2 所示。

表 8.2.1 信号连线说明

源端口	目的端口	连线说明
信号源：A1	模块 28：AD_CH1(模拟信号输入)	提供调制信号
模块 28：DA_CH1/DA_CH2(DSB 已调制信号输出)	模块 28：AD_CH2(模拟信号输入)	提供解调信号

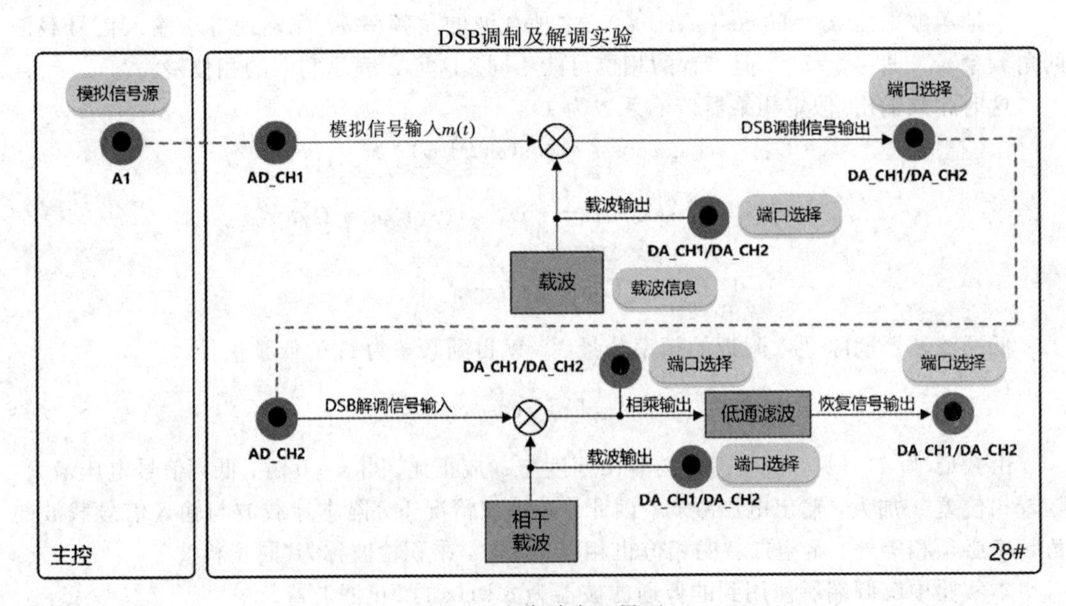

图 8.2.2 实验交互界面

2）检查连线

检查连线是否正确，检查无误后打开实验箱电源。

(1) 将实验模块开电，在显示屏主界面选择【实验项目】→【调制解调】→【DSB 调制解调实验】。

(2) 点击“模拟信号源”，设置 A1 的输出信号类型为正弦波、频率为 3000 Hz，幅度设置为 2 V(设置电压的峰峰值输出为 2 V 左右即可)。

3）DSB 调制的信号观测

用示波器观测 28 号模块的调制输出端口时域及频域波形。适当改变信号源 A1 的输出幅度和输出频率，观察调制输出波形的变化情况，并记录波形和参数。

注： 观察输入调制信号波形与输出的双边带调幅波信号的包络，对比 DSB 调制输出与 AM 调制输出波形时域和频域上的波形，分析二者有何区别。

4）载波信号对 DSB 调制的影响

基于步骤 3)的参数设置，点击“载波信息”，改变载波信号的频率和幅度，用示波器观测 28 号模块的调制输出端口波形，并记录波形和参数。

5）DSB 解调信号的观测及载波对解调信号的影响

基于步骤 3)的参数设置，用示波器观测信号源的调制信号 A1 和 28 号模块的解调输出信号波形，观测解调输出结果。改变发送和接收载波信号的幅度或频率，观测载波对调制输出和解调输出的影响，并记录波形和参数。

6）DSB 的幅频响应

基于步骤 3)的参数设置，改变模拟信号源的幅度，改变模拟信号源 A1 输出频率分别为 250Hz、500Hz、1 kHz、2 kHz、3 kHz、5 kHz，观测恢复信号输出 DA_CH1，用失真度仪记录的电压的有效值 V_{rms} 和用示波器记录电压的峰峰值，并绘制峰峰值-有效值双纵轴频率图，观测调制信号幅度对解调波形的影响。

频率参考值 f	250 Hz	500 Hz	1 kHz	2 kHz	3 kHz	5 kHz
峰峰值 U_{PP}						
有效值 U_{rms}						

7）实验结束

关闭电源，整理数据完成实验报告。

四、思考题

（1）分析实验电路的工作原理，简述其工作过程。

（2）观测并分析实验过程中的实验现象，记录实验波形并与 AM 信号做对比。

（3）对比 AM 调制与 DSB 调制输出波形的区别，简述其原因。

（4）记录实验过程中遇到的问题并进行分析，提出改进建议。

实验 8－3　SSB 调制及解调实验

一、实验目的

（1）理解 SSB 信号调制与解调基本原理。

（2）掌握 SSB 信号的波形及频谱特点。

（3）了解使用 FPGA 实现 DSB 调制及解调的方法。

二、实验原理

1. 实验原理

单边带调制(SSB)信号通常是将双边带信号的一个边带滤掉而形成的。这里采用的是相移法产生 SSB 信号。根据滤除方法的不同，产生 SSB 信号的方法有滤波法和相移法。

SSB信号的频域表示直观、简明，但其时域表达式的推导比较困难，需借助希尔伯特(Hilbert)变换来表述。为简单起见，我们以单频调制为例，然后推广到一般情况。

设单频调制信号为

$$m(t)=A_m\cos\omega_m t \tag{8.3.1}$$

载波为

$$c(t)=\cos\omega_c t$$

则DSB信号的时域表达式为

$$s_{DSB}(t)=A_m\cos\omega_m t\cos\omega_c t=\frac{1}{2}A_m\cos(\omega_c+\omega_m)t+\frac{1}{2}A_m\cos(\omega_c-\omega_m)t$$

保留下边带，则有

$$s_{DSB}=\frac{1}{2}A_m\cos(\omega_c+\omega_m)t=\frac{1}{2}A_m\cos\omega_m t\cos\omega_c t-\frac{1}{2}A_m\sin\omega_m t\sin\omega_c t \tag{8.3.2}$$

保留上边带，则有

$$s_{LSB}=\frac{1}{2}A_m\cos(\omega_c-\omega_m)t=\frac{1}{2}A_m\cos\omega_m t\cos\omega_c t+\frac{1}{2}A_m\sin\omega_m t\sin\omega_c t \tag{8.3.3}$$

合并上下边带公式，可以写成

$$s_{SSB}(t)=\frac{1}{2}A_m\cos(\omega_c+\omega_m)t=\frac{1}{2}A_m\cos\omega_m t\cos\omega_c t\mp\frac{1}{2}A_m\sin\omega_m t\sin\omega_c t \tag{8.3.4}$$

式中："−"代表上边带信号，"+"代表下边带信号。

在式(8.3.4)中，$A_m\sin\omega_m t$ 可以看成 $A_m\cos\omega_m t$ 与 $\frac{\pi}{2}$ 相乘的结果，而幅度大小保持不变。我们把这一过程称为希尔伯特变换，记为"Λ"，则有：

$$A_m\widehat{\cos}\omega_m t=A_m\sin\omega_m t$$

故式(8.3.4)可以改写为

$$s_{SSB}(t)=\frac{1}{2}A_m\cos\omega_m t\cos\omega_c t\mp\frac{1}{2}A_m\widehat{\cos}\omega_m t\sin\omega_c t \tag{8.3.5}$$

式(8.3.5)虽然是在单频调制下得到的，但是它不失一般性，因为任意一个基带波形总是可以表示成许多正弦信号之和。所以，把式(8.3.5)推广到一般情况，即可得到调制信号为任意信号时SSB信号的时域表达式，即

$$s_{SSB}(t)=\frac{1}{2}m(t)\cos\omega_c t\mp\frac{1}{2}\hat{m}(t)\sin\omega_c t \tag{8.3.6}$$

式中：$\hat{m}(t)$为$m(t)$的希尔伯特变换。

若$M(\omega)$为$m(t)m(t)$的傅里叶变换，则$\hat{m}(t)$的傅里叶变换为

$$\hat{M}(\omega)=M(\omega)*[-\mathrm{j}\,\mathrm{sgn}\omega] \tag{8.3.7}$$

式中符号函数为

$$\mathrm{sgn}\omega=\begin{cases}1, & \omega>0\\ -1, & \omega<0\end{cases} \tag{8.3.8}$$

式(8.3.8)中有明显的物理意义：$m(t)$通过传递函数为$-\mathrm{j}\,\mathrm{sgn}\omega$的滤波器即可得到$\hat{m}(t)$。由此可知，$-\mathrm{j}\,\mathrm{sgn}\omega$即是希尔伯特滤波器的传递函数，记为

$$H_h(\omega)=\frac{\hat{M}\omega}{M\omega}=-\mathrm{j}\,\mathrm{sgn}\omega \tag{8.3.9}$$

式(8.3.9)表明希尔伯特滤波器 $H_h(\omega)$实质上是一个宽带相移网络，对 $m(t)$中任意频率分量均相移$\frac{\pi}{2}$，即可得到 $\hat{m}(t)$。

相移法是利用相移网络、对载波和调制信号进行适当的相移以便在合成过程中将其中的一个边带抵消而获得 SSB 信号。相移法不需要滤波器具有陡峭的截止特性，不论载频有多高，均可一次实现 SSB 调制。

SSB 信号的实现比 AM、DSB 要复杂，但 SSB 调制方式在传输信息时，不仅可以节省发射功率，而且它所占用的频带宽度为 $D_{SSB}=f_H$，比 AM、DSB 减少了$\frac{1}{2}$。它目前已成为短波通信中一种重要的调制方式。

SSB 信号的解调和 DSB 一样，不能采用简单的包络检波，因为 SSB 信号也是抑制载波的已调信号，它的包络不能直接反映调制信号的变化，所以仍需采用相干解调。

本实验中解调端所使用到的低通滤波器为 8 kHz 的 Fir 滤波器。

2. 端口说明

本实验可用到的实验端口号为 AD_CH1、AD_CH2、DA_CH1、DA_CH2。

AD_CH1 和 AD_CH2：输入信号的端口。

DA_CH1 和 DA_CH2：输出信号的端口，可灵活设置为模拟输出信号的端口。

端口默认状态：AD_CH1 输入调制信号，DA_CH1 输出 SSB 已调制信号，AD_CH2 输入 SSB 解调信号，DA_CH2 输出恢复信号。支持自定义，需要注意的是，同一端口不能同时作为两个信号的输出端口。

三、实验内容和步骤

1. 实验仪器

实验仪器包括实验箱、示波器等。

2. 实验步骤

1）实验连线

模块关电，按表 8.3.1 所示进行信号连线，实验交互界面如图 8.3.1 所示。

表 8.3.1　信号连线说明

源端口	目的端口	连线说明
信号源：A1	模块 28：AD_CH1（模拟信号输入）	提供调制信号
模块 28：DA_CH1/DA_CH2(SSB 调制信号输出)	模块 28：AD_CH2(模拟信号输入)	提供解调信号

2）检查连线

检查连线是否正确，检查无误后打开实验箱电源。

(1) 将实验模块开电，在显示屏主界面选择【实验项目】→【调制解调】→【SSB 调制解调实验】。

(2) 点击“模拟信号源”，设置 A1 的输出信号类型为正弦波，频率为 1000 Hz，幅度设置为 2 V(设置电压的峰峰值输出为 2 V 左右即可)。

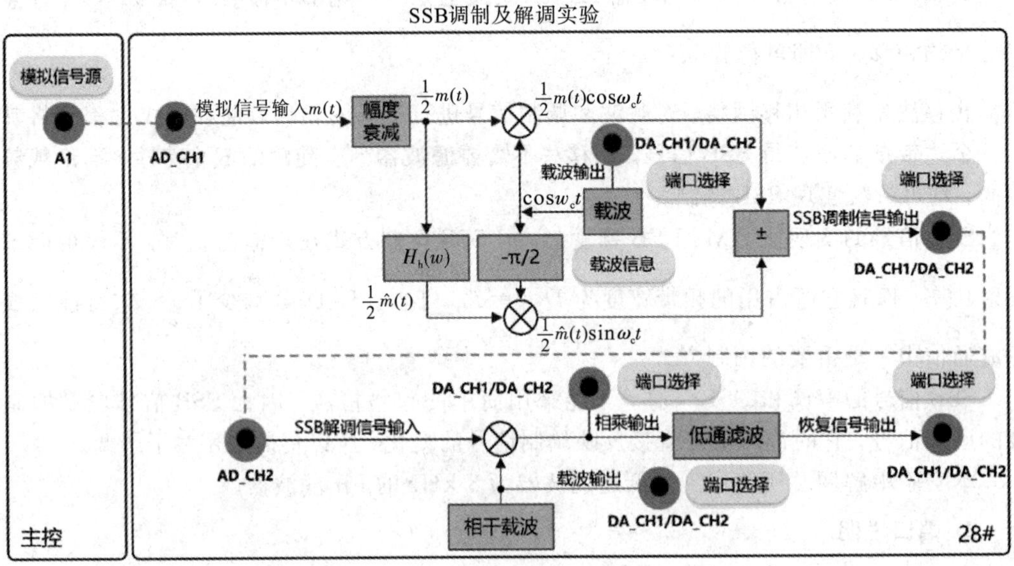

图 8.3.1 实验交互界面

3）SSB 调制的信号观测及信号源幅度对调制信号的影响

用示波器观测 28 号模块的调制输出端口时域及频域波形。适当改变信号源 A1 输出幅度，观察调制输出波形的变化情况，记录波形和参数。

思考：对比 DSB 与 SSB 调制输出信号时域和频域上的波形，并分析两者的区别。

4）载波对调制信号的影响

基于步骤 3)的参数设置，点击“载波信息”，改变载波信号的频率或幅度，并用示波器观测 28 号模块的调制输出端口波形，观测载波对调制输出的影响，记录波形和参数。

5）载波对解调信号的影响

基于步骤 3)的参数设置，用示波器观测信号源的调制信号 A1 和 28 号模块的解调输出信号波形，观测解调输出结果。改变发送和接收载波信号的幅度或频率，观测载波对解调输出的影响，记录波形和参数。

6）调制信号幅度对解调信号的影响

基于步骤 3)的参数设置，增大模拟信号源的幅度，观测模拟信号源幅度对解调波形的影响，记录波形和参数。

7）实验结束

关闭电源，整理数据完成实验报告。

四、思考题

（1）分析实验电路的工作原理，简述其工作过程。

（2）观测并分析实验过程中的实验现象，记录实验波形并与 AM 和 DSB 信号做对比。

（3）将 AM、DSB 和 SSB 三者调制输出波形在频域上进行比较，分析其特点及产生的原因。

（4）SSB 调制与 AM、DSB 调制技术相比有什么优点？

(5) 记录实验过程中遇到的问题并进行分析，提出改进建议。

实验 8-4　FM 调制及解调实验

一、实验目的

(1) 理解 FM 信号调制与解调基本原理。
(2) 了解门限效应产生的原因及解决方法。
(3) 了解频偏的概念。

二、实验原理

1. 实验原理

正弦载波有三个参量：幅度、频率和相位。我们不仅可以把调制信号的信息载荷于载波的幅度变化中，还可以载荷于载波的频率或相位变化中。在调制时，若载波的频率随调制信号变化，称为频率调制或调频(FM)。频率调制与幅度调制的不同是，已调信号频谱不再是原调制信号频谱的线性搬移，而是频谱的非线性变换，会产生与频谱搬移不同的新的频率成分，故又称为非线性调制。目前 FM 已广泛应用于高保真音乐广播、电视伴音信号的传输、卫星通信和蜂窝电话系统等。

频偏，一般是指最大频偏，是调频波里的特有现象，是指固定的调频波频率向两侧的偏移。首先要说明的是，调频波是电磁波的一种形式，是传输图像、声音和其他有用信号的一种工具。利用调频波可以传送声音，比如调频广播；也可以传送图像，比如电视等。利用音频信号对调频波进行调制，可以使固定的调频波频率向两边偏移，当然利用视频信号也可以使固定的调频波频率向两边偏移，这就使调频波的频率产生了频偏。

FM 调制模块本质上也是一个 DDS，区别就在于前者是一个频率可以按照一定规律变化的 DDS。在本实验中，信源用模拟信号代替，载波是正弦波，在 FPGA 内部通过 DDS 产生正弦信号来模拟 AD 采样数据。用 DDS 产生 10 位的调制信号和载波信号，然后合成已调信号，最后将已调信号通过数模转换器变为模拟信号，在示波器上进行观察。

调频就是对载波频率 f_c(或角频率 ω_c)进行调制，使载波的瞬时频率随着音频调制信号的大小而变化，在最终的结果上，实际上是总相角 $\omega_c t$ 随调制信号变化，而载波的幅度保持不变。

用数学表达式可表述为

$$u_c(t)=u_c\cos(\omega_c t+m_f\sin\Omega t) \tag{8.4.1}$$

其中，$m_f=K_f U_\Omega/\Omega$，称为调频指数，可为任意正值。从物理意义上说，调频指数代表着在调频过程中相角偏移的幅度。习惯上把最大频移称为频偏。

调频信号的产生方法主要有直接调频和间接调频两种。直接调频就是用调制信号直接去控制载波振荡器的频率，使其按调制信号的规律线性地变化。间接调频法(简称间接法)是先将调制信号积分，然后对载波进行调相，即可产生一个 NBFM 信号，再经 n 次倍频器得到 WBFM 信号，这种产生 WBFM 的方法称为阿姆斯特朗(Armstrong)法或间接法。

调频信号的解调也分为相干解调和非相干解调。相干解调仅适用于 NBFM 信号，而非相干解调对 NBFM 信号和 WBFM 信号均适用。

本实验中采用的是正交解调的方案，对接收数据进行 FM 解调，运算过程如下：

FM 信号标准表达式为

$$S_1(t)=S_{FM}(t)=A_0\cos\left(\omega_c t+K_f\int_{-\infty}^{t}m(\tau)\mathrm{d}\tau\right)$$

经过 ADC 采样后，数据会变成如下的离散序列：

$$S(n)=A_0\cos[\omega_c n+k\sum m(n)+\Phi_0] \tag{8.4.2}$$

将该信号由中频搬移到基带，然后正交分解后得：

同相分量：

$$X_I(n)=A_0\cos\left[k\sum m(n)+\Phi_0\right]$$

正交分量：

$$X_Q(n)=A_0\sin\left[k\sum m(n)+\Phi_0\right]$$

对于 FM 信号而言，解出 $k\sum m(n)+\Phi_0$，并进一步得到当前频率值 $m(n)$，就是基带芯片工作的核心目的，因为将 $m(n)$ 送入 DAC 就能解调出音乐信号。 因此，FM 解调芯片的基带算法要完成以下工作：

(1) 求出正交和同相分量之比值。

(2) 进行反正切运算 $M_{sum}(n)=\arctan(X_Q/X_I)$。

(3) 对 $M_{sum}(n)$序列进行差分运算，得到 $m(n)=M_{sum}(n)-M_{sum}(n-1)$。

此时 $m(n)$序列就是 FM 解调后的最终结果，而求 $m(n)$序列的过程则被称为鉴频。

在芯片实现时，如果直接采用上面的 FM 解调方法，需要完成两个比较复杂的运算：① 正交与同相的除法运算；② 求除法计算结果的反正切。这两种运算在芯片设计中通常需要进行优化处理。对于除法运算，需要避免无限小和无限大两种情况。当除法接近无限小时，需要利用近似公式 $\theta=\arctan\theta$ 直接进行运算；而当除法接近无限大时，则需要将除数与被除数进行颠倒，再通过非常小的计算公式。而反正切运算则需要使用 CORDIC 算法，并且还需要适应整个的完整[$-\pi$, π]区间。

除了上述问题，FM 鉴频还存在一个“门限效应”问题。正常情况下，基于 I/Q 的解调在进行鉴频时，输入信噪比与输出信噪比具有良好的比例关系。而当鉴频的输入信噪比降低到一个特定的数值后，检波器的输出信噪比会出现急剧恶化，这是非线性解调特有的问题，称为门限效应。

门限效应的根源是由 $\arctan(X_Q/X_I)$运算带来的非线性。令

$$X_I=\overline{X}_I+n_i(t),X_Q=\overline{X}_Q+n_q(t)$$

其中，$\overline{X}_I$ 与 $\overline{X}_Q$ 是 FM 的有效 I/Q 信号，$n_i(t)$与 $n_q(t)$是噪声。正常情况下，$\overline{X}_I$ 与 $\overline{X}_Q$ 大于 $n_i(t)$与 $n_q(t)$，因此 $\arctan(X_Q/X_I)$的结果取决于 $\overline{X}_I$ 与 $\overline{X}_Q$。但在小信噪比情况下，$\arctan(X_Q/X_I)$的结果不再取决于 $\overline{X}_I$ 与 $\overline{X}_Q$，因此输出的反正切运算结果的信噪比不是按比例地随着输入信噪比的变化下降，而是急剧恶化。开始出现门限效应的输入信噪比称为门限值。

既然有门限效应，为什么不按照最优方式解调呢？这是因为鉴频方式简单、稳定、可靠，且经过多年的考验，成本很低。而最优方式由于最优解调需要处理频偏、跟踪相位、加入 PLL 等，复杂度太高，适应性很差，这也就是商业芯片通常采用鉴频的原因。

为规避门限效应和 CORDIC 等复杂运算，FM 解调芯片提出如下几点改进措施。

(1) 将差分(微分)与反正切运算结合。

利用数字方式对 FM 信号解调，原理上就是计算瞬时频率，瞬时频率是相位的倒数，因此可以在数字域，用一阶差分替代求导运算，新的 FM 解调思路如下：

$$m(t)=\frac{\mathrm{d}(M_{\text{sum}}(t))}{\mathrm{d}t},\ M_{\text{sum}}(n)=\arctan\left(\frac{Q(t)}{I(t)}\right)$$

将上述两个表达式合并，可得

$$m(t)=\frac{I(t)Q'(t)-I'(t)Q(t)}{I^2(t)+Q^2(t)}$$

可以看出，计算 $m(t)$的过程中没有三角运算了。对 $m(t)$按照数字采样离散化处理后可得

$$m(n)=\frac{I(n)[Q(n)-Q(n-1)]-[I(n)-I(n-1)]Q(n)}{I^2(t)+Q^2(t)}$$

$$m(n)=\frac{I(n-1)Q(n)-I(n)Q(n-1)}{I^2(t)+Q^2(t)}$$

(2) 除法保护和恒包络特性。

上面给出的 $m(n)$计算方法就是用于消除门限效应的 FM 解调方程，但该公式仍然有一定的优化空间，这是因为在芯片设计中通常会对除法操作做各种保护和优化。对于 FM 这种恒包络信号，在没有噪声的情况下，理论幅度$\sqrt{I^2+Q^2}$应该完全相同，但在噪声干扰下会有大量的异常情况(例如值非常大或者非常小)。

对于异常情况，芯片通常的做法是：将 I^2+Q^2 进行限幅，对所有计算出来的 I^2+Q^2 值进行平滑滤波。如果当前值偏离标准值 2 倍以上，则直接取限幅值。另外，如果根据 FM 恒包络特性，不做 I^2+Q^2 的除法，直接取 $m(n)=I(n-1)Q(n)-I(n)Q(n-1)$，FM 解调性能相对最优算法性能大约会损失 2 dB 左右。FM 新旧算法性能对比如图 8.4.1 所示。

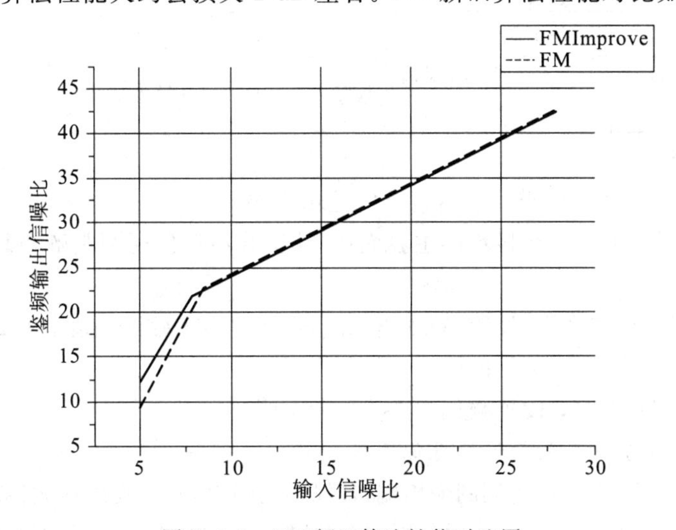

图 8.4.1　FM 新旧算法性能对比图

本实验中FM的解调端I/Q支路2个低通滤波器均为FIR类型，带宽为496 K。鉴频后滤波器带宽8 K，滤波器类型为FIR低通滤波器。

调频信号的理论带宽：$BW \approx 2*(f+\Delta f_m)$，其中$f$为被调制信号的频率，$\Delta f_m$为最大频偏。

注：这里的最大频偏值是由被调制信号源的幅度和频偏方差共同决定的，这里的频偏方差可以理解为被调制信号源的幅度系数，测量时可以固定一方，改变另一方的大小来进行最大频偏值的测量。如当模拟信号源是固定幅度为2 V、频率为1 kHz的正弦波，频偏方差选择“频偏1”时测得的FM已调信号带宽为30 kHz，代入上述公式得最大频偏值Δf_m约为14 kHz。

2. 端口说明

本实验可用到的实验端口号为AD_CH1、AD_CH2、DA_CH1、DA_CH2。

AD_CH1和AD_CH2：输入信号的端口。

DA_CH1和DA_CH2：输出信号的端口，可灵活设置为模拟输出信号的端口。

端口默认状态：AD_CH1输入调制信号，DA_CH1输出FM已调制信号，AD_CH2输入FM解调信号，DA_CH2输出恢复信号。支持自定义，需要注意的是，同一端口不能同时作为两个信号的输出端口。

三、实验内容和步骤

1. 实验仪器

实验仪器包括实验箱、示波器等。

2. 实验步骤

1）实验连线

模块关电，按表8.4.1所示进行信号连线，实验交互界面如图8.4.2所示。

表8.4.1 信号连线说明

源端口	目的端口	连线说明
信号源：A1	模块28：AD_CH1（模拟信号输入）	提供调制信号
模块28：DA_CH1/DA_CH2（FM调制信号输出）	模块28：AD_CH2（模拟信号输入）	提供解调信号

2）检查连线

检查连线是否正确，检查无误后打开实验箱电源。

(1) 将实验模块开电，在显示屏主界面选择【实验项目】→【调制解调】→【FM调制解调实验】。

(2) 点击“模拟信号源”，设置A1的输出信号类型为正弦波、频率为2000 Hz，幅度设置为2 V（设置电压的峰峰值输出为2 V左右即可）。

(3) 点击“频偏方差”，设置频偏方差为“频偏1”。

3）FM调制信号观测及频偏的近似测量

用示波器观测28号模块的调制输出端口时域及频域波形，利用示波器的FFT功能近似测量出此时的最大频偏值Δf_m，然后分别选择“频偏2”和“频偏3”，近似测量出最大频偏值。

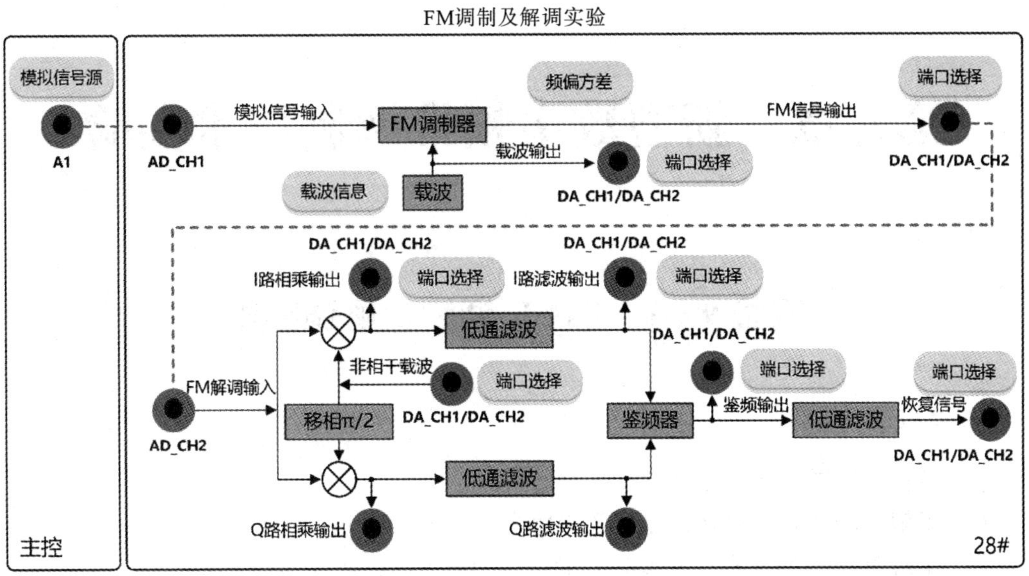

图 8.4.2　实验交互界面

4）调制信号幅度对频偏的影响

固定频偏方差，点击“模拟信号源”，改变模拟信号源的幅度，近似测量出最大频偏值。

5）FM 解调信号观测及信号源对解调信号的影响

用示波器观测信号源的调制信号 A1 和 28 号模块的解调输出信号波形，观测解调输出结果。改变模拟信号源的幅度或频率，观测模拟信号源对调制输出和解调输出的影响，记录波形和参数。

6）载波对 FM 解调的影响：

改变载波信号的频率或幅度，观测载波信号对解调波形的影响，记录波形和参数。

7）实验结束

关闭电源，整理数据完成实验报告。

四、思考题

（1）分析实验电路的工作原理，简述其工作过程。

（2）观测并分析实验过程中的实验现象，记录实验波形及结果。

（3）简述最大频偏概念及其计算方法。

（4）记录实验过程中遇到的问题并进行分析，提出改进建议。

第九章　新型数字频带调制技术实验

实验 9－1　QPSK 调制及解调实验

一、实验目的

（1）掌握多进制调制的优缺点。

（2）了解 QPSK 调制解调的原理及特性。

（3）了解使用 FPGA 实现 QPSK 调制解调的原理和方法。

二、实验原理

1. 实验原理

QPSK 又叫四相绝对相移调制。QPSK 利用载波的四种不同相位来表征数字信息，由于每一种载波相位代表两个比特信息，故每个四进制码元又被称为双比特码元。我们把组成双比特码元的前一信息比特用 a 代表，后一信息比特用 b 代表，它与载波相位的关系如图 9.1.1 所示。

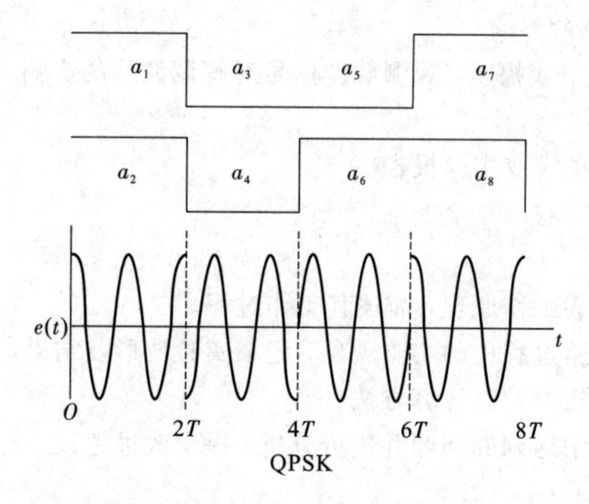

图 9.1.1　QPSK 信号的时间波形

QPSK 信号的产生方法有两种。

第一种是用相乘电路，如图 9.1.2 所示。图中输入基带信号 $s(t)$是二进制不归零双极性码元，它被“串并变换”电路变成两路码 a 和 b。变成并行码元 a 和 b 后，其每个码元的持续时间是输入码元的 2 倍，码元串并变换如图 9.1.3 所示。

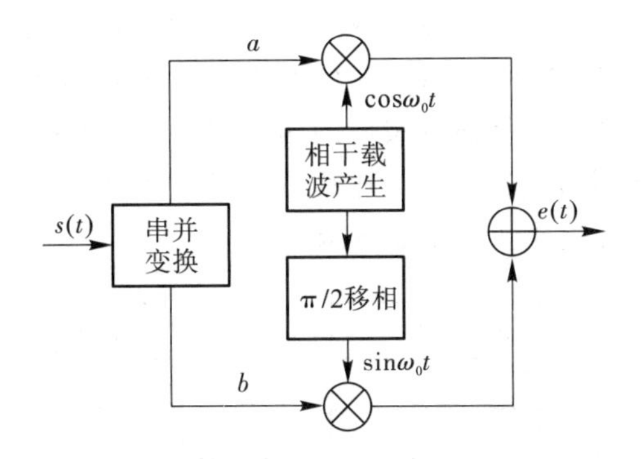

图 9.1.2　正交调相法产生 QPSK 信号

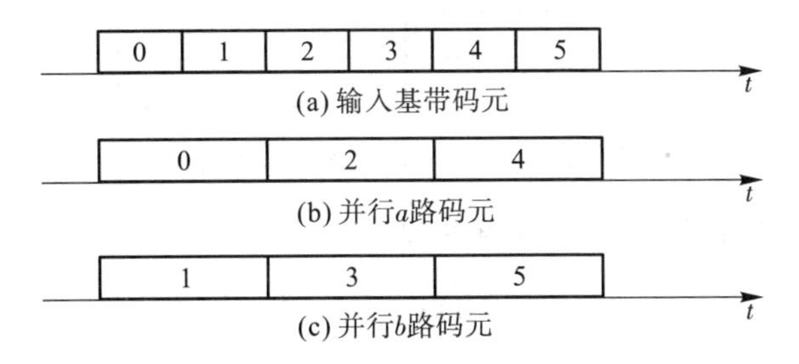

图 9.1.3　码元串并变换

这两路并行码元序列分别用以和两路正交载波相乘。相乘结果用虚线矢量示于图 9.1.4 中。图中矢量 **a**(1)代表 a 路的信号码元二进制“1”，**a**(0)代表 a 路信号码元二进制“0”；类似地，**b**(1)代表 b 路信号码元二进制“1”。**b**(0)代表 b 路信号码元二进制“0”。这两路信号在相加电路中相加后得到的每个矢量代表 2 bit，如图 9.1.4 中实线矢量所示。这种编码方式称为 B 方式。应当注意的是，上述二进制信号码元“0”和“1”在相乘电路中与不归零双极性矩形脉冲振幅的关系如下：

二进制码元“1”：双极性脉冲“＋1”；

二进制码元“0”：双极性脉冲“－1”。

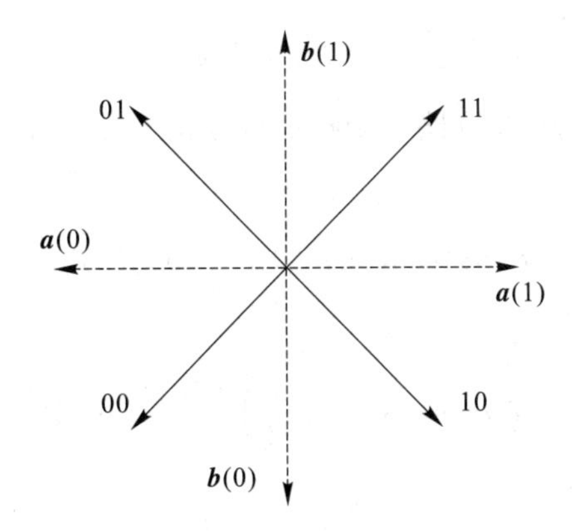

图 9.1.4　B 方式星座图

调制器输入的数据是二进制数字序列，为了能和四进制的载波相位配合起来，则需要把二进制数据变换为四进制数据，这就是说需要把二进制数字序列中每两个比特分成一组，共有四种组合，即00,01,10,11，其中每一组称为双比特码元。每一个双比特码元是由二进制信息比特组成，它们分别代表四个符号中的一个符号。QPSK中每个已调符号可传输2个信息比特，这些信息比特是通过载波的四种相位来传递的，解调器根据星座图及接收到的载波信号的相位来判断发送的信息比特。

I路和Q路输出波形对比如图9.1.5所示。

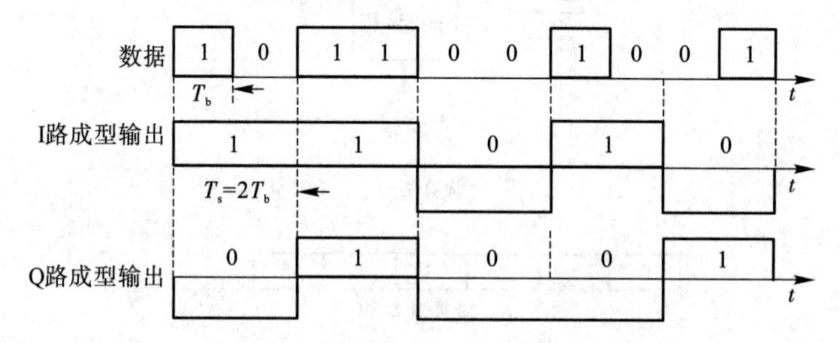

图9.1.5 I路和Q路输出波形对比

当输入的数字信息为“11”码元时，输出已调载波：

$$A\cos\left(2\pi f_c t+\frac{\pi}{4}\right) \tag{9.1.1}$$

当输入的数字信息为“01”码元时，输出已调载波：

$$A\cos\left(2\pi f_c t+\frac{3\pi}{4}\right) \tag{9.1.2}$$

当输入的数字信息为“00”码元时，输出已调载波：

$$A\cos\left(2\pi f_c t+\frac{5\pi}{4}\right) \tag{9.1.3}$$

当输入的数字信息为“10”码元时，输出已调载波：

$$A\cos\left(2\pi f_c t+\frac{7\pi}{4}\right) \tag{9.1.4}$$

接收机收到某一码元的QPSK信号可表示为

$$y(t)=a\cos(2\pi f_c t+\varphi)\text{，其中 }\varphi=\frac{\pi}{4},\ \frac{3\pi}{4},\ \frac{5\pi}{4},\ \frac{7\pi}{4} \tag{9.1.5}$$

QPSK解调时生成的I路和Q路下变频信号可表示为：

I路下变频信号：

$$I'(t)=a\cos(2\pi f_c t+\varphi)\cos(2\pi f_c t)=\frac{a}{2}\cos(4\pi f_c t+\varphi)+\frac{a}{2}\cos(\varphi) \tag{9.1.6}$$

Q路下变频信号：

$$Q'(t)=a\cos(2\pi f_c t+\varphi)\cos\left(2\pi f_c t+\frac{\pi}{2}\right)=-\frac{a}{2}\sin(4\pi f_c t+\varphi)+\frac{a}{2}\sin(\varphi) \tag{9.1.7}$$

I路滤波后信号：

$$I=\frac{a}{2}\cos(\varphi) \tag{9.1.8}$$

Q路滤波后信号：

$$Q=\frac{a}{2}\sin(\varphi) \tag{9.1.9}$$

相位、极性和判决输出如表9.1.1所示。

表 9.1.1　相位、极性和判决输出

符号相位 φ	$\cos\varphi$ 的极性	$\sin\varphi$ 的极性	判决器输出	
			A	B
$\pi/4$	+	+	1	1
$3\pi/4$	−	+	0	1
$5\pi/4$	−	−	0	0
$7\pi/4$	+	−	1	0

第二种产生方法是相位选择法，其原理方框图如图 9.1.6 所示。这时输入基带信号经过串并变换后用于控制一个相位选择电路，按照当时的输入双比特 ab，决定选择哪个相位的载波输出。候选的 4 个相位 θ_1、θ_2、θ_3 和 θ_4 可以是图 9.1.4 中的 4 个实线矢量。

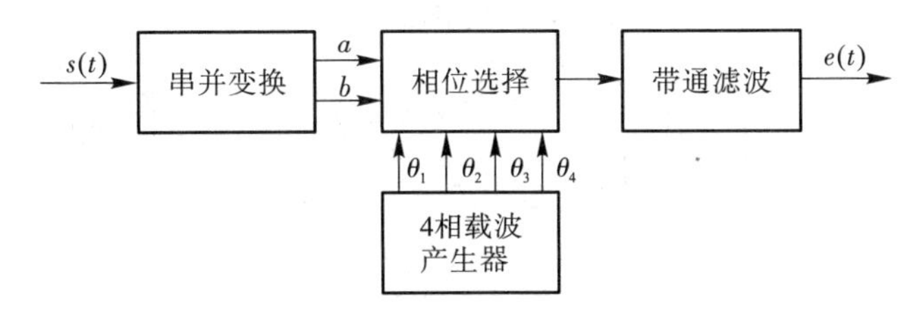

图 9.1.6　相位选择法产生 QPSK 信号

2. 实验原理框图

本实验原理框图如图 9.1.7 所示。

QPSK 调制实验框图中，基带信号经过串并变换处理，输出 I 路基带和 Q 路基带两路信号；然后分别经过码型变换(将单极性码变成双极性码)处理，形成 I 路成型和 Q 路成型输出；再分别与 256K 正交载波相乘后叠加，最后输出 QPSK 调制信号。QPSK 调制可以看作是两路 BPSK 信号的叠加。两路 BPSK 的基带信号分别是原基带信号的奇数位和偶数位，两路 BPSK 信号的载波频率相同，相位相差 90°。

QPSK 解调实验框图中，接收信号分别与正交载波进行相乘，再经过低通滤波处理，然后将两路信号进行抽样判决和并串变换恢复出原始的基带信号。

3. 端口说明

端口默认状态：TH5 为基带数字信号输入端口，TH6 为基带时钟信号输入端口，DA_CH1 为 QPSK 调制信号输出端口，AD_CH1 为 QPSK 解调信号输入端口，TH1 为恢复信号输出端口，TH2 为恢复时钟输出端口。支持自定义，需要注意的是，同一端口不能同时输入或输出两个信号。

本实验是观测 QPSK 调制信号的时域或频域波形，了解调制信号产生机理及成型波形的星座图。对比观测 QPSK 解调信号和原始基带信号的波形，了解 QPSK 相干解调的实现方法。

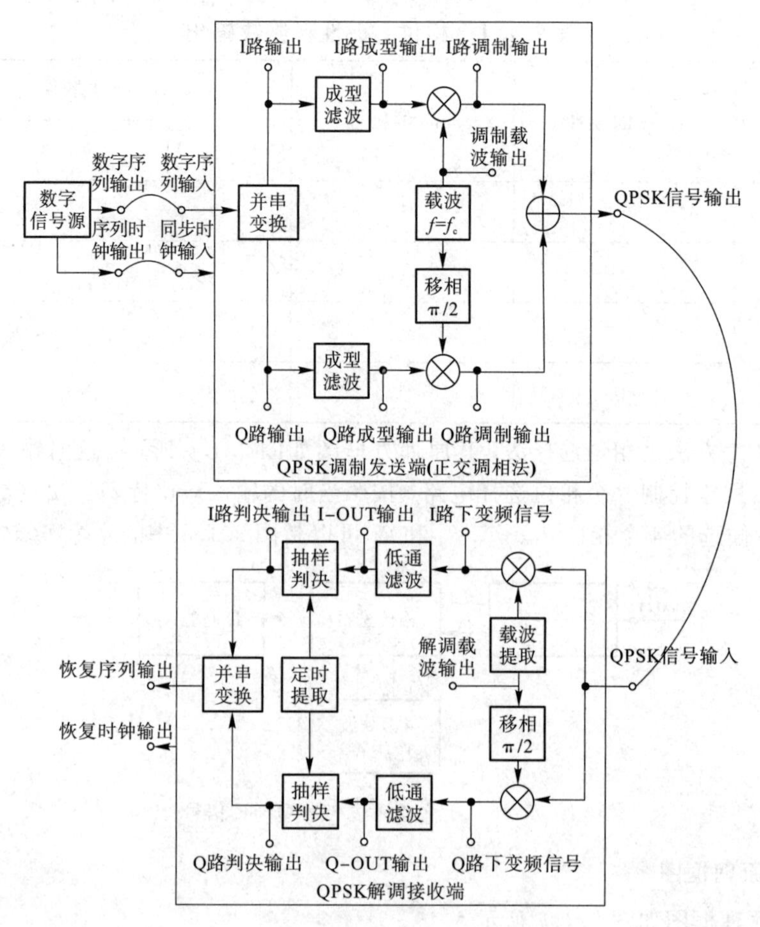

图 9.1.7 QPSK 调制解调实验原理框图

三、实验内容和步骤

1. 实验仪器

实验仪器包括实验箱、示波器等。

2. 任务一实验步骤

1）实验连接

模块关电，按表 9.1.2 所示进行信号连线，实验交互界面如图 9.1.8 所示。

表 9.1.2 信号连线说明

源端口	目的端口	连线说明
信号源：D1	模块 28：TH5/6/7/8(数据输入)	信号输入
信号源：CLK	模块 28：TH5/6/7/8 (时钟输入)	时钟输入
模块 28：DA_CH1/DA_CH2	模块 28：AD_CH1	已调信号送入解调端

注： 这里的连线要和后面的端口设置保持一致，如数据输入的端口选择设置为 TH5，则信号源 D1 则需要跟 28 号模块的 TH5 进行连接，将数据送入 28 号模块。

QPSK调制及解调实验

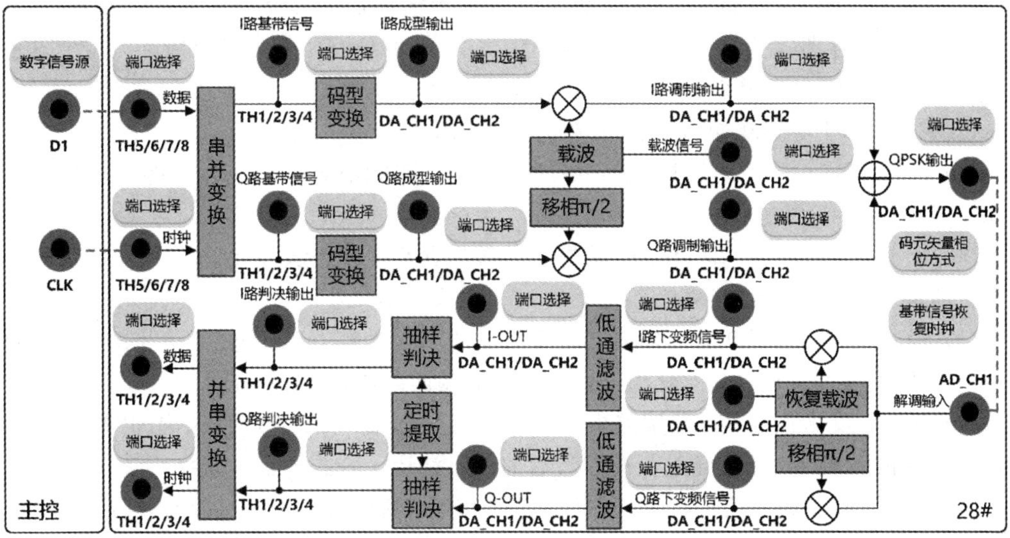

图 9.1.8　实验交互界面

2）检查连线

检查连线是否正确，检查无误后打开实验箱电源。

(1) 将实验模块开电，在显示屏主界面选择【实验项目】→【调制解调】→【QPSK 调制解调实验(28 号)】。

(2) 用示波器观测主控模块的 D1 端口，点击“数字信号源”，设置 D1 的输出信号类型为 PN15、频率为 32 kHz。点击输入数据和输入时钟信号对应的“端口选择”，设置两路信号的输入端口。

3）QPSK 调制(B 方式)的观测和分析

(1) 观测串并变换。点击 I 路基带信号和 Q 路基带信号对应的“端口选择”，设置两路信号的输出端口，观测经过串并变换后输出的两路波形，记录波形和参数。

(2) 观测码型变换。点击 I 路成型输出信号对应的“端口选择”，设置信号输出端口，直流耦合对比观测 I 路基带信号和 I 路成型输出信号。点击 Q 路成型输出信号对应的“端口选择”，设置信号输出端口，直流耦合对比观测 Q 路基带信号和 Q 路成型输出信号，记录波形和参数。

(3) 观测星座图。观测 I 路成型输出信号和 Q 路成型输出信号，将格式设置成 XY 模式，观测绘制 QPSK 星座图并记录参数。

(4) 观测正交调制支路。点击 I 路调制输出信号对应的“端口选择”，设置信号输出端口(不要与 I 路成型信号端口重复)，对比观测 I 路成型信号和 I 路调制输出信号。点击 Q 路调制输出信号和 Q 路成型信号对应的“端口选择”，设置信号输出端口，对比观测 Q 路成型信号和 Q 路调制输出信号，记录波形和参数。

(5) 观测 QPSK 调制。点击 QPSK 输出信号对应的“端口选择”，设置信号输出端口，观测 QPSK 调制信号，记录波形和参数。

提醒：观测 QPSK 调制(A 方式)，点击码元矢量相位方式，选择“方式 A”再进行以上步骤3)中的波形观测操作。

(6) QPSK信号频谱特性分析。设置频谱仪参数中心频率为512 kHz、扫频宽度为1024 kHz、分辨率带宽为3 kHz、扫频时间为1 s，观测QPSK信号频谱特性，并绘图和标注特征参数(峰值点、带宽等)。

4) QPSK相干解调观测与分析

(1) 保持步骤3)的连线及初始菜单设置，点击“基带信号恢复时钟”，将恢复时钟选择为32 kHz。

注：设置端口时要注意，QPSK调制输出已经占用了一个模拟输出端口，解调端的端口设置不能与模拟输出端口冲突。

(2) 观测正交解调下变频。分别点击I路下变频信号和Q路下变频信号对应的“端口选择”，设置信号的输出端口，观测经过下变频后的两路波形，记录波形和参数。

(3) 观测正交解调滤波。分别点击I-OUT信号和Q-OUT信号对应的“端口选择”，设置信号的输出端口，观测经过低通滤波后的两路波形，记录波形和参数。

(4) 观测正交解调判决。点击I路基带信号和I路判决输出信号对应的“端口选择”，设置信号的输出端口，对比观测原始I路信号和解调后的I路信号。点击Q路基带信号和Q路判决输出信号对应的“端口选择”，设置信号的输出端口，对比观测原始Q路信号和解调后的Q路信号，记录波形和参数。

(5) 观测并串变换。点击解调数据对应的“端口选择”，设置信号的输出端口，对比观测原始的基带信号和解调恢复的信号，记录波形和参数。

(6) 观测正交解调位时钟。点击解调时钟对应的“端口选择”，设置信号的输出端口，对比观测原始的时钟信号和解调恢复的时钟信号，记录波形和参数。

有兴趣的同学可以改变输入基带信号的码率，并在解调端选择相应的基带恢复时钟，再来进行信号的相关观测。

5) 实验结束

关闭电源，整理数据完成实验报告。

四、思考题

(1) 分析实验电路的工作原理，简述其工作过程。

(2) 列举QPSK信号的产生方法。

(3) 简述QPSK调制前后码元速率的变化，并分析其原因。

(4) 分析QPSK调制方式的优缺点。

(5) 记录实验过程中遇到的问题并进行分析，提出改进建议。

实验9-2 OQPSK调制及解调实验

一、实验目的

(1) 掌握OQPSK调制解调的原理及特性。

(2) 了解OQPSK调制方式优缺点。

二、实验原理

1. 实验原理

OQPSK 称为偏移四相相移键控(Offset-QPSK)，是 QPSK 的改进型。它与 QPSK 有同样的相位关系，也是把输入码流分成两路，然后进行正交调制。不同点在于它将同相和正交两支路的码流在时间上错开了半个码元周期。由于两支路码元半周期的偏移，每次只有一路可能发生极性翻转，不会发生两支路码元极性同时翻转的现象。因此，OQPSK 信号相位只能跳变 0°、±90°，不会出现 180°的相位跳变，改善了其包络特性。

OQPSK 的时间波形如图 9.2.1 所示。

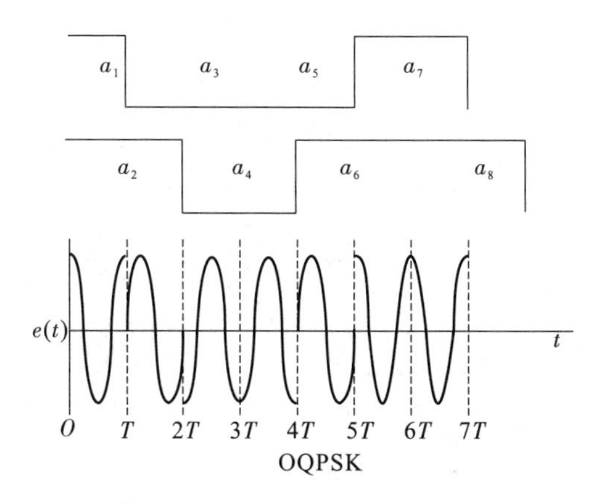

图 9.2.1　OQPSK 的时间波形

OQPSK 解调实验框图中，接收信号分别与正交载波进行相乘，再经过低通滤波处理，然后将两路信号进行并串变换和码元判决恢复出原始的基带信号。其中解调所用载波是由同步电路提取并处理的相干载波。

2. 实验原理框图

本实验原理框图如图 9.2.2 所示。

OQPSK 调制实验框图中，基带信号经过串并变换处理，输出 I 路基带和 Q 路基带两路信号，其中 Q 路信号与 I 路信号相差半个时钟周期；然后分别经过成型(将单极性码变成双极性码)处理，形成 I 路成型和 Q 路成型输出；再分别与 256 K 正交载波相乘后叠加，最后输出 QPSK 调制信号。QPSK 调制可以看作是两路 BPSK 信号的叠加。两路 BPSK 的基带信号分别是原基带信号的奇数位和偶数位，两路 BPSK 信号的载波频率相同，相位相差 90°。

QPSK 解调实验框图中，接收信号分别与正交载波进行相乘，再经过低通滤波处理，然后将两路信号进行抽样判决和并串变换恢复出原始的基带信号。

3. 端口说明

端口默认状态：TH5 为基带数字信号输入端口，TH6 为基带时钟信号输入端口，DA_CH1 为 OQPSK 调制信号输出端口，AD_CH1 为 OQPSK 解调信号输入端口，TH1 为恢复信号输出端口，TH2 为恢复时钟输出端口。支持自定义，需要注意的是，同一端口不能同时输入或输出两个信号。

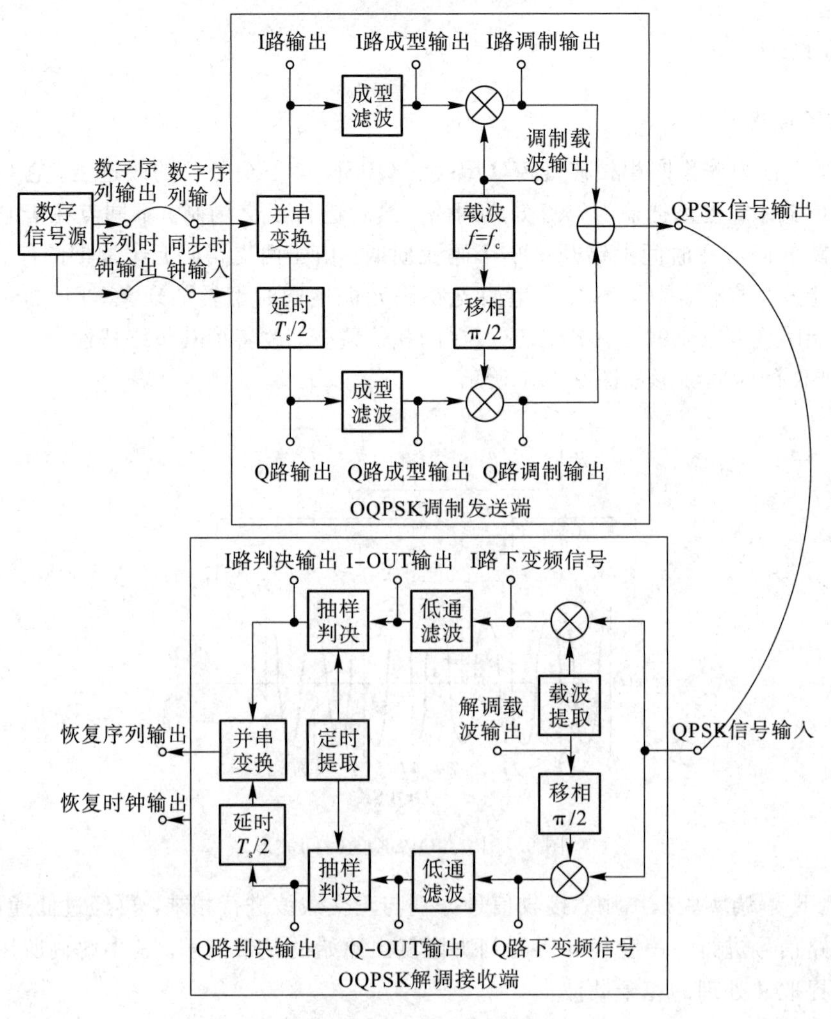

图 9.2.2　实验原理框图

本实验是观测 OQPSK 调制信号的时域或频域波形，了解调制信号产生机理及成型波形的星座图。对比观测 OQPSK 解调信号和原始基带信号的波形，了解 OQPSK 相干解调的实现方法。

三、实验内容和步骤

1. 实验仪器

实验仪器包括实验箱、示波器等。

2. 实验步骤

1）实验连线

模块关电，按表 9.2.1 所示进行信号连线，实验交互界面如图 9.2.3 所示。

表 9.2.1　信号连线说明

源端口	目的端口	连线说明
信号源：D1	模块 28：TH5/6/7/8(数据输入)	信号输入
信号源：CLK	模块 28：TH5/6/7/8 (时钟输入)	时钟输入
模块 28：DA_CH1/DA_CH2	模块 28：AD_CH1	已调信号送入解调端

注：这里的连线要和后面的端口设置保持一致，如数据输入的端口选择设置为 TH5，则信号源 D1 需要跟 28 号模块的 TH5 进行连接，将数据送入 28 号模块。

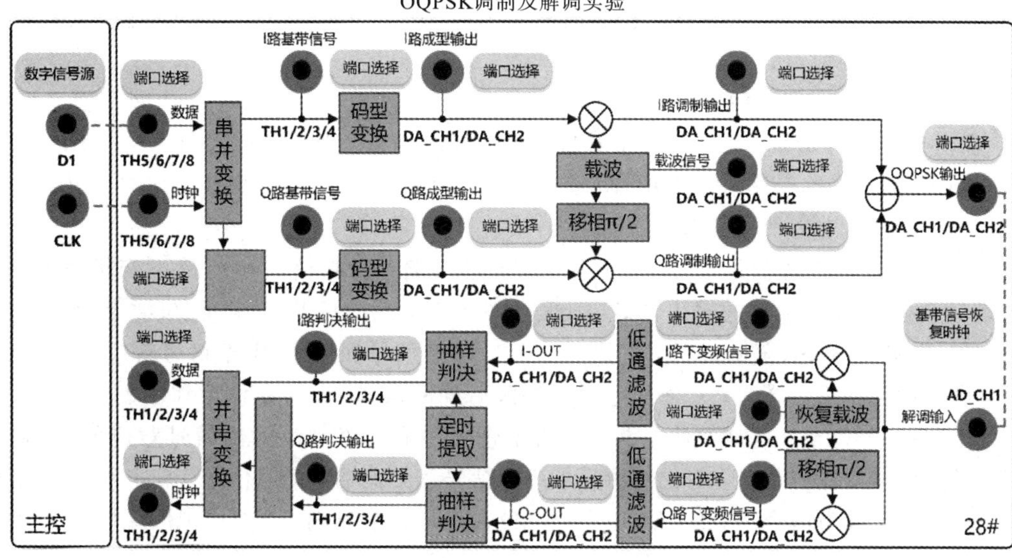

图 9.2.3　实验交互界面

2) 检查连线

检查连线是否正确，检查无误后打开实验箱电源。

(1) 将实验模块开电，在显示屏主界面选择【实验项目】→【调制解调】→【OQPSK 调制解调实验(28 号)】。

(2) 点击“数字信号源”，设置 D-out 的输出信号类型为 PN15、频率为 32 kHz。

(3) 点击 256 kHz “载波”，设置载波幅度为最大。

(4) 点击输入数据和输入时钟信号对应的“端口选择”，设置两路信号的输入端口。

3) OQPSK 调制观测与分析

(1) 观测串并变换。点击 I 路基带信号和 Q 路基带信号对应的“端口选择”，设置两路信号的输出端口，观测经过串并变换后输出的两路波形，记录波形和参数。

(2) 观测码型变换。点击 I 路成型输出信号对应的“端口选择”，设置信号输出端口，直流耦合对比观测 I 路基带信号和 I 路成型输出信号。点击 Q 路成型输出信号对应的“端口选择”，设置信号输出端口，直流耦合对比观测 Q 路基带信号和 Q 路成型输出信号，记录波形和参数。

（3）观测星座图。观测I路成型输出信号和Q路成型输出信号，将格式设置成XY模式，观测绘制OQPSK星座图并标注参数。

（4）观测正交调制支路。点击I路调制输出信号对应的“端口选择”，设置信号输出端口（不要与I路成型信号端口重复），对比观测I路成型信号和I路调制输出信号。点击Q路调制输出信号和Q路成型信号对应的“端口选择”，设置信号输出端口，对比观测Q路成型信号和Q路调制输出信号，记录波形和参数。

（5）观测OQPSK调制。点击OQPSK输出信号对应的端口选择，设置信号输出端口，观测OQPSK调制信号，记录波形和参数。

（6）OQPSK信号频谱特性分析。设置频谱仪参数中心频率为512 kHz、扫频宽度为1024 kHz、分辨率带宽为3 kHz、扫频时间为1 s，观测OQPSK信号频谱特性，并绘图和标注特征参数（峰值点、带宽等）。

4）OQPSK相干解调观测与分析

保持连线及初始菜单设置，点击基带信号恢复时钟，将恢复时钟选择为32 kHz。

注：设置端口时要注意，OQPSK调制输出已经占用了一个模拟输出端口，解调端的端口设置不能与模拟输出端口冲突。

（1）观测OQPSK解调下变频支路。分别点击I路下变频信号和Q路下变频信号对应的“端口选择”，设置信号的输出端口，观测经过下变频后的两路波形，记录波形和参数。

（2）观测OQPSK解调滤波。分别点击I-OUT信号和Q-OUT信号对应的“端口选择”，设置信号的输出端口，观测经过低通滤波后的两路波形，记录波形和参数。

（3）观测OQPSK解调判决。点击I路基带信号和I路判决输出信号对应的“端口选择”，设置信号的输出端口，对比观测原始I路信号和解调后的I路信号。点击Q路基带信号和Q路判决输出信号对应的“端口选择”，设置信号的输出端口，对比观测原始Q路信号和解调后的Q路信号，记录波形和参数。

（4）观测OQPSK解调数据。点击解调数据对应的“端口选择”，设置信号的输出端口，对比观测原始的基带信号和解调恢复的信号，记录波形和参数。

（5）观测OQPSK解调位时钟。点击解调时钟对应的“端口选择”，设置信号的输出端口，对比观测原始的时钟信号和解调恢复的时钟信号，记录波形和参数。

（6）有兴趣的同学可以改变输入信号的频率，并在解调端选择相应的基带恢复时钟，再来进行信号的相关观测，记录波形和参数。

5）实验结束

关闭电源，整理数据完成实验报告。

四、思考题

（1）分析实验电路的工作原理，简述其工作过程。

（2）记录实验波形，并与理论结果做对比。

（3）对比分析OQPSK以及QPSK的调制结果，并结合结果讨论其原理。

（4）记录实验过程中遇到的问题并进行分析，提出改进建议。

实验 9-3　MSK 调制及解调实验

一、实验目的

（1）了解 MSK 调制解调的原理及特性。

（2）了解使用 FPGA 实现 MSK 调制解调的原理和方法。

二、实验原理

1. 实验原理

MSK 又称快速频移键控（FFSK，Fast FSK），是 FSK 的改进型。它是一种包络恒定、相位连续、调制指数 h 最小（0.5）的正交 2FSK 信号。因此，它占用的带宽小，频带利用率高，在给定信道带宽的条件下，可以获得比 2PSK 更快的传输速率，且副瓣（带外）频谱分量衰减比 2PSK 快。

（1）MSK 信号的表达式：

$$e_{\mathrm{MSK}}(t)=\cos[\omega_c t+\theta_k(t)]=\cos\left(\omega_c t+\frac{a_k\pi}{2T_B}t+\varphi_k\right),\ kT_B\leqslant t\leqslant(k+1)T_B \tag{9.3.1}$$

式中：$\omega_c=2\pi f_c$ 为中心角频率；$\frac{a_k\pi}{2T_B}$为相对于 ω_c 的频偏；T_B 为码元宽度；a_k 为第 k 个码元中的信息，其取值为±1（对应“1”和“0”）；φ_k 为第 k 个码元的起始相位，它的选择应保证信号相位在码元转换时刻 $t=kT_B$ 是连续的。

由式（9.3.1）可看出，MSK 信号的两个频率满足：

$$\begin{cases}f_1=f_c+\dfrac{1}{4T_B},\ a_k=+1\\ f_0=f_c-\dfrac{1}{4T_B},\ a_k=-1\end{cases} \tag{9.3.2}$$

频率间隔为

$$\Delta f=f_1-f_0=\frac{1}{2T_B}=\frac{R_B}{2} \tag{9.3.3}$$

它是保证 2FSK 的两个载波正交的最小频率间隔，相应的最小调制指数为 $h=\Delta fT_B=0.5$。

（2）MSK 信号的相位路径：

$$\theta_k(t)=\frac{a_k\pi}{2T_B}t+\varphi_k,\ kT_B\leqslant t\leqslant(k+1)T_B \tag{9.3.4}$$

式中：$\theta_k(t)$称为第 k 个码元的附加相位，它是斜率为$\frac{a_k\pi}{2T_B}$、截距为 φ_k 的直线方程。在任一个码元期间 T_B 内，若 $a_k=+1$，则 $\theta_k(t)$线性增加 $\pi/2$；若 $a_k=-1$，则 $\theta_k(t)$线性减小 $\pi/2$。

（3）初相 φ_k 的确定：根据相位连续条件——前一码元末尾的相位等于后一码元开始时的相位，应在码元转换时刻 $t=kT_B$ 满足：

$$a_{k-1}\frac{\pi k T_B}{2T_B}t+\varphi_{k-1}=a_k\frac{\pi k T_B}{2T_B}+\varphi_k \tag{9.3.5}$$

由此可得

$$\varphi_k=\varphi_{k-1}+(a_{k-1}-a_k)\frac{\pi k}{2}=\begin{cases}\varphi_{k-1}, & a_k=a_{k-1}\text{ 时}\\ \varphi_{k-1}\pm k\pi, & a_k\neq a_{k-1}\text{ 时}\end{cases}\quad(\text{mod }2\pi) \tag{9.3.6}$$

这是确保 MSK 信号的相位在码元转换时刻 $t=kT_S$ 时连续的必要条件，称为相位约束条件。若设 φ_{k-1} 的初始参考值等于 0，则

$$\varphi_k=0\quad\text{或}\quad\pm\pi\ (\text{mod }2\pi) \tag{9.3.7}$$

由此可得

$$e_{\text{MSK}}(t)=\cos[\omega_c t+\theta_k(t)],\ kT_B\leqslant t\leqslant(k+1)T_B \tag{9.3.8}$$

式中：$\theta_k(t)=\frac{a_k\pi}{2T_B}t+\varphi_k$。

图 9.3.1 和图 9.3.2 分别表示输入数据序列为 10011 时的 MSK 信号的时间波形和相位路径图。可见，信号的相位在码元转换时刻是连续的。

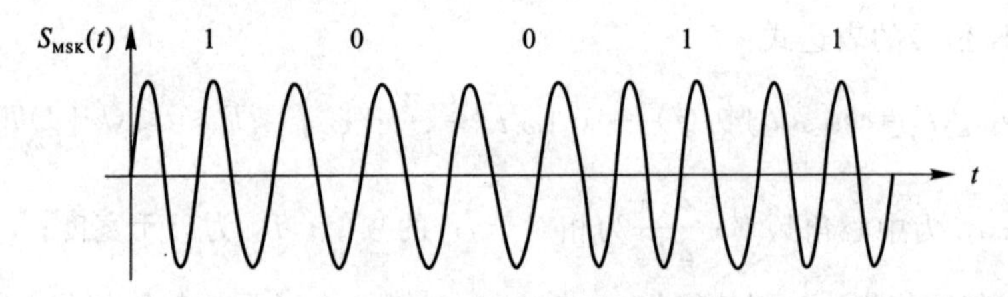

图 9.3.1 MSK 信号的时间波形

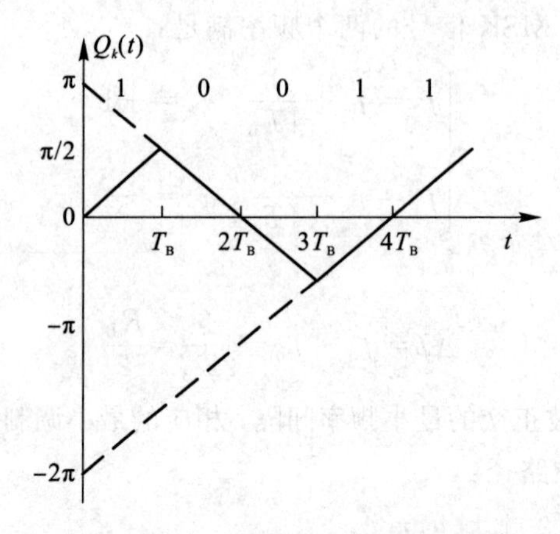

图 9.3.2 MSK 信号的相位路径图

(4) MSK 信号的调制和解调：MSK 信号可用模拟调频法或正交调制法产生。将式(9.3.1)展开，可得 MSK 信号的正交表示形式：

$$e_{\text{MSK}}(t)=I_k\cos\frac{\pi t}{2T_B}\cos\omega_c t-Q_k\sin\frac{\pi t}{2T_B}\sin\omega_c t,\ kT_B\leqslant t\leqslant(k+1)T_B \tag{9.3.9}$$

式中：$I_k=\cos\varphi_k=\pm1$；$Q_k=a_k\cos\varphi_k=a_kI_k=\pm1$。

MSK 的解调采用的是相干解调的方式，如图 9.3.3 所示。C_k—I 路基带信号；d_k—Q

路基带信号；$p_k\cos(\pi t/2T_B)$—I 路基带成型信号；$p_k\sin(\pi t/2T_B)$—Q 路基带成型信号；$p_k\cos(\pi t/2T_B)\cos\omega_c t$—I 路调制信号；$q_k\sin(\pi t/2T_B)\sin\omega_c t$—Q 路调制信号。

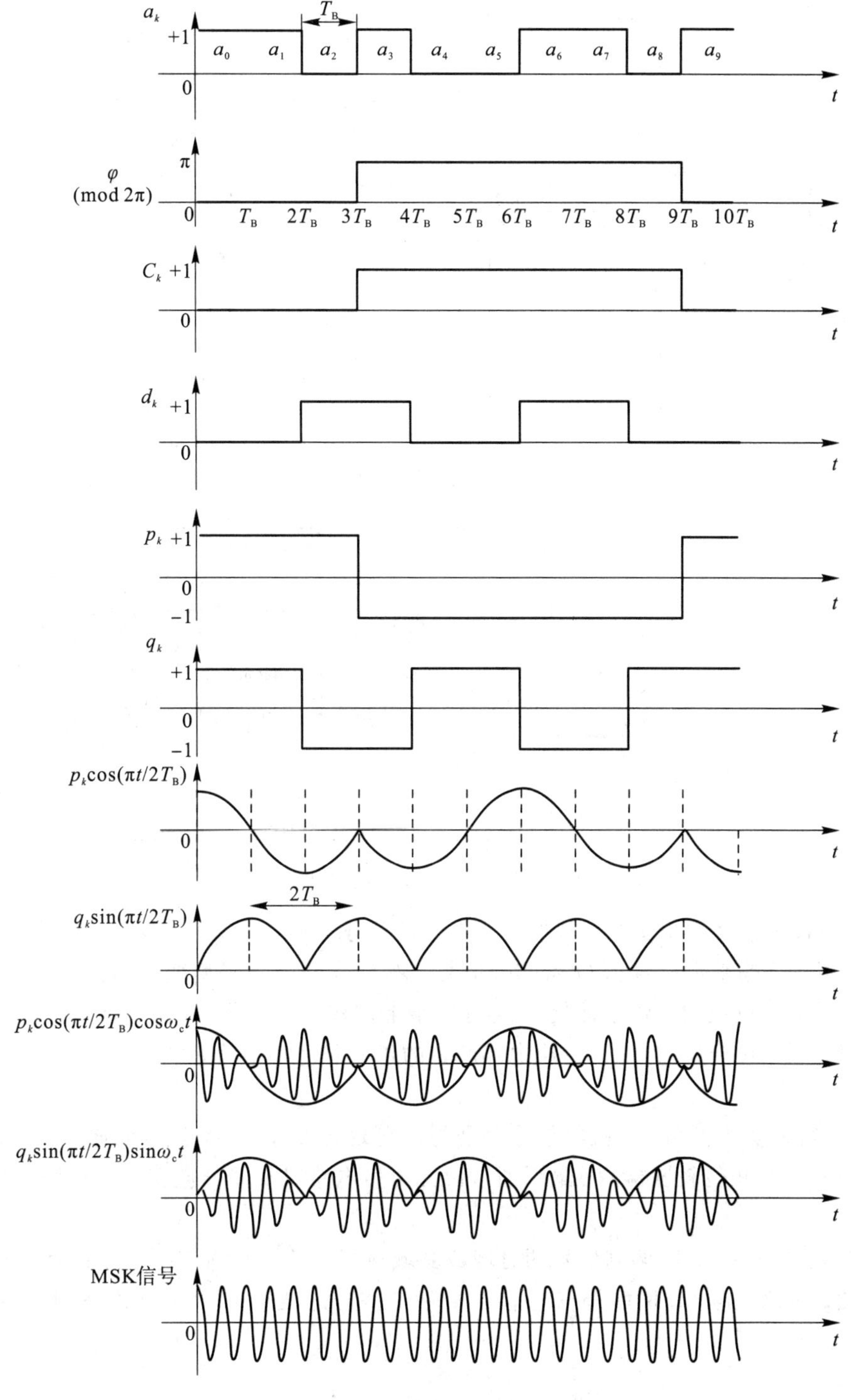

图 9.3.3　MSK 信号的两个正交分量

2. 实验原理框图

本实验原理框图如图 9.3.4 所示。

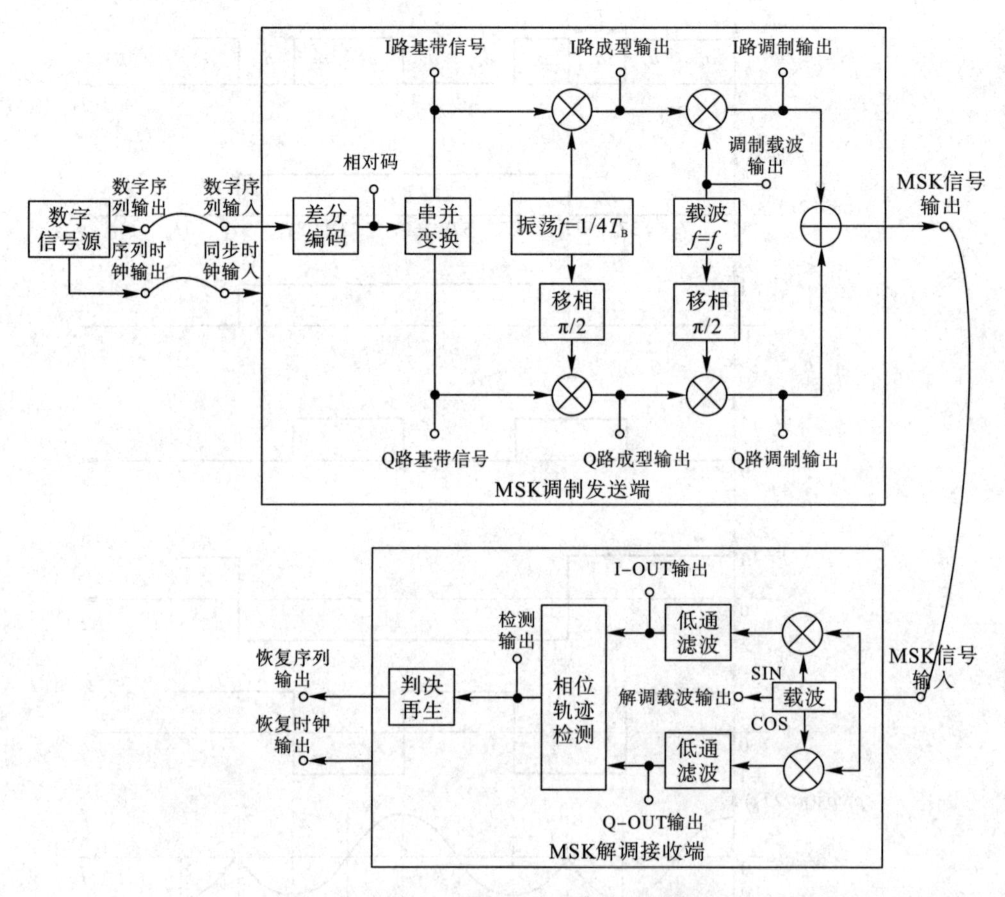

图 9.3.4 MSK 调制及解调实验原理框图

在 MSK 调制实验框图中，基带信号先经过差分变换，再串并变换处理，分成奇数位、偶数位，输出 I 路基带信号和 Q 路基带信号；然后分别经过码型变换(将单极性信号变成双极性信号，这里框图省略了此处)，再分别乘上加权函数，形成 I 路基带成型信号和 Q 路基带成型信号；再分别与 28 号模块内部产生的正交载波相乘后叠加，最后输出 MSK 调制信号。

MSK 解调实验框图中，接收信号分别与正交载波进行相乘，经过低通滤波处理，然后将两路信号进行相位轨迹检测，最后通过码元再生电路以及差分逆变换电路恢复出原始的基带信号。

本实验是观测 MSK 调制信号的时域或频域波形，了解调制信号产生机理及成型波形的星座图。对比观测 MSK 解调信号和原始基带信号的波形，了解 MSK 相干解调的实现方法。

三、实验内容和步骤

1. 实验仪器

实验仪器包括实验箱、示波器等。

2. 实验步骤

1）实验连线

模块关电，按表格 9.3.1 所示进行信号连线，实验交互界面如图 9.3.5 所示。

表 9.3.1 信号连线说明

源端口	目的端口	连线说明
信号源：D1	模块 28：TH5/6/7/8(数据输入)	信号输入
信号源：CLK	模块 28：TH5/6/7/8（时钟输入）	时钟输入
模块 28：DA_CH1/DA_CH2	模块 28：AD_CH1	已调信号送入解调端

注： 这里的连线要和后面的端口设置保持一致，如数据输入的端口选择设置为 TH5，则信号源 D1 则需要跟 28 号模块的 TH5 进行连接，将数据送入 28 号模块。

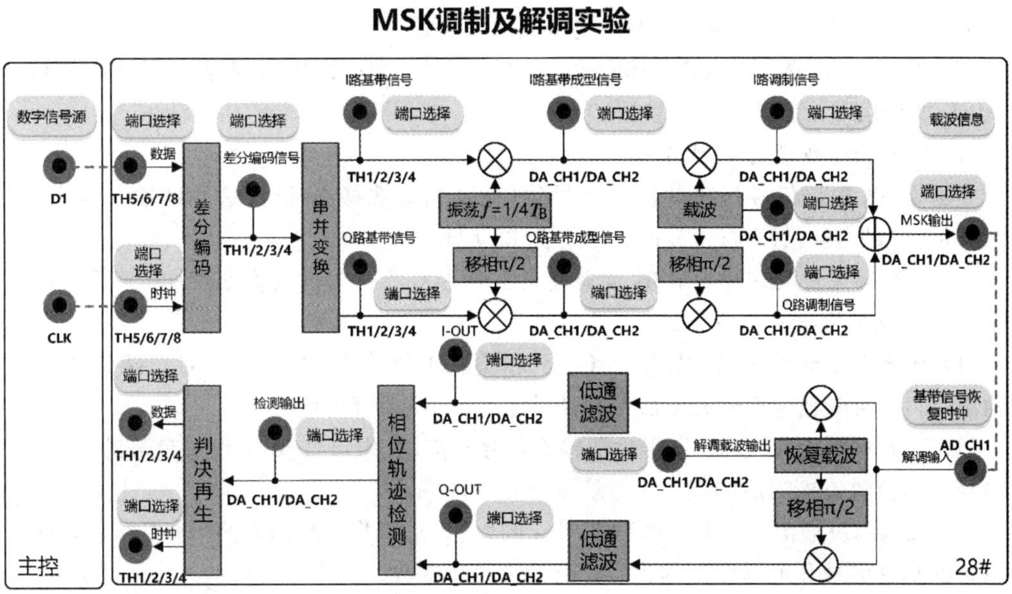

MSK调制及解调实验

图 9.3.5 实验交互界面

2）检查连线

检查连线是否正确，检查无误后打开实验箱电源。

（1）将实验模块开电，在显示屏主界面选择【实验项目】→【调制解调】→【MSK 调制解调实验(28 号)】。

（2）设置 D1 的输出信号类型为 PN15、频率为 32 kHz。

（3）点击“载波信号”，设置载波频率为 256 kHz，载波幅度为最大。

（4）点击输入数据和输入时钟信号对应的“端口选择”，设置两路信号的输入端口。

3）MSK 基带变换信号观测与分析

（1）观测差分编码。点击差分编码信号对应的“端口选择”，设置差分编码信号的输出端口，观测经过差分变换后的信号波形，记录波形和参数。

（2）观测串并变换。点击 I 路基带信号和 Q 路基带信号对应的“端口选择”，设置两路信号的输出端口，观测经过串并变换后输出的两路波形，记录波形和参数。

点击 I 路基带成型输出信号对应的“端口选择”，设置信号输出端口，对比观测 I 路基带信号和 I 路基带成型输出信号，记录波形和参数。

点击 Q 路基带成型输出信号对应的“端口选择”，设置信号输出端口，对比观测 Q 路基带信号和 Q 基带路成型输出信号，记录波形和参数。

（3）观测星座图。观测 I 路基带成型输出信号和 Q 路基带成型输出信号，将格式设置成 XY 模式，观测绘制 MSK 星座图并标注参数。

4）MSK 频带信号的观测与分析

（1）观测正交调制支路。点击 I 路调制信号对应的“端口选择”，设置信号输出端口（不要与 I 路成型信号端口重复），对比观测 I 路成型信号和 I 路调制输出信号，记录波形和参数。

点击 Q 路调制信号和 Q 路成型信号对应的“端口选择”，设置信号输出端口，对比观测 Q 路成型信号和 Q 路调制输出信号，记录波形和参数。

（2）观测 MSK 调制。点击 MSK 输出信号对应的“端口选择”，设置信号输出端口，观测 MSK 调制信号，记录波形和参数。

5）MSK 相干解调的观测与分析

点击 MSK 输出信号与解调输入信号对应的“端口选择”，设置信号的输入输出端口；点击基带信号恢复时钟，将恢复时钟选择为 32 kHz。

注： 设置端口时要注意，MSK 调制输出已经占用了一个模拟输出端口，解调端的端口设置不能与模拟输出端口冲突。

（1）观测正交解调滤波。点击 I-OUT 和 Q-OUT 信号对应的“端口选择”，设置信号的输出端口，观测经过低通滤波后的两路波形，记录波形和参数。

（2）观测相位轨迹检测。点击检测输出信号对应的“端口选择”，设置信号的输出端口，观测经过相位轨迹检测后的波形，记录波形和参数。

（3）观测判决输出。点击解调数据对应的“端口选择”，设置信号的输出端口，对比观测原始的基带信号和解调恢复的信号，记录波形和参数。

点击解调时钟对应的“端口选择”，设置信号的输出端口，对比观测原始的时钟信号和解调恢复的时钟信号，记录波形和参数。

注意： 有兴趣的同学可以改变输入信号的频率，并在解调端选择相应的基带恢复时钟，再来进行信号的相关观测。

6）实验结束

关闭电源，整理数据完成实验报告。

四、思考题

（1）分析实验电路的工作原理，简述其工作过程。

（2）记录实验波形，并与理论结果做对比。

（3）结合波形分析 MSK 与 2FSK 区别。

（4）简述 MSK 优缺点。

（5）记录实验过程中遇到的问题并进行分析，提出改进建议。

实验 9－4　GMSK 调制及解调实验

一、实验目的

（1）了解 GMSK 调制解调的原理及特性。

（2）了解使用 FPGA 实现 GMSK 调制解调的原理和方法。

二、实验原理

1. 实验原理说明

在 MSK 调制之前，用一个高斯型低通滤波器对矩形的输入基带信号进行预处理，这种体制称为 GMSK。相对于 MSK 来说，它可以进一步使信号的功率谱密度集中和减小对邻道的干扰。该高斯低通滤波器的频率特性表示式为

$$H(f)=\exp\left[-\left(\frac{\ln 2}{2}\right)\left(\frac{f}{B}\right)^{2}\right] \tag{9.4.1}$$

式中：B 为滤波器的 3 dB 带宽。

将上式做逆傅里叶变换，得到此滤波器的冲击响应 $h(t)$ 为

$$h(t)=\frac{\sqrt{\pi}}{\alpha}\exp\left[-\left(\frac{\pi}{\alpha}t\right)^{2}\right] \tag{9.4.2}$$

式中：$\alpha=\frac{\sqrt{\ln 2}}{\sqrt{2}}\frac{1}{B}=\frac{0.5887}{B}$。

（1）高斯滤波器的矩形脉冲响应。如图 9.4.1 所示，让一个高为 1，持续时间为 $(-T_b/2\sim T_b/2)$ 的矩形方波通过该滤波器，则其输出脉冲 $g(t)$ 在 $\pm T_b/2$ 变得圆滑。

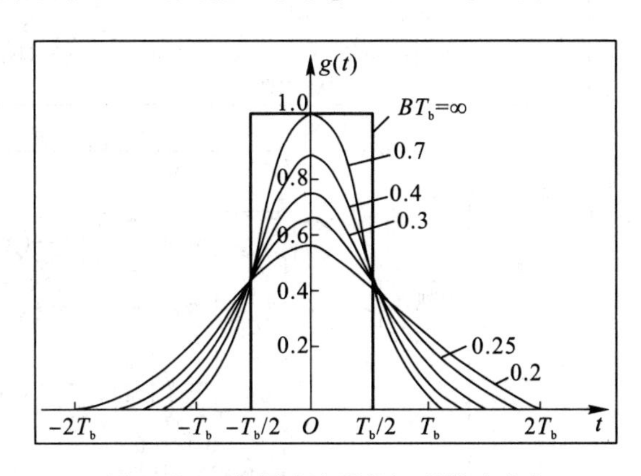

图 9.4.1　高斯滤波器的矩形脉冲响应

BT_b 越小，输出脉冲的宽度越大，ISI越严重。

在第二代移动通信系统(GSM)中，采用 $BT_b=0.3$ 的 GMSK 调制。

(2) GMSK 信号的相位路径。如图 9.4.2 所示，消除了 MSK 相位路径在码元转换时刻的相位转折点。没有相位转折点，该时刻的导数也是连续的，即信号的频率不会突变，这将使信号谱的旁瓣衰减更快。

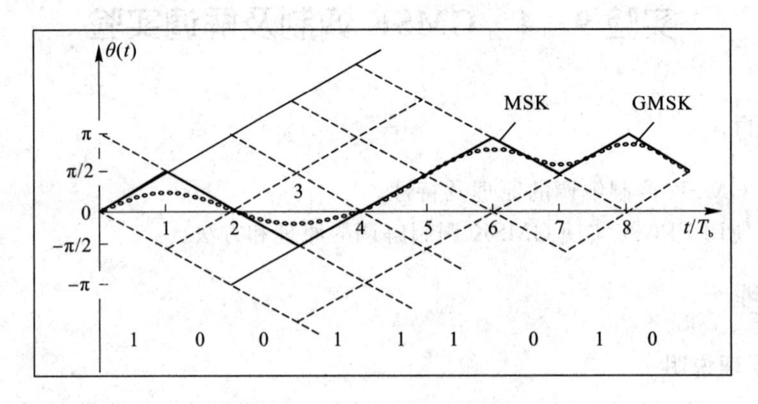

图 9.4.2 信号的相位路径

2. 实验原理框图

本实验原理框图如图 9.4.3 所示。

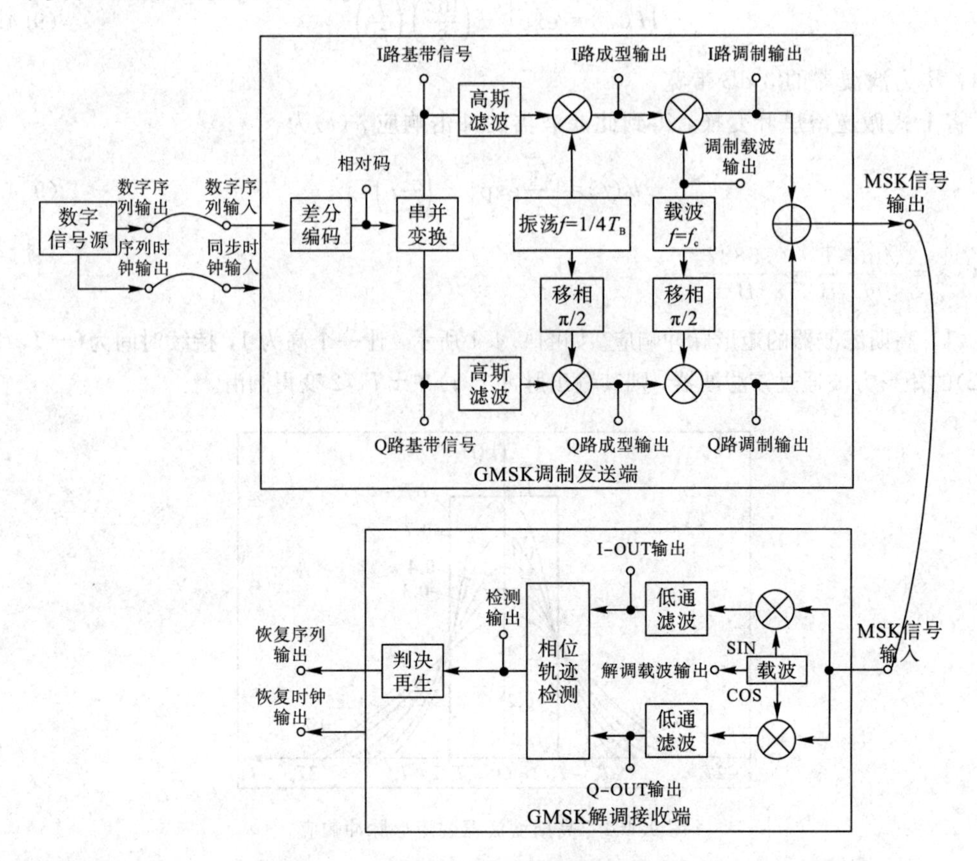

图 9.4.3 GMSK 调制及解调实验原理框图

在 GMSK 调制实验框图中，基带信号先经过差分变换，再经串并变换处理，分成奇数位、偶数位，输出 I 路基带信号和 Q 路基带信号信号；然后分别经过码型变换(将单极性信号变成双极性信号，这里框图省略了此处)，并经过一个高斯型的低通滤波器，再分别乘上加权函数，形成 I 路基带成型信号和 Q 路基带成型信号；再分别与 28 号模块内部产生的正交载波相乘后叠加，最后输出 GMSK 调制信号。

在 GMSK 解调实验框图中，接收信号分别与正交载波进行相乘，经过低通滤波处理，然后将两路信号进行相位轨迹检测，最后通过码元再生电路以及差分逆变换电路恢复出原始的基带信号。

本项目是观测 GMSK 调制信号的时域或频域波形，了解调制信号产生机理及成型波形的星座图。本项目是对比观测 GMSK 解调信号和原始基带信号的波形，了解 GMSK 相干解调的实现方法。

三、实验内容和步骤

1. 实验仪器

实验仪器包括实验箱、示波器等。

2. 实验步骤

1) 实验连线

模块关电，按表 9.4.1 所示进行信号连线，实验交互界面如图 9.4.4 所示。

表 9.4.1　信号连线说明

源端口	目的端口	连线说明
信号源：D1	模块 28：TH5/6/7/8(数据输入)	信号输入
信号源：CLK	模块 28：TH5/6/7/8 (时钟输入)	时钟输入
模块 28：DA_CH1/DA_CH2	模块 28：AD_CH1	已调信号送入解调端

注： 这里的连线要和后面的端口设置保持一致，如数据输入的端口选择设置为 TH5，则信号源 D1 需要跟 28 号模块的 TH5 进行连接，将数据送入 28 号模块。

2) 检查连线

检查连线是否正确，检查无误后打开实验箱电源。

(1) 将实验模块开电，在显示屏主界面选择【实验项目】→【调制解调】→【GMSK 调制解调实验(28 号)】。

(2) 设置 D1 的输出信号类型为 PN15、频率为 32 kHz。

(3) 点击“载波信号”，设置载波频率为 256 kHz，载波幅度为最大。

(4) 点击输入数据和输入时钟信号对应的“端口选择”，设置两路信号的输入端口。

3) GMSK 基带变换信号的观测与分析

(1) 观测差分编码。点击差分编码信号对应的“端口选择”，设置差分编码信号的输出端口，用示波器观测经过差分变换后的信号波形，记录波形和参数。

(2) 观测串并变换。点击 I 路基带信号和 Q 路基带信号对应的“端口选择”，设置两路信号的输出端口，观测经过串并变换后输出的两路波形，记录波形和参数。

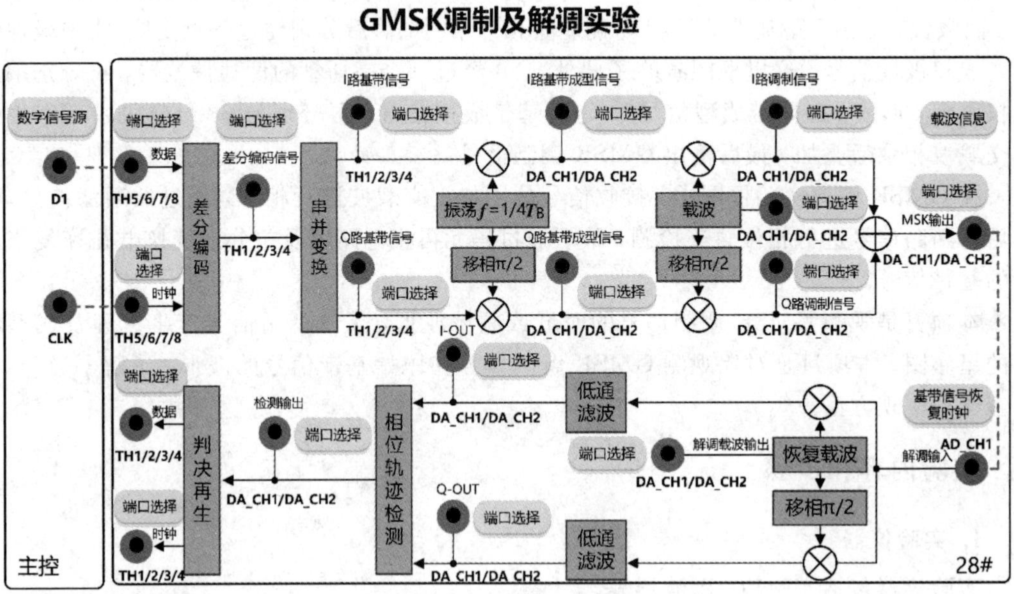

GMSK调制及解调实验

图 9.4.4　实验交互界面

点击I路基带成型输出信号对应的"端口选择"，设置信号输出端口，对比观测I路基带信号和I路基带成型输出信号，记录波形和参数。

点击Q路基带成型输出信号对应的"端口选择"，设置信号输出端口，对比观测Q路基带信号和Q基带路成型输出信号，记录波形和参数。

(3) 观测星座图。观测I路基带成型输出信号和Q路基带成型输出信号，将格式设置成XY模式，观测绘制GMSK星座图并标注参数，然后与之前记录的MSK星座图做对比。

4) GMSK频带信号的观测与分析

(1) 观测正交调制支路。点击I路调制信号对应的"端口选择"，设置信号输出端口(不要与I路成型信号端口重复)，对比观测I路成型信号和I路调制输出信号，记录波形和参数。

点击Q路调制信号和Q路成型信号对应的"端口选择"，设置信号输出端口，对比观测Q路成型信号和Q路调制输出信号，记录波形和参数。

(2) 观测GMSK调制。点击GMSK输出信号对应的"端口选择"，设置信号输出端口，观测GMSK调制信号，记录波形和参数。

5) GMSK相干解调观测与分析

(1) 点击GMSK输出信号与解调输入信号对应的"端口选择"，设置信号的输入输出端口；点击基带信号恢复时钟，将恢复时钟选择为32 kHz。

注：设置端口时要注意，GMSK调制输出已经占用了一个模拟输出端口，解调端的端口设置不能与模拟输出端口冲突。

(2) 观测正交解调滤波。点击I-OUT和Q-OUT信号对应的"端口选择"，设置信号的输出端口，观测经过低通滤波后的两路波形，记录波形和参数。

(3) 观测相位轨迹检测。点击检测输出信号对应的“端口选择”，设置信号的输出端口，观测经过相位轨迹检测后的波形，记录波形和参数。

(4) 观测判决输出。点击解调数据对应的“端口选择”，设置信号的输出端口，对比观测原始的基带信号和解调恢复的信号，记录波形和参数。

点击解调时钟对应的“端口选择”，设置信号的输出端口，对比观测原始的时钟信号和解调恢复的时钟信号，记录波形和参数。

注意： 有兴趣的同学可以改变输入信号的频率，并在解调端选择相应的基带恢复时钟，再来进行信号的相关观测。

6) 实验结束

关闭电源，整理数据完成实验报告。

四、思考题

(1) 分析实验电路的工作原理，简述其工作过程。

(2) 记录实验波形，并与理论结果做对比。

(3) 分析 GMSK 与 MSK 的区别，并简述 GMSK 作用。

(4) 记录实验过程中遇到的问题并进行分析，提出改进建议。

实验 9-5 π/4 DQPSK 调制及解调实验

一、实验目的

(1) 了解 π/4 DQPSK 调制解调的原理及特性。

(2) 了解使用 FPGA 实现 π/4 DQPSK 调制解调的原理和方法。

二、实验原理

1. 实验原理

π/4 DQPSK 的传输信号有如下的形式：

$$x(t)=\cos(\omega_c t+\Phi(t)) \tag{9.5.1}$$

$\Phi(t)$是相位分量，包含着信息。$\Phi(t)$在一个符号 T 期间是常数，因此

$$x(t)=\cos(\omega_c t+\Phi(t)) \tag{9.5.2}$$

把上式展开得到：

$$x(t)=\cos\omega_c t\cos\Phi_k-\sin\omega_c t\sin\Phi_k=I_k\cos\omega_c t-Q_k\sin\omega_c t \tag{9.5.3}$$

其中，$I_k=\cos\Phi_k$ 和 $Q_k=\sin\Phi_k$ 是第 k 个符号的同相分量和正交分量的幅度值。

在 π/4 DQPSK 调制中，信息是以相位的形式进行传输的。第 k 个符号的相位 Φ_k 可以表示成

$$\Phi_k=\Phi_{k-1}+\Delta\Phi_k \tag{9.5.4}$$

Φ_{k-1} 是第 $k-1$ 个符号的相位，$\Delta\Phi_k$ 是相位的变化量。

π/4 DQPSK 调制方式中，每个符号包含两位的输入信息。输入数据和相位的变换关系如表 9.5.1 所示。

表 9.5.1　π/4 DQPSK 数据与相位的变换关系

内容	I路和Q路输入状态		$\Delta\Phi_k$ 选择	$\cos\Delta\Phi_k$ 信号	$\sin\Delta\Phi_k$ 信号
	A_k	B_k			
0	0	0	$5\pi/4$	0	0
1	0	1	$3\pi/4$	0	0
2	1	0	$7\pi/4$	1	0
3	1	1	$\pi/4$	1	1

把 $I_k=\cos\Phi_k$ 和 $Q_k=\sin\Phi_k$ 利用三角函数关系展开得到

$$I_k=I_{k-1}\cos\Delta\Phi_k-Q_{k-1}\sin\Delta\Phi_k=\cos(\Phi_{k-1}+\Delta\Phi_k)=\cos\Phi_k \tag{9.5.5}$$

$$Q_k=I_{k-1}\sin\Delta\Phi_k-Q_{k-1}\cos\Delta\Phi_k=\sin(\Phi_{k-1}+\Delta\Phi_k)=\sin\Phi_k \tag{9.5.6}$$

公式(9.5.5)和(9.5.6)表明 I_k 和 Q_k 不仅与输入数据有关，而且与前一次数值 I_{k-1} 和 Q_{k-1} 有关。假设 0 时刻的参考相位是 0 弧度，则 I_k 和 Q_k 的幅度可以是 ±1，0，$\pm\frac{\sqrt{2}}{2}$ 中任何一个。如果 k 是奇数，则 I_k 和 Q_k 只能取两个幅度值 $\pm\frac{\sqrt{2}}{2}$。如果 k 是偶数，则 I_k 和 Q_k 可以取 3 个幅度值：-1，0，1。具体的推导过程如下：

设初始状态为 $I_0=1$，$Q_0=0$，$\Phi_0=0(k=0)$，当 $k=1$ 时，可能的输入符号有 4 种情况：0，1，2，3。如果输入的符号是“3”，则 $\Delta\Phi_k=\pi/4$，从公式(9.5.4)可知，对应的相位输出为 $Q_1=\pi/4$。

同理可以得出其他三种符号输入情况下对应的输出相位分别为{$5\pi/4$，$3\pi/4$，$7\pi/4$}。也就是说，在 $k=1$ 时，可能的输出相位有 4 种情况：{$5\pi/4$，$3\pi/4$，$7\pi/4$，$\pi/4$}。当 $k=2$ 时，根据 $k=1$ 时的推导过程，可以知道 $k=2$ 时的可能输出相位是{0，$\pi/2$，π，$3\pi/2$}。当 $k=3$ 时，我们发现该时刻信号输出相位的可能取值回到了 $k=1$ 时的情况。

随着 k 的变化不断循环下去，最终可以得到 π/4 DQPSK 的相位转移图(即星座图)。π/4 DQPSK 的这种相位特性使得对于每个连续比特，保证其在每个符号期间至少有一个 π/4 整数倍的相位跳变，这使得接收机能够进行时钟恢复和同步。

π/4 DQPSK 的信号星座图如图 9.5.1 所示。

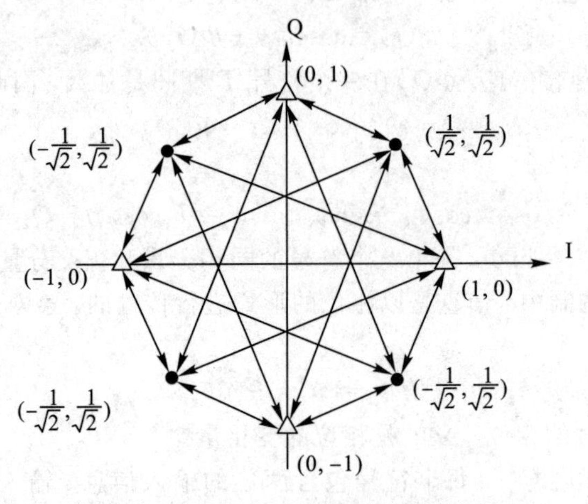

图 9.5.1　π/4 DQPSK 信号星座图

2. 实验原理框图

本实验原理框图如图 9.5.2 所示。

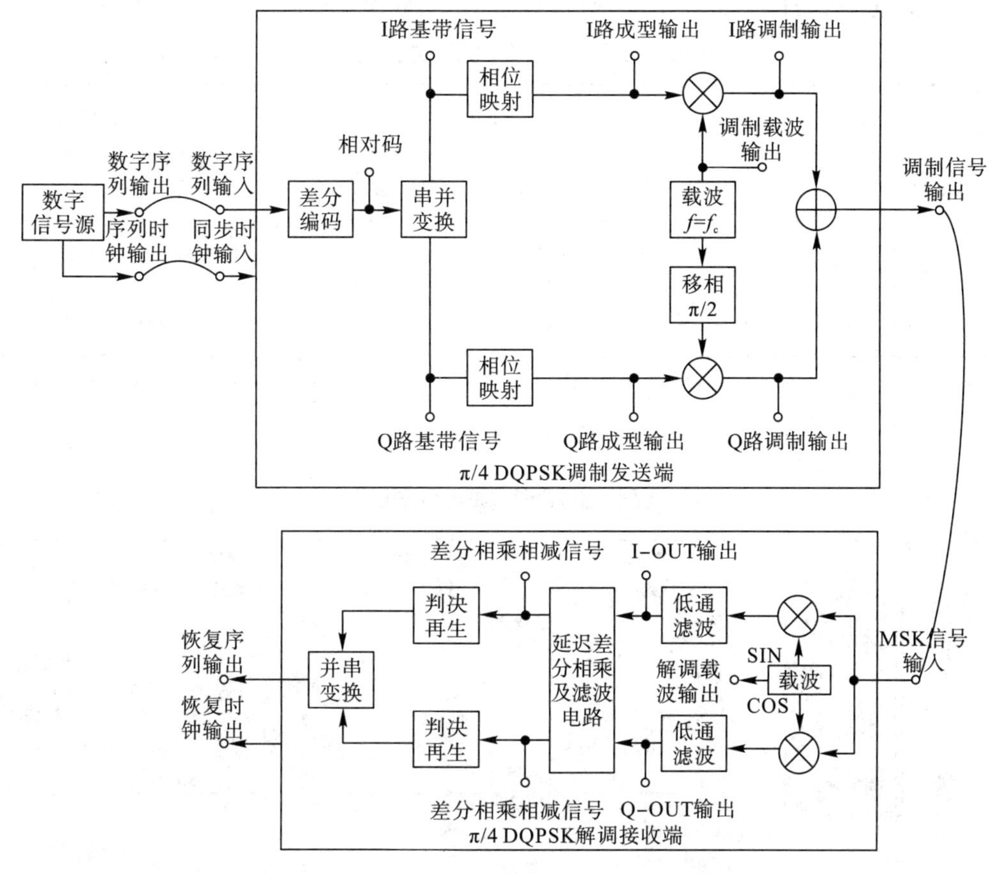

图 9.5.2　π/4 DQPSK 调制及解调实验原理框图

在 π/4 DQPSK 调制实验框图中，基带信号先经过差分变换得到相对码，再经串并变换处理输出 NRZ-I 和 NRZ-Q 两路信号；然后分别经过相位映射处理，形成 I-OUT 和 Q-OUT 成型输出；再分别与正交载波相乘后叠加，最后输出 π/4 DQPSK 调制信号。

在 π/4 DQPSK 解调实验框图中，接收信号分别与正交载波进行相乘，经过低通滤波处理，然后将两路信号进行延迟差分相乘及经滤波电路，最后通过码元判决再生电路以及并串变换电路恢复出原始的基带信号。

本实验是观测 π/4 DQPSK 调制信号的时域或频域波形，了解调制信号产生机理及成型波形的星座图。对比观测 π/4 DQPSK 解调信号和原始基带信号的波形，了解 π/4 DQPSK 相干解调的实现方法。

三、实验内容和步骤

1. 实验仪器

实验仪器包括实验箱、示波器等。

2. 实验步骤

1）实验连线

模块关电，按表格 9.5.2 所示进行信号连线，实验交互界面如图 9.5.3 所示。

表 9.5.2　信号连线说明

源端口	目的端口	连线说明
信号源：D1	模块 28：TH5/6/7/8(数据输入)	信号输入
信号源：CLK	模块 28：TH5/6/7/8（时钟输入）	时钟输入
模块 28：DA_CH1/DA_CH2	模块 28：AD_CH1	已调信号送入解调端

注：这里的连线要和后面的端口设置保持一致，如数据输入的“端口选择”设置为 TH5，则信号源 D1 需要跟 28 号模块的 TH5 进行连接，将数据送入 28 号模块。

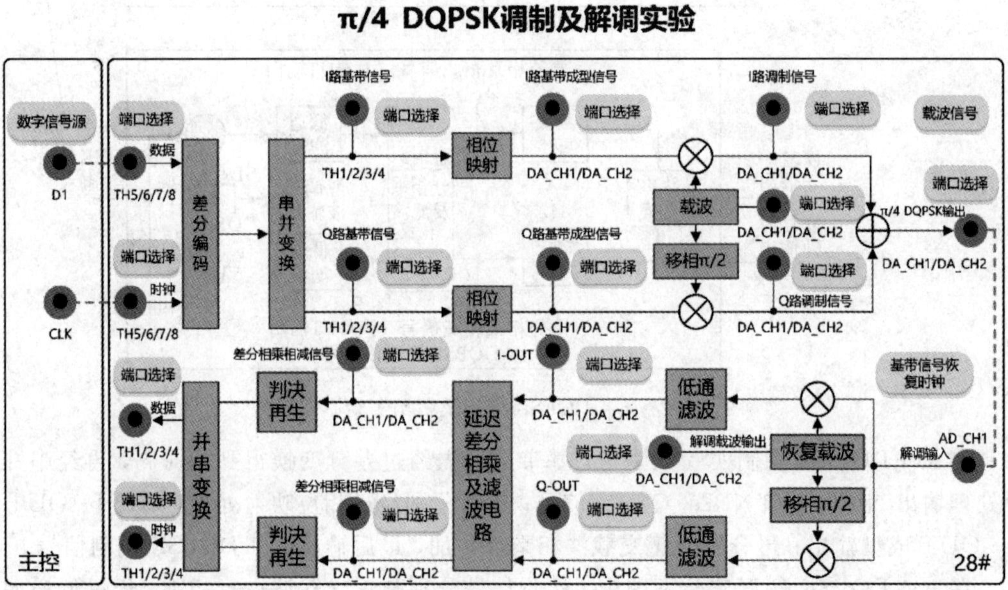

π/4 DQPSK调制及解调实验

图 9.5.3　实验交互界面

2）检查连线

检查连线是否正确，检查无误后打开实验箱电源。

(1) 将实验模块开电，在显示屏主界面选择【实验项目】→【调制解调】→【π/4 DQPSK 调制解调实验(28 号)】。

(2) 设置 D1 的输出信号类型为 PN15、频率为 32 kHz。

(3) 点击“载波信号”，设置载波频率为 256 kHz，载波幅度为最大。

(4) 点击输入数据和输入时钟信号对应的“端口选择”，设置两路信号的输入端口。

3）π/4 DQPSK 基带变换信号的观测与分析

（1）观测串并变换：点击I路基带信号和Q路基带信号对应的“端口选择”，设置两路信号的输出端口，用示波器观测经过串并变换后输出的两路波形。点击I路基带成型输出信号对应的“端口选择”，设置信号输出端口，用示波器对比观测I路基带信号和I路基带成型输出信号。点击Q路基带成型输出信号对应的“端口选择”，设置信号输出端口，用示波器对比观测Q路基带信号和Q路基带成型输出信号。

（2）观测星座图：用示波器观测I路基带成型输出信号和Q路基带成型输出信号，将格式设置成XY模式，观测π/4 DQPSK星座图。

4）π/4 DQPSK 频带信号的观测与分析

（1）观测正交调制支路：点击I路调制信号对应的“端口选择”，设置信号输出端口(不要与I路成型信号端口重复)，对比观测I路成型信号和I路调制输出信号，记录波形和参数。

点击Q路调制信号和Q路成型信号对应的“端口选择”，设置信号输出端口，对比观测Q路成型信号和Q路调制输出信号，记录波形和参数。

（2）观测π/4 DQPSK调制：点击π/4 DQPSK输出信号对应的“端口选择”，设置信号输出端口，观测π/4 DQPSK调制信号，记录波形和参数。

5）π/4 DQPSK 相干解调观测与分析

（1）保持连线和初始参数设置。点击基带信号恢复时钟，将恢复时钟选择为32 kHz。

注：设置端口时要注意，π/4 DQPSK调制输出已经占用了一个模拟输出端口，解调端的端口设置不能与模拟输出端口冲突。

（2）观测正交解调滤波。点击I-OUT和Q-OUT信号对应的“端口选择”，设置信号的输出端口，观测经过低通滤波后的两路波形，记录波形和参数。

（3）观测延迟差分相乘及滤波电路。点击两路差分相乘相减信号对应的“端口选择”，设置信号的输出端口，观测经过延迟差分相乘及滤波电路后的波形，记录波形和参数。

（4）观测判决输出。点击恢复序列输出对应的“端口选择”，设置信号的输出端口，对比观测原始的基带信号和解调恢复的信号，记录波形和参数。

点击恢复时钟输出对应的“端口选择”，设置信号的输出端口，对比观测原始的时钟信号和解调恢复的时钟信号，记录波形和参数。

注意：有兴趣的同学可以改变输入信号的频率，并在解调端选择相应的基带恢复时钟，再来进行信号的相关观测。

6）实验结束

关闭电源，整理数据完成实验报告。

四、思考题

（1）分析实验电路的工作原理，简述其工作过程。

（2）记录实验波形，并与理论结果做对比。

（3）分析QPSK、OQPSK、π/4 QPSK三种调制方式的区别。

（4）记录实验过程中遇到的问题并进行分析，提出改进建议。

实验 9-6 16 QAM 调制及解调实验

一、实验目的

(1) 掌握 QAM 调制方式的特点。

(2) 了解 16 QAM 调制解调的原理及特性。

(3) 了解使用 FPGA 实现 16 QAM 调制解调的原理和方法。

二、实验原理

1. 实验原理说明

正交振幅调制(QAM)是一种振幅和相位联合键控。

(1) MQAM 信号的星座图。MQAM 信号表示式可写成

$$S_{MQAM}=\sqrt{\frac{2}{T_B}}\left(A_i\cos\omega_c t+B_j\sin\omega_c t\right) \tag{9.6.1}$$

其中，A_i 和 B_j 是振幅，表示为

$$\begin{cases}A_i=\pm(2i-1)\\B_j=\pm(2j-1)\end{cases} \tag{9.6.2}$$

其中，i，$j=1$，2，…，L，当 $L=1$ 时，是 4 QAM 信号；当 $L=2$ 时，是 16 QAM 信号；当 $L=4$ 时，是 64 QAM 信号。选择正交的基本信号为

$$\begin{cases}\varphi_I(t)=\sqrt{\dfrac{2}{T_B}}\cos\omega_c t\\ \varphi_Q(t)=\sqrt{\dfrac{2}{T_B}}\sin\omega_c t\end{cases} \tag{9.6.3}$$

在信号空间中 MQAM 信号点：

$$S_{ij}=\begin{pmatrix}A_i\\B_j\end{pmatrix}\quad(i,\ j=1,\ 2,\ \cdots,\ L) \tag{9.6.4}$$

图 9.6.1 是 MQAM 的星座图，这是一种矩形的 MQAM 星座图。

(2) 2/4 电平转换。对于 2/4 电平的转换，其实是将输入信号的 4 种状态(00，01，10，11)经过编码以后变为相应的 4 电平信号。这里我们选择的映射关系如表 9.6.1 所示。

表 9.6.1 电平映射关系表

映射前数据	电平/V
00	1
01	3
10	−1
11	−3

(3) 抗干扰能力。为了说明 MQAM 比 MPSK 具有更好的抗干扰能力，图 9.6.2 表示了 16 PSK 和 16 QAM 的星座图，这两个星座图表示的信号最大功率相等，相邻信号点的

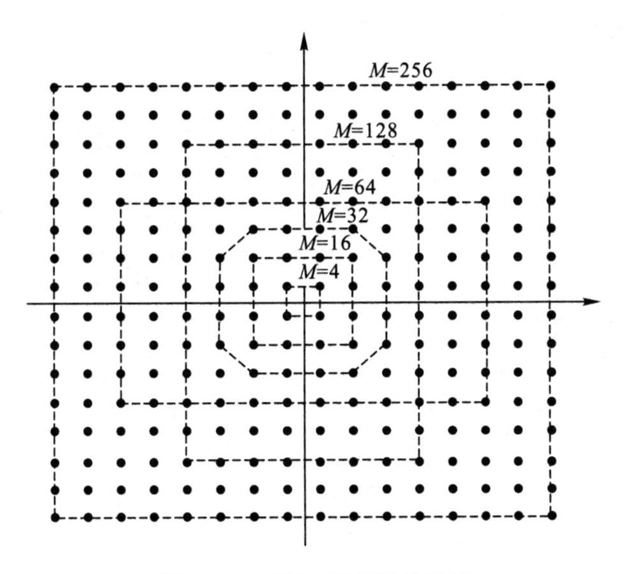

图 9.6.1　MQAM 信号星座图

距离 d_1，d_2 分别为

$$2\ \text{DPSK}\quad d_1 \approx 2A\sin\frac{\pi}{16} = 0.39A$$

$$16\ \text{QAM}\quad d_2 \approx \frac{\sqrt{2}}{\sqrt{M}-1} = \frac{2}{\sqrt{16}-1} = 0.47A$$

结果表明，$d_2 > d_1$，大约超过 1.64 dB。合理地比较两星座图的最小空间距离应该是以平均功率相等为条件。可以证明，在平均功率相等条件下，16 QAM 的相邻信号距离超过 16 PSK 约 4.19 dB。星座图中，两个信号点距离越大，在噪声干扰使信号图模糊的情况下，要求分开两个可能信号点越容易办到。因此 16 QAM 方式抗噪声干扰能力优于 16 PSK。

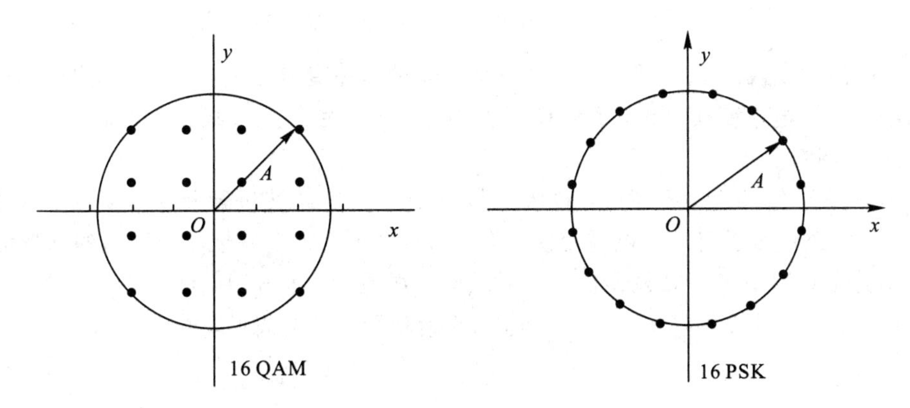

图 9.6.2　16 QAM 与 16 PSK 星座图

MQAM 的星座图除正方形外，还有圆形、三角形、矩形、六角形等。星座图的形式不同，信号点之间的距离也不同，误码性能也不同。MQAM 和 MPSK 在相同信号点数时，功率谱相同，带宽均为基带信号带宽的 2 倍。

2. 实验原理框图

本实验原理框图如图 9.6.3 所示。

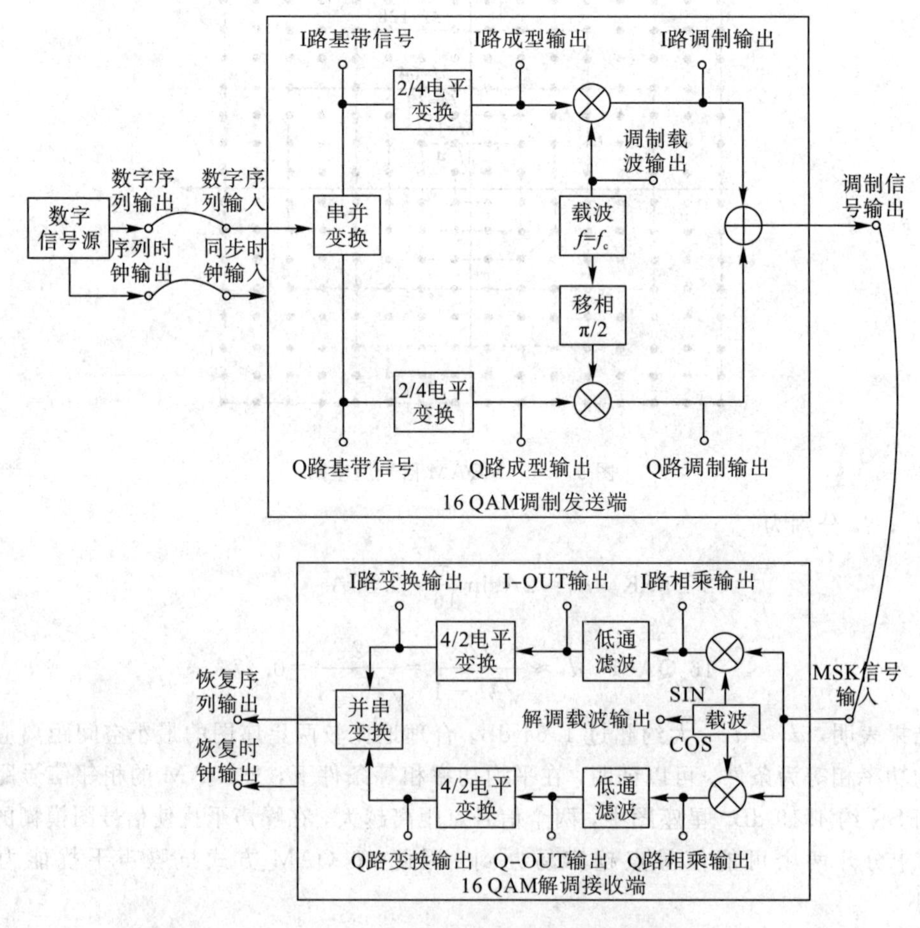

图 9.6.3　16 QAM 调制及解调实验原理框图

在 16 QAM 调制实验框图中，基带信号先经过串并变换处理输出 I 和 Q 两路信号；然后分别经过 2/4 电平变换，形成 I 和 Q 成型输出；再分别与正交载波相乘后叠加，最后输出 16 QAM 调制信号。

在 16 QAM 解调实验框图中，接收信号分别与正交载波进行相乘，经过低通滤波处理，然后将两路信号进行 4/2 电平变换，最后通过并串变换电路恢复出原始的基带信号。

本实验是观测 16 QAM 调制信号的时域或频域波形，了解调制信号产生机理及成型波形的星座图。对比观测 16 QAM 解调信号和原始基带信号的波形，了解 16 QAM 相干解调的实现方法。

三、实验内容和步骤

1. 实验仪器

实验仪器包括实验箱、示波器等。

2. 实验步骤

1) 实验连线

模块关电，按表 9.6.2 所示进行信号连线，实验交互界面如图 9.6.4 所示。

表 9.6.2　信号连线说明

源端口	目的端口	连线说明
信号源：D1	模块 28：TH5/6/7/8(数据输入)	信号输入
信号源：CLK	模块 28：TH5/6/7/8 (时钟输入)	时钟输入
模块 28：DA_CH1/DA_CH2	模块 28：AD_CH1	已调信号送入解调端

注： 这里的连线要和后面的端口设置保持一致，如数据输入的“端口选择”设置为 TH5，则信号源 D1 需要跟 28 号模块的 TH5 进行连接，将数据送入 28 号模块。

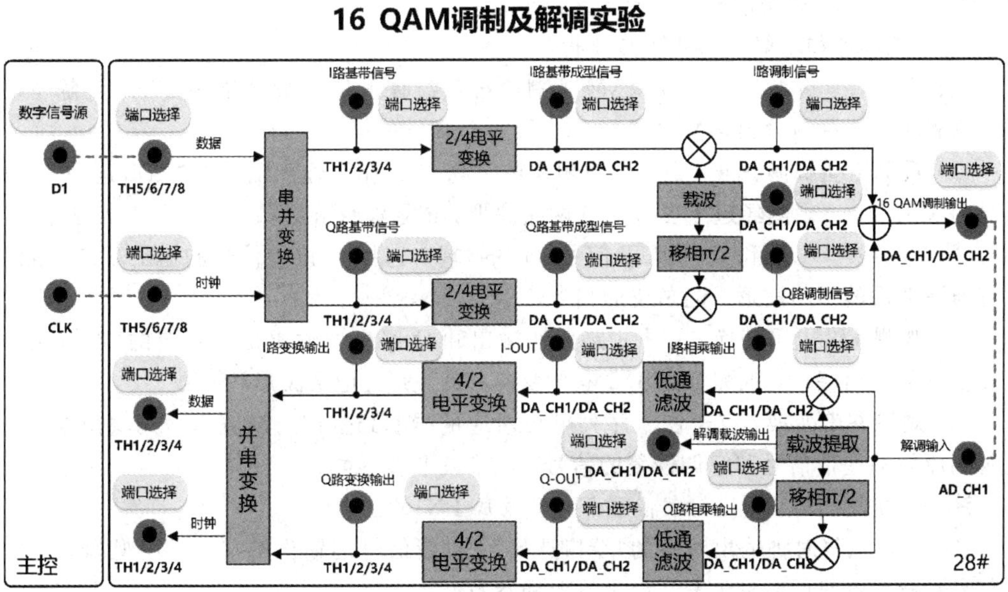

16 QAM调制及解调实验

图 9.6.4　实验交互界面

2) 检查连线

检查连线是否正确，检查无误后打开实验箱电源。

(1) 将实验模块开电，在显示屏主界面选择【实验项目】→【调制解调】→【16 QAM 调制解调实验(28 号)】。

(2) 设置 D1 的输出信号类型为 PN127、频率为 32 kHz。

(3) 点击输入数据和输入时钟信号对应的“端口选择”，设置两路信号的输入端口。

3) 16 QAM 基带变换信号的观测与分析

(1) 观测串并变换。点击 I 路基带信号和 Q 路基带信号对应的“端口选择”，设置两路信号的输出端口，观测经过串并变换后输出的两路波形，记录波形和参数。

点击I路基带成型输出信号对应的“端口选择”，设置信号输出端口，对比观测I路基带信号和I路基带成型输出信号，记录波形和参数。

点击Q路基带成型输出信号对应的“端口选择”，设置信号输出端口，对比观测Q路基带信号和Q路基带成型输出信号，记录波形和参数。

(2) 观测星座图。观测I路基带成型输出信号和Q路基带成型输出信号，将格式设置成XY模式，观测绘制16 QAM星座图并标注参数。

4) 16 QAM频带信号的观测与分析

(1) 观测正交调制支路。点击I路调制信号对应的“端口选择”，设置信号输出端口(不要与I路成型信号端口重复)，对比观测I路成型信号和I路调制输出信号，记录波形和参数。

点击Q路调制信号和Q路成型信号对应的“端口选择”，设置信号输出端口，对比观测Q路成型信号和Q路调制输出信号，记录波形和参数。

(2) 观测16 QAM调制。点击16 QAM输出信号对应的“端口选择”，设置信号输出端口，观测16 QAM调制信号，记录波形和参数。

5) 16 QAM相干解调的观测与分析

注： 设置端口时要注意，16 QAM调制输出已经占用了一个模拟输出端口，解调端的端口设置不能与模拟输出端口冲突。

(1) 观测正交解调滤波。点击I路相乘输出和Q路相乘输出对应的“端口选择”，设置信号的输出端口，观测经过下变频后的两路波形，记录波形和参数。

(2) 点击I-OUT和Q-OUT信号对应的“端口选择”，设置信号的输出端口，观测经过低通滤波后的两路波形，记录波形和参数。

(3) 观测4/2电平变换。点击I路变换输出和Q路变换输出信号对应的“端口选择”，设置信号的输出端口，观测经过4/2电平变换后的波形，记录波形和参数。

(4) 观测并串变换。点击恢复序列输出对应的“端口选择”，设置信号的输出端口，对比观测原始的基带信号和解调恢复的信号，记录波形和参数。

注： 为方便观测，可将数字信号源类型改成PN15。

(5) 点击恢复时钟输出对应的“端口选择”，设置信号的输出端口，对比观测原始的时钟信号和解调恢复的时钟信号，记录波形和参数。

6) 实验结束

关闭电源，整理数据完成实验报告。

四、思考题

(1) 分析实验电路的工作原理，简述其工作过程。

(2) 记录实验波形，并与理论结果做对比。

(3) 画出16 QAM星座图，并写出其对应编码的码字。

(4) 分别计算8 QAM与16 QAM星座图的距离并分析其物理含义。

(5) 记录实验过程中遇到的问题并进行分析，提出改进建议。

实验9-7 64 QAM调制及解调实验

一、实验目的

(1) 了解64 QAM调制解调的原理及特性。

(2) 了解使用FPGA实现64 QAM调制解调的原理和方法。

二、实验原理

1. 实验原理说明

正交振幅调制(QAM)是一种振幅和相位联合键控。

(1) MQAM信号的星座图。MQAM信号表示式可写成：

$$S_{\mathrm{MQAM}}=\sqrt{\frac{2}{T_{\mathrm{B}}}}(A_i\cos\omega_c t+B_j\sin\omega_c t) \tag{9.7.1}$$

其中，A_i 和 B_j 是振幅，表示为

$$\begin{cases}A_i=\pm(2i-1)\\B_j=\pm(2j-1)\end{cases} \tag{9.7.2}$$

其中，i，$j=1$，2，…，L，当 $L=1$ 时，是4 QAM信号；当 $L=2$ 时，是16 QAM信号；当 $L=4$ 时，是64 QAM信号。选择正交的基本信号为

$$\begin{cases}\varphi_{\mathrm{I}}(t)=\sqrt{\dfrac{2}{T_{\mathrm{B}}}}\cos\omega_c t\\\varphi_{\mathrm{Q}}(t)=\sqrt{\dfrac{2}{T_{\mathrm{B}}}}\sin\omega_c t\end{cases} \tag{9.7.3}$$

在信号空间中MQAM信号点：

$$S_{ij}=\begin{pmatrix}A_i\\B_j\end{pmatrix}\quad(i,\ j=1,\ 2,\ \cdots,\ L) \tag{9.7.4}$$

图9.7.1是MQAM的星座图，这是一种矩形的MQAM星座图。

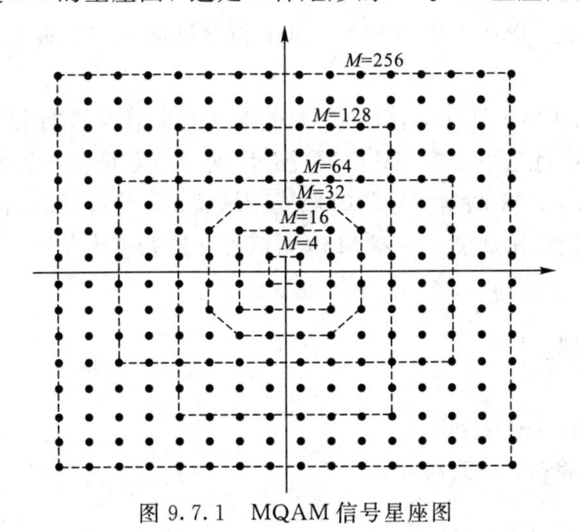

图9.7.1 MQAM信号星座图

2. 实验原理框图

本实验原理框图如图 9.7.2 所示。

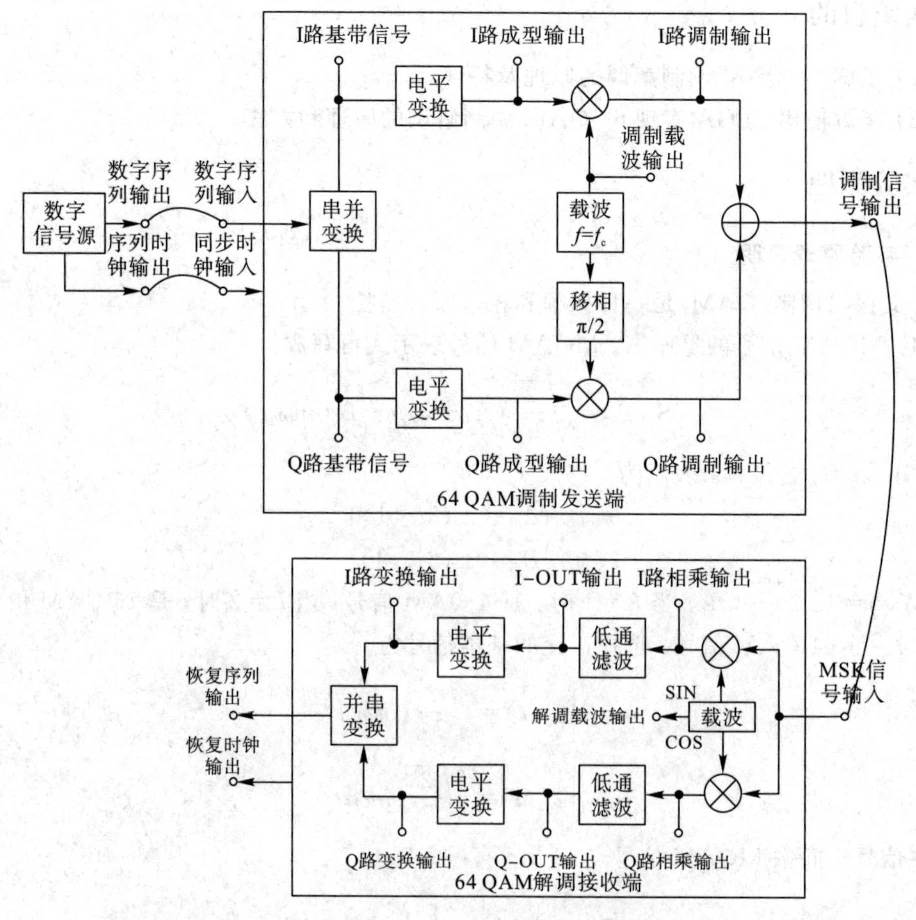

图 9.7.2 64 QAM 调制及解调原理框图

在 64 QAM 调制实验框图中，基带信号先经过串并变换处理输出 I 和 Q 两路信号；然后分别经过电平变换，形成 I 和 Q 成型输出；再分别与正交载波相乘后叠加，最后输出 64 QAM 调制信号。

在 64 QAM 解调实验框图中，接收信号分别与正交载波进行相乘，经过低通滤波处理，然后将两路信号进行电平变换，最后通过并串变换电路恢复出原始的基带信号。

本项目是观测 64 QAM 调制信号的时域或频域波形，了解调制信号产生机理及成型波形的星座图。本项目是对比观测 64 QAM 解调信号和原始基带信号的波形，了解 64 QAM 相干解调的实现方法。

三、实验内容和步骤

1. 实验仪器

实验仪器包括实验箱、示波器等。

2. 实验步骤

1）实验连线

模块关电，按表格 9.7.1 所示进行信号连线，实验交互界面如图 9.7.3 所示。

表 9.7.1　信号连线说明

源端口	目的端口	连线说明
信号源：D1	模块 28：TH5/6/7/8(数据输入)	信号输入
信号源：CLK	模块 28：TH5/6/7/8 (时钟输入)	时钟输入
模块 28：DA_CH1/DA_CH2	模块 28：AD_CH1	已调信号送入解调端

注： 这里的连线要和后面的端口设置保持一致，如数据输入的“端口选择”设置为 TH5，则信号源 D1 需要跟 28 号模块的 TH5 进行连接，将数据送入 28 号模块。

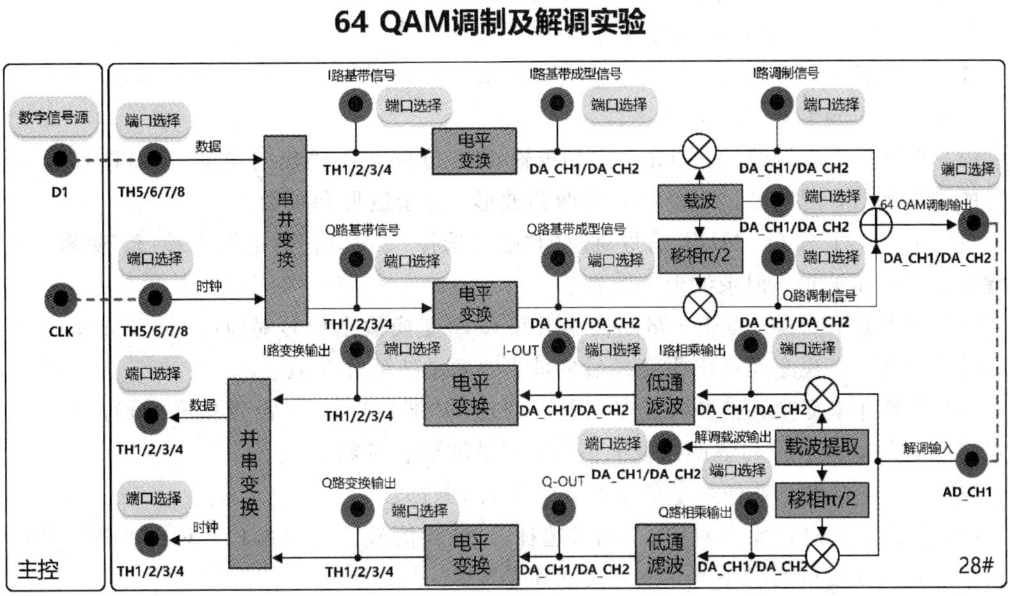

图 9.7.3　实验交互界面

2）检查连线

检查连线是否正确，检查无误后打开实验箱电源。

(1) 将实验模块开电，在显示屏主界面选择【实验项目】→【调制解调】→【64 QAM 调制解调实验(28 号)】。

(2) 设置 D1 的输出信号类型为 PN127、频率为 32 kHz。

(3) 点击输入数据和输入时钟信号对应的“端口选择”，设置两路信号的输入端口。

3）64 QAM 基带变换信号的观测与分析

(1) 观测串并变换。点击 I 路基带信号和 Q 路基带信号对应的“端口选择”，设置两路信号的输出端口，观测经过串并变换后输出的两路波形，记录波形和参数。

点击 I 路基带成型输出信号对应的“端口选择”，设置信号输出端口，对比观测 I 路基带信号和I路基带成型输出信号，记录波形和参数。

点击Q路基带成型输出信号对应的“端口选择”，设置信号输出端口，对比观测Q路基带信号和Q路基带成型输出信号。

(2) 观测星座图观测。观测I路基带成型输出信号和Q路基带成型输出信号，将格式设置成XY模式，观测绘制64 QAM星座图并标注参数。

4) 64 QAM频带信号的观测与分析

(1) 观测正交调制支路。点击I路调制信号对应的“端口选择”，设置信号输出端口(不要与I路成型信号端口重复)，对比观测I路成型信号和I路调制输出信号，记录波形和参数。

点击Q路调制信号和Q路成型信号对应的“端口选择”，设置信号输出端口，对比观测Q路成型信号和Q路调制输出信号，记录波形和参数。

(2) 观测64 QAM调制。点击64 QAM输出信号对应的“端口选择”，设置信号输出端口，观测64 QAM调制信号，记录波形和参数。

5) 64 QAM相干解调观测与分析

注：设置端口时要注意，64 QAM调制输出已经占用了一个模拟输出端口，解调端的端口设置不能与模拟输出端口冲突。

(1) 观测正交解调滤波。点击I路相乘输出和Q路相乘输出对应的“端口选择”，设置信号的输出端口，观测经过下变频后的两路波形，记录波形和参数。

点击I-OUT和Q-OUT信号对应的“端口选择”，设置信号的输出端口，观测经过低通滤波后的两路波形，记录波形和参数。

(2) 观测电平变换：点击I路变换输出和Q路变换输出信号对应的“端口选择”，设置信号的输出端口，观测经过电平变换后的波形，记录波形和参数。

(3) 观测并串变换：点击恢复序列输出对应的“端口选择”，设置信号的输出端口，对比观测原始的基带信号和解调恢复的信号，记录波形和参数。

注：为方便观测，可将数字信号源类型改成PN15。

(4) 点击恢复时钟输出对应的“端口选择”，设置信号的输出端口，对比观测原始的时钟信号和解调恢复的时钟信号，记录波形和参数。

6) 实验结束

关闭电源，整理数据完成实验报告。

四、思考题

(1) 分析实验电路的工作原理，简述其工作过程。

(2) 记录实验波形，并与理论结果做对比。

(3) 将16 QAM与64 QAM对比，分析其性能差异。

(4) 记录实验过程中遇到的问题并进行分析，提出改进建议。

附录 A　实验箱模块介绍

一、信号源模块

1. 信号源模块介绍

模块界面如附图 A.1 所示，模拟信号源和数字信号源设置如附表 A.1 和表 A.2 所示。

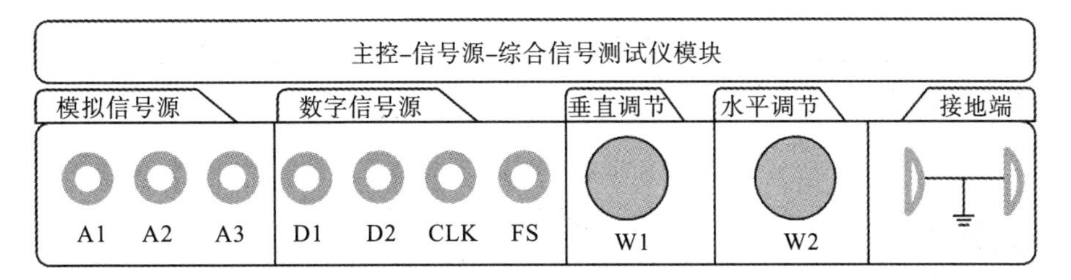

附图 A.1　信号源模块界面

附表 A.1　模拟信号源设置说明

接口	输出信号	说　　明
A1	正弦波	输出频率：10 Hz～4 MHz
	方波	输出频率：10 Hz～200 kHz
	三角波	输出频率：10 Hz～200 kHz
	DSBFC 全载波双边带调幅	由正弦波作为载波，音乐信号作为调制信号，输出全载波双边带调幅。设置的是调幅信号载波的频率
	DSBSC 抑制载波双边带调幅	由正弦波作为载波，音乐信号作为调制信号，输出抑制载波双边带调幅。设置的是调幅信号载波的频率
	FM	载波固定为 20 kHz，音乐信号作为调制信号。设置频率对输出信号无影响。
A2	正弦波	输出频率：10 Hz～4 MHz
A3	音乐 1、音乐 2、3 K+1 K 正弦波、麦克风信号	麦克风信号接口在实验箱右侧电源开关旁边，插入带麦克风的 3.5 mm 耳机后，麦克风拾音，从 A3 端口输出音频信号

附表 A.2　数字信号源设置说明

接口	输出信号	说　　明
D1/D2	PN	输出频率：1 kHz～2048 kHz
CLK	时钟信号	输出频率：1 kHz～2048 kHz

续表

接口	输出信号	说　　明
FS	FS1	帧同步信号保持8 kHz的周期不变，帧同步的脉宽为CLK的一个时钟周期。(要求PN输出频率≥16 kHz，主要用于PCM编译码帧同步及时分复用实验)
	FS2	帧同步的周期为8个CLK时钟周期，帧同步的脉宽为CLK的一个时钟周期。(主要用于信号源为PN序列时信道编译码：汉明码、循环码)
	FS3	帧同步的周期为15个CLK时钟周期，帧同步的脉宽为CLK的一个时钟周期。(主要用于BCH编译码和交织及解交织实验)
	FS 4 bit	帧同步的周期为4个CLK时钟周期，帧同步的脉宽为CLK的一个时钟周期
	FS 8 bit	帧同步的周期为8个CLK时钟周期，帧同步的脉宽为CLK的一个时钟周期
	FS 32 bit	帧同步的周期为32个CLK时钟周期，帧同步的脉宽为CLK的一个时钟周期

2. 信号源参数设置

信号源设置界面如附图A.2所示，信号源设置参数说明如附表A.3所示。

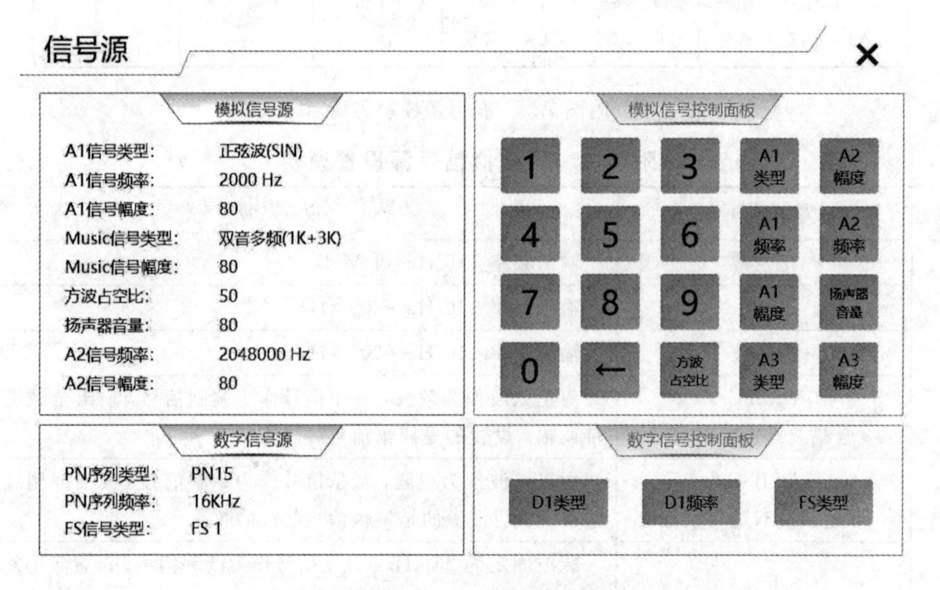

附图A.2　信号源设置界面

附表A.3　信号源设置参数说明

序号	按键	说　　明
1	A1	可以设置类型、频率、幅度
2	A2	可以设置频率、幅度
3	A3	可以设置类型、幅度
4	占空比设置	调节范围10%～90%
5	D1	可以设置类型、频率(为D1、CLK、FS共用频率)
6	FS	可以设置类型

二、信源编译码模块(3号)

1. 模块功能介绍

在信源→信源编码→信道编码→信道传输(调制/解调)→信道译码→信源译码→信宿(频带传输系统)的整个信号传播链路中，本模块功能属于信源编码与信源译码(A/D与D/A)环节，通过FPGA(EP4CE6)完成包括抽样定理、抗混叠低通滤波、A/μ律转换、PCM编译码、Δm&CVSD编译码的功能与应用。帮助实验者学习并理解信源编译码的概念和具体过程，并可用于二次开发。

(1) 抽样定理：被抽样信号与抽样脉冲的相乘所得信号可以选择是否经过保持电路，以输出自然抽样或平顶抽样。

(2) 低通混叠滤波：该滤波器为3.4 kHz的8阶巴特沃斯低通滤波器，可用于抽样信号的恢复及信源编码的前置抗混滤波。

(3) A/μ律转换：针对不同应用需求，本模块提供A律与μ律的转换。

(4) PCM编译码：编码输入信号默认采用本模块抽样输出信号，亦可以二次开发采用外部信号，同时提供时钟脉冲与帧同步信号，即可实现译码端的信号输出。

(5) Δm&CVSD编译码：增量调制编译码功能提供本地译码、一致脉冲以及量阶调整的信号引出观测，方便了解并掌握增量调制的具体过程。

2. 功能框图和接口说明

模块3功能框图如附图A.3所示，模块3端口说明如附表A.4所示。

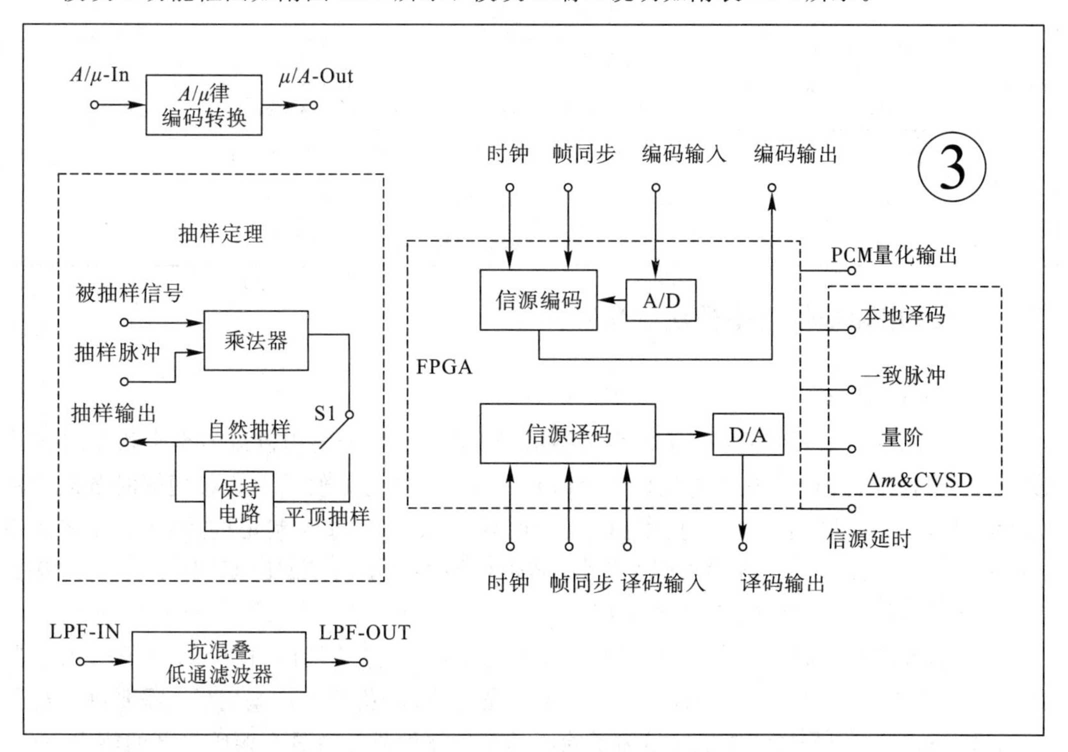

附图A.3　模块3功能框图

附表 A.4 模块 3 端口说明

端口名称	说　明
S3	模块总开关
被抽样信号	可输入信号源的正弦波信号
抽样脉冲	输入信号源的方波信号
S1	保持电路切换开关，实现自然抽样/平顶抽样
抽样输出	输出抽样后信号
LPF - IN	抗混叠低通滤波器输入
LPF - OUT	抗混叠低通滤波器输出
A/μ - In	A 律或 μ 律输入
A/μ - Out	μ 律或 A 律输出
时钟(编码)	待编码信号的时钟输入
帧同步(编码)	待编码信号的帧同步信号输入
编码输入	待编码信号输入
编码输出	已编码信号输出
时钟(译码)	待译码信号的时钟输入
帧同步(译码)	待译码信号的帧同步信号输入
译码输入	待译码信号输入
译码输出	已译码信号输出
PCM 量化输出	PCM 编码输出之后，G.711 协议变换之前的信号输出
本地译码	Δm&CVSD 编码当中的本地译码器输出
一致脉冲	CVSD 编码当中量阶调整时的一致脉冲输出
量阶	Δm&CVSD 编码当中量阶调整时的量阶输出
信源延时	Δm&CVSD 编码之前的信源延时输出，供辅助观测

三、时分复用和基带传输模块(M03)

1. 模块功能介绍

本模块主要包括时分复用、基带传输编译码等功能。时分复用包括 256 K 和 2 M 速率的时分复用，其中 256 K 速率复用由 4 个时隙构成，主要为方便学生观察理解时分复用的帧结构而设计；2 M 速率时分复用由 32 个时隙构成，是 ITU 制定的准同步数字体系(PDH)中 E 体系的基础，即输出 E1 信号。基带传输部分支持 AMI、HDB3、CMI、BPH、5B6B 等传输码型，一般用于近距离通信。

(1) 基带传输编码：完成 AMI、HDB3、CMI、BPH 等基带传输码型的编码工作。其中，由于 AMI 和 HDB3 是 3 极性码。FPGA 在完成 AMI 及 HDB3 编码后，需要进行电平变换。另外，还有误码插入功能，是为了验证基带传输编码是否具有误码告警的能力。

(2) 基带传输译码：完成 AMI、HDB3、CMI、BPH 等基带码型的译码工作。其中，由于 AMI 及 HDB3 是 3 极性码。在 FPGA 译码前需要加入电平反变换功能。

(3) 时分复用：当复用输出为模式 256K 时，只用来观测 3 路帧同步(即时隙 0、1、2，这三路信号就是对应的帧头、DIN1 和 DIN2 的接收数据)，开关信号在 3 时隙。由于 256 K 模式复用只能提供 4 个时隙。因此，DIN3 和 DIN4 在 256 K 复用模式下是无效的。若模式为 2048 K 时(速率为 2M 的 E1 传输)，帧头、DIN1、DIN2、DIN3、DIN4、开关信号分别在 0～5 时隙。其所在时隙可以由信号源模块进行设置。

(4) 解时分复用：解时分复用与时分复用是相对应的一部分，用于基带传输编译码与信道译码模块之间，把配置在分立周期间间隔上的时分复用信号解开，在解复用输入与解复用时钟输入处接入信号，最后由 Dout1～Dout4 整理输出，与复用时的输入 DIN1～DIN4 是始终相互对应的。

2. 功能框图和接口说明

M03 模块框图如附图 A.4 所示，M03 模块端口说明如附表 A.5 所示。

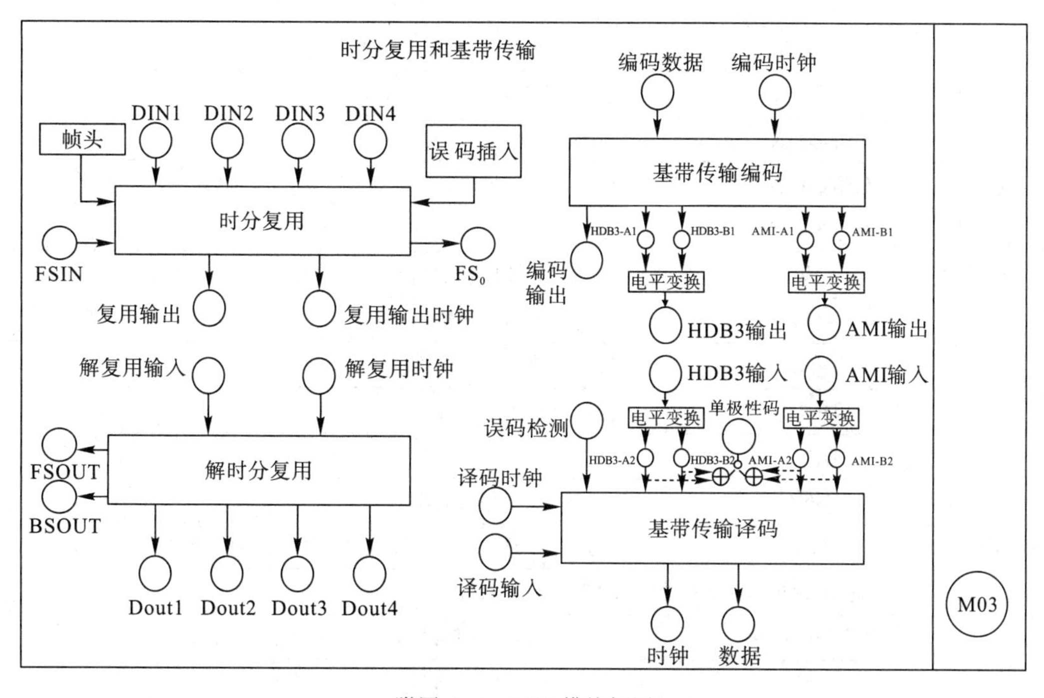

附图 A.4 M03 模块框图

附表 A.5 M03 模块端口说明

模块	端口名称	端口说明
基带传输编码	数据	数据信号输入
	时钟	时钟信号输入
	编码输出	编码信号输出
	误码插入	误码数据插入观测点，指示编码端错误
	AMI - A1	AMI - A1 信号编码后波形观测点

续表

模块	端口名称	端口说明
基带传输编码	AMI - B1	AMI - B1 信号编码后波形观测点
	AMI 输出	AMI 信号编码后输出
	HDB3 - A1	HDB3 - A1 信号编码后波形观测点
	HDB3 - B1	HDB3 - B1 信号编码后波形观测点
	HDB3 输出	HDB3 信号编码后输出
基带传输译码	HDB3 输入	HDB3 编码后的信号输入
	HDB3 - A2	HDB3 - A2 电平变换后波形观测点
	HDB3 - B2	HDB3 - B2 电平变换后波形观测点
	单极性码	单极性码输出
	AMI 输入	AMI 编码后的信号输入
	AMI - A2	AMI - A2 电平变换后波形观测点
	AMI - B2	AMI - B2 电平变换后波形观测点
	译码输入	译码信号输入
	译码时钟输入	译码时钟信号输入
	误码检测	检测插入的误码
	时钟	译码后时钟信号输出
	数据	译码后数据信号输出
	DIN1	复用时放于第一时隙
	DIN2	复用时放于第二时隙
	DIN3	复用时放于第三时隙
	DIN4	复用时放于第四时隙
	FSIN	固定信号源，FS 端口；与 PCM 编码数据对齐
	复用输出	输出复用后信号
	复用输出时钟	输出复用后时钟信号
	FS_0	第 0 时隙帧同步信号
解时分复用	解复用输入	输入复用信号
	解复用时钟	输入复用时钟信号
	FSOUT	为解复用模块提取帧同步，主要用于 PCM 译码
	Dout1	解复用时调整输出第一时隙
	Dout2	解复用时调整输出第二时隙
	Dout3	解复用时调整输出第三时隙
	Dout4	解复用时调整输出第四时隙
	BSOUT	为解复用模块提取位同步

四、信道编译码模块(M02号)

1. 模块功能介绍

数字信号在传输中往往由于各种原因，使得在传送的数据流中产生误码，从而使接收端产生图像跳跃、不连续、马赛克等现象。所以通过信道编码这一环节，对数码流进行相应的处理，使系统具有一定的纠错能力和抗干扰能力，可极大地避免码流传送中误码的发生，这就使得信道编译码过程显得尤为重要。

可设置该模块FPGA工作于“测试功能”“汉明(7，4)编译码”“循环(7，4)编译码”“BCH编译码”“卷积(2，1，7)编译码”“汉明(8，4)编译码”“循环(8，4)编译码”“卷积(2，1，3)编译码”“咬尾卷积(3，1，3)”“交织与解交织”等模式。

基带信号速率：1 kHz～2048 kHz，适用于所有的编译码方式。

误码个数：当FPGA工作于汉明码或循环码编译码方式时，可选择插入误码个数为0～3个，当FPGA工作于BCH编译码时可选择插入的误码个数为0～4个。当FPGA工作于(3，1，3)卷积码时，可选择插入的误码个数为0～4个。

卷积插入误码类型：可选择无插错、随机错、突发错，适用于(2，1，3)、(2，1，7)卷积编码。

卷积是否加入交织：可选择无交织和有交织，适用于(2，1，3)、(2，1，7)卷积编码。

(1) 汉明码。汉明码利用了奇偶校验位的概念，通过在数据位后面增加一些比特，不仅可以验证数据是否有效，还能在数据出错的情况下指明错误位置。本模块支持以下两种汉明编译码模式：① (7，4)汉明码：4 bit输入数据，7 bit输出数据。输出码速率为7/4倍输入码速率。② (7，4)汉明码(2倍速率)：4 bit输入数据，7 bit输出数据，每8组数据加一组帧头(01110010)。输出码速率为2倍输入码速率。

(2) 循环码。循环码是具有某种循环特性的线性分组码。每位代码无固定权值，任何相邻的两个码组中，仅有一位代码不同。本模块支持以下两种循环编译码模式：① (7，4)循环码：4 bit输入数据，7 bit输出数据。输出码速率为7/4倍输入码速率。② (7，4)循环码(2倍速率)：4 bit输入数据，7 bit输出数据，每8组数据加一组帧头(巴克码01110010)。输出码速率为2倍输入码速率。

(3) BCH码。BCH码解决了生成多项式与纠错能力的关系问题，可以在给定纠错能力要求的条件下寻找到码的生成多项式。

(4) 卷积码。卷积码是一种非分组码，通常适用于前向纠错。本模块支持以下三种卷积编译码方式。① (3，1，3)卷积编译码：4 bit输入数据，12 bit输出数据，不适合系统传输。② (2，1，3)卷积编译码：256 bit输入数据，512 bit编码数据，凿孔8 bit(每64 bit去掉1 bit)，添加8 bit巴克码做帧头，故输出仍为512 bit，主要用于系统传输。③ (2，1，7)卷积编译码：256 bit输入数据，512 bit编码数据，凿孔8 bit(每64 bit去掉1 bit)，添加8 bit巴克码做帧头，故输出仍为512 bit，主要用于系统传输。

(5) 交织码。交织码的目的是把一个较长的突发差错离散成随机差错，改善移动通信的传输特性。本模块支持以下三种交织方式。① 5＊3交织：不适合系统传输。②(2，1，3)卷积编码及交织：(2，1，3)卷积＋28＊18交织器，主要用于系统传输。③(2，1，7)卷积编码及交织：(2，1，7)卷积＋28＊18交织器，主要用于系统传输。

2. 功能框图和接口说明

M02 模块框图如附图 A. 5 所示，M02 模块端口说明如附表 A. 6 所示。

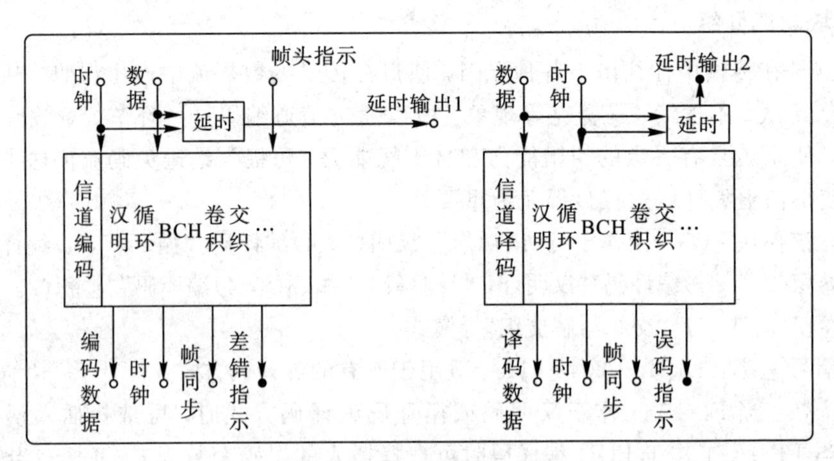

附图 A. 5 M02 模块框图

附表 A. 6 M02 模块端口说明

模块	端口名称	端口说明
编码	时钟	编码时钟输入
	数据	数据输入
	编码数据	编码数据输出
	时钟	编码时钟输出
	帧头指示	帧头指示信号观测点
	延时输出 1	延时输出信号观测点
	帧同步	帧同步信号观测点
	插错指示	插错指示观测点
译码	数据	数据输入
	时钟	译码时钟输入
	译码数据	译码数据输出
	时钟	译码时钟输出
	帧同步	帧同步信号输出
	延时输出 2	延时输出信号观测点
	误码指示	误码指示观测点

五、数字调制解调模块(9 号)

1. 模块功能介绍

在信源→信源编码→信道编码→信道传输(调制/解调)→信道译码→信源译码→信宿的整个信号传播链路中，本模块功能属于数字调制解调环节，通过 CPLD 完成 ASK、

FSK、BPSK/DBPSK 的调制解调实验。帮助实验者学习并理解数字调制解调的概念和具体过程，并可分别单独用于二次开发。

(1) 调制方式说明：本模块可以支持 ASK、FSK、BPSK、DBPSK、QPSK、OQPSK。其中调制方式与载波频率对应如附表 A.7 所示。

附表 A.7　调制方式与载波频率对应关系

	载波 1	载波 2
ASK	128 kHz	无
FSK	256 kHz	128 kHz
其他	256 kHz	256 kHz

(2) 调制部分：所有调制方式的待调制的基带信号、时钟以及载波统一在此部分对应端口输入输出。

(3) 调制中间观测点部分：此部分可观测到调制过程产生的 NRZ_I，NRZ_Q 以及 I，Q 信号。

(4) 解调部分：所有待解调信号以及相干载波统一在此部分对应端口输入，并且：① ASK 解调输出部分，观测点包括整流输出和低通滤波输出，以及门限调节。② FSK 解调输出部分，观测点包括单稳相加输出和低通滤波输出。③ BPSK/DBPSK 解调输出部分，观测点有低通滤波输出，并且输出 BPSK 解调信号(可观测)后还可以继续通过差分译码(需差分译码时钟输入)得到 DBPSK 相干解调输出。

2. 功能框图和接口说明

9 号模块框图如附图 A.6 所示，9 号模块端口说明如附表 A.8 所示。

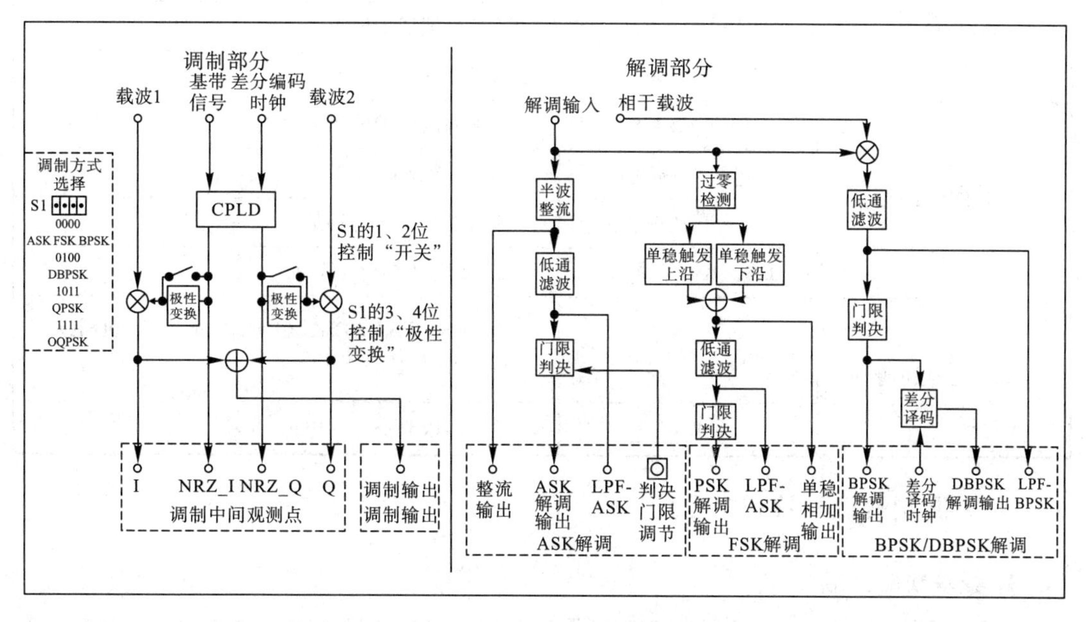

附图 A.6　9 号模块框图

附表 A.8　9号模块端口说明

端口名称		说　明
总开关	S2	模块总开关
调制输入输出部分	基带信号	输入待调制的信号源
	差分编码时钟	输入差分编码时钟
	载波1	输入1号载波
	载波2	输入2号载波
	调制输出	调制信号输出端口
调制中间观测点	NRZ_I	调制过程NRZ_I分量输出
	NRZ_Q	调制过程NRZ_Q分量输出
	I	NRZ_I与载波1相乘所得I信号观测点
	Q	NRZ_Q与载波2相乘所得Q信号观测点
解调输入部分	解调输入	输入调制信号
	相干载波	输入相干载波信号
ASK解调	整流输出	半波整流后的输出观测点
	LPF-ASK	低通滤波后的输出观测点
	ASK解调输出	ASK解调输出端口
	判决门限调节	调节门限判决的门限值
FSK解调	单稳相加输出	单稳触发上下沿相加所得输出
	LPF-FSK	低通滤波后的输出观测点
	FSK解调输出	FSK解调输出端口
BPSK/DBPSK解调	LPF－BPSK	低通滤波后的输出观测点
	BPSK解调输出	BPSK解调输出端口
	差分译码时钟	输入差分译码时钟信号
	DBPSK解调输出	DBPSK解调输出端口
可调参数说明	S1	0000ASK/FSK/BPSK，0100DBPSK，1011QPSK，1111OQPSK
	W1	调节门限判决的门限值

六、数字调制解调模块(13号)

1. 模块功能介绍

同步是通信系统中一个重要的实际问题。当采用同步解调或相干检测时，接收端需要提供一个与发射端调制载波同频同相的相干载波，这就需要载波同步。在最佳接收机结构中，需要对积分器或匹配滤波器的输出进行抽样判决。接收端必须产生一个用作抽样判决的定时脉冲序列，它和接收码元的终止时刻应对齐。这就需要位同步。

(1) 科斯塔斯环载波同步。在科斯塔斯环载波同步模块中，压控振荡器输出信号供给一路相乘器，压控振荡器输出经 90°移相后的信号则供给另一路。两者相乘以后可以消除调制信号的影响，经环路滤波器得到仅与压控振荡器输出和理想载波之间相位差有关的控制电压，从而准确地对压控振荡器进行调整，恢复出原始的载波信号。

(2) 位同步及锁相环。滤波法位同步提取，信号经一个窄带滤波器，滤出同步信号分量，通过门限判决和四分频后提取位同步信号。锁相法位同步提取，在接收端利用锁相环电路比较接收码元和本地产生的位同步信号的相位，并调整位同步信号的相位，最终获得准确的位同步信号。

(3) 数字锁相环。压控振荡器的频率变化时，会引起相位的变化，在鉴相器中与参考相位比较，输出一个与相位误差信号成比例的误差电压，再经过低通滤波器，取出其中缓慢变动数值，将压控振荡器的输出频率拉回到稳定的值上来，从而实现了相位稳定。

2. 功能框图和接口说明

13 号模块框图如附图 A.7 所示，13 号模块端口说明如附表 A.9 所示。

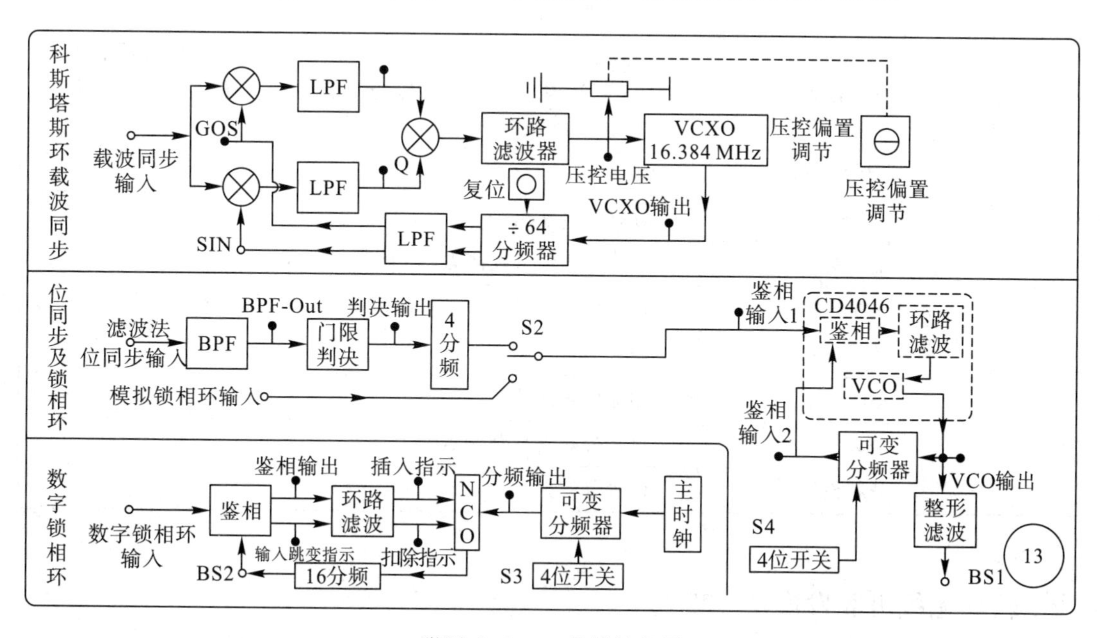

附图 A.7　13 号模块框图

附表 A.9　13 号模块端口说明

模块	端口名称	端口说明
科斯塔斯环载波同步	载波同步输入	载波同步信号输入
	COS	余弦信号观测点
	SIN	正弦信号输入
	I	信号和 π/2 相载波相乘滤波后的波形观测点

续表

模块	端口名称	端口说明
科斯塔斯环载波同步	Q	信号和0相载波相乘滤波后的波形观测点
	压控电压	误差电压观测点
	VCXO	压控晶振输出
	复位	分频器重定开关
	压控偏置调节	压控偏置电压调节
位同步及锁相环	滤波法位同步输入	滤波法位同步基带信号输入
	模拟锁相环输入	模拟锁相环信号输入
	S2	位同步方法选择开关(向上拨动，选择滤波法位同步电路；向下拨动，选择锁相环频率合成电路)
	鉴相输入1	接收位同步信号观测点
	鉴相输入2	本地位元元同步信号观测点
	VCO输出	压控振荡器输出信号观测点
	BS1	合成频率信号输出
	分频设置	设置分频频率(“0000”输出4096 kHz频率，“0011”输出512 kHz频率，“0100”输出256 kHz频率，“0111”输出32 kHz频率)
数字锁相环	数字锁相环输入	数字锁相环信号输入
	BS2	分频信号输出
	鉴相输出	输出鉴相信号观测点
	输入跳变指示	信号跳变观测点
	插入指示	插入信号观测点
	扣除指示	扣除信号观测点
	分频输出	时钟分频信号观测点
	分频设置	设置分频频率

七、软件无线电收发模块(28号)

1. 模块功能介绍

模块基于FPGA、MCU和高速AD、DA转换，可以完成多种通信实验。FPGA与MCU采用16bit并行数据传输通道，双向传输速率最大可达64M。

本模块可满足实时语音与视频信号传输，既可以支持通过以太网接口，实现虚实结合、软硬件结合方式来组建通信系统，也可以通过模块集成的电子连线技术，远程在软件平台上，调出通信系统模块，采用虚拟连线和远程参数配置方式来搭建通信系统实验。

设备IP地址：可查看及更改28号模块的IP地址，默认状态下为192.168.1.170。IP地址更改之后需点击“设置”，然后将28号模块关电再开电方可生效。

功能选择：设置 ARM 芯片工作于“MSK 调制（虚实结合）”“MSK 解调（虚实结合）”“AM 调制解调（相干解调）”“AM 调制解调（包络检波）”“DSB 调制解调”“SSB 调制解调”“FM 调制解调”“MSK 调制解调”“GMSK 调制解调”“Π/4 DQPSK 调制解调”“16 QAM 调制解调”“64 QAM 调制解调”“奈奎斯特滤波与眼图观测”“256 QAM 调制解调”“ASK/FSK 对比学习”“DPSK 带限信道”“AM/FM 对比学习（发射）”“AM/FM 对比学习（接收）”“AM/FM 对比学习（噪声干扰）”“QPSK 调制解调”“OQPSK 调制解调”“MSK 调制（GPIO 输入信号）”“MSK 解调（GPIO 输出信号）”等功能。

注：在此界面，当设置按钮可用时，使用设置右侧的 ON/OFF 开关可以控制该模块的主芯片是否工作。ON 时表示该模块主芯片离线，OFF 时表示该模块主芯片在线。即通过电子开关控制模块是否工作。

2. 功能框图和接口说明

28 号模块框图如附图 A.8 所示，28 号模块端口说明如附表 A.10 所示。

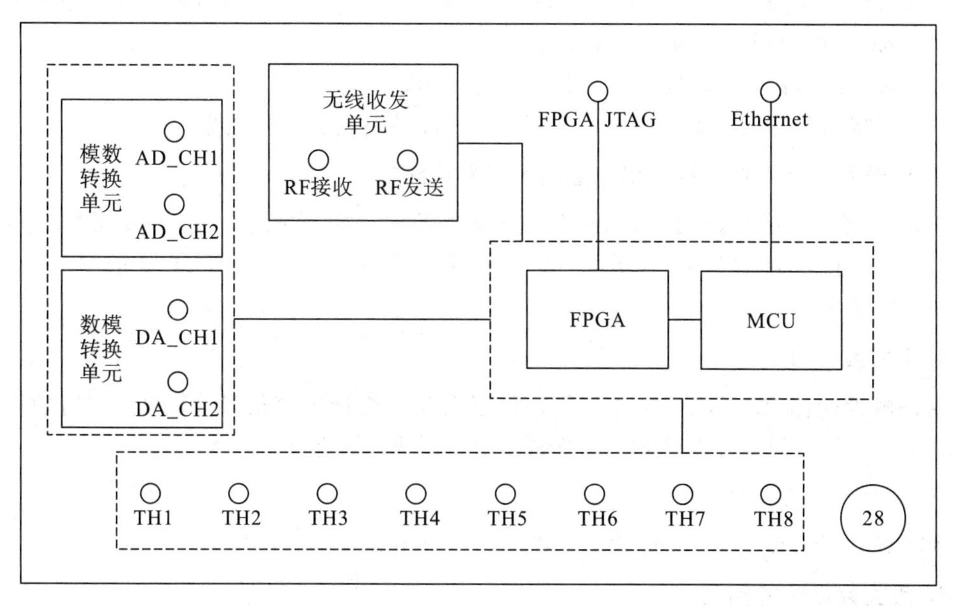

附图 A.8　28 号模块框图

附表 A.10　28 号模块端口说明

模块	端口名称	端口说明
SDR 模块	AD_CH1、AD_CH2	2 通道 ADC 模拟输入端口
	DA_CH1、DA_CH2	2 通道 DAC 数字输入端口
	RF 接收、RF 发送	无线收发端口
	TH1～TH8	8 路数字 IO 接口
	FPGA JTAG	FPGA 下载调试接口
	Ethernet	100M 双工以太网口

八、实验箱操作注意事项

1. 平台的供电状态

检查每个模块的LED电源指示灯(+5V、+12V、−12V)是否正常点亮，打开实验台总电源开关及各模块电源开关，各模块右边的LED灯应全亮；轻力按压模块时出现LED闪烁，请检查当前的模块是否固定好。若不亮，请关电后拧紧模块四角的螺丝再检查一次。

2. 实验连线和拆线

准备工作做完后，需要进行连线操作时请将单元模块断电。在拆线时，请捏住导线的梯形根部拔起，请勿直接拽线。

3. 外置示波器观测方法

(1) 将待测信号测试孔通过导线连接至信号源及综合信号测试仪的P1/P2对应的端口，示波器探钩夹住P1/P2对应的环形柱，示波器接地线连接到信号源及综合信号测试仪模块接地端的环形柱即可(推荐使用此方式)。

(2) 对于测试钩，可直接用示波器探钩夹住测试。

(3) 或将示波器探头夹取下来，直接用探针接触测试点进行观测。

4. 信号源及综合信号测试仪内置的示波器观测方法。

将待测信号测试孔通过导线连接至信号源及综合信号测试仪的示波器接口(CH1、CH2)，在显示屏界面调用示波器功能即可进行观测。内置示波器的测量范围为50Hz～2MHz。

5. 7寸显示屏

支持触摸操作或鼠标操作，人机界面设置按钮的复选内容很多，参数设置时建议以鼠标操作为主。显示屏外屏玻璃脆弱，请勿使用尖锐物体触碰。

6. 实验模块的接地

所有模块最右侧有GND标识的∩型柱为仪表的接地端。

7. 实验数据中的幅度

本指导书中所有交流信号的幅度指的是示波器中的峰峰值，直流信号指的是示波器中的最大值。

8. 指令状态

当页面出现“命令发送失败”的提示框时，需要检查实验模块是否供电良好、模块是否开电。

附录 B 常用仪器介绍

一、示波器

1. 功能介绍

SDS 2000 系列数字示波器最大带宽为 300 MHz，采样率高达 2GSa/s，兼具深存储、高刷新、多级灰度等特性，是一款技术先进、性能较高端的通用数字仪器。

基于硬件技术，SDS 2000 系列实现了实时数字触发系统。它提高了触发灵敏度，减少了触发抖动，并实现了智能触发(Smart Trigger)、高清视频触发及串行总线触发。它拥有超高的波形捕获率，大大提高了示波器捕获随机事件和低概率事件的能力。事件发生的频次越高，波形显示越亮。用户可根据波形明暗程度的不同，快速关注到低概率事件或偶发的异常事件。利用基于硬件的 Zoom 技术中高达 28Mpts 的深存储，用户能够使用更高的采样率捕获更长时间的信号，然后快速放大需要关注的区域。

示波器如附图 B.1 所示，各按键说明如附表 B.1 所示。

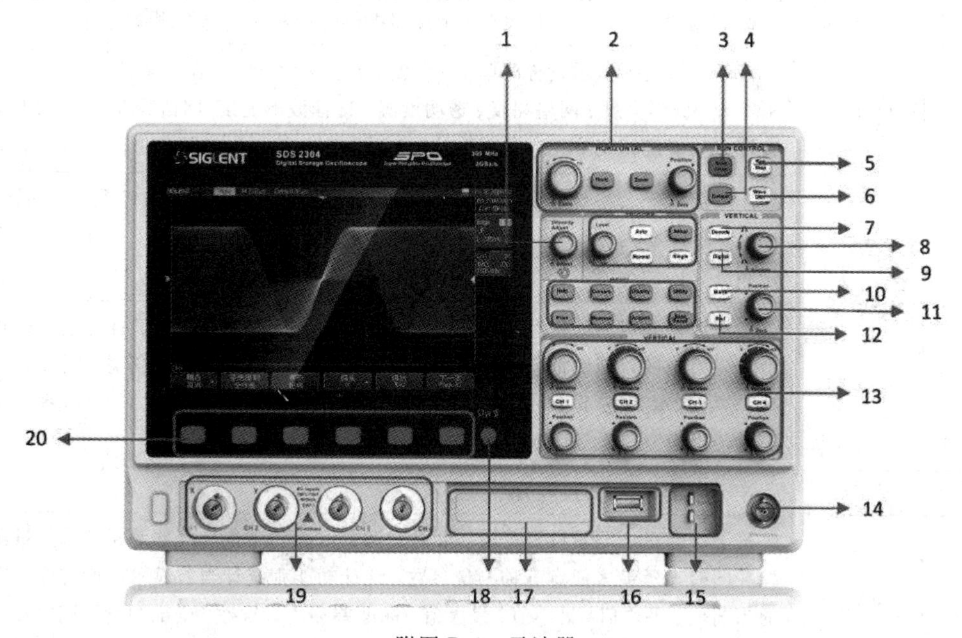

附图 B.1 示波器

附表 B.1 示波器按键说明

编号	按键说明	编号	按键说明
1	多功能旋钮	11	MATH/Ref 波形(垂直位移)
2	水平控制	12	Ref 波形
3	自动设置	13	垂直通道控制
4	默认设置	14	内置信号源输出端
5	停止/运行	15	补偿信号输出端/接地端
6	内置信号源	16	USB Host 端口
7	解码	17	数字通道连接器
8	MATH/Ref 波形(垂直挡位)	18	菜单返回键
9	数字通道	19	模拟通道连接器
10	MATH 波形	20	菜单控制键

2. 功能菜单介绍

数字示波器设置说明如附表 B.2 所示。

附表 B.2 数字示波器设置说明

序号	按键名称	功能说明
1	Cursors	按下该键进入光标测量菜单。示波器提供电压和时间光标测量类型
2	Display	按下该键进入显示设置菜单。可设置波形显示类型、色温、余辉、清除显示、网格类型、波形亮度、网格亮度、透明度等。选择波形亮度/网格亮度/透明度后，可旋转多功能旋钮调节相应亮度百分比。透明度指屏幕弹出信息框的透明程度
3	Utility	按下该键进入系统辅助功能设置菜单。设置系统相关功能和参数，例如接口、声音、语言等。此外，还支持一些高级功能，如 Pass/Fail 测试、打印设置、自校正和升级固件等
4	Help	按下该键开启帮助信息功能。在此基础上按下示波器前面板的任意按键即可显示对应菜单的总帮助信息。若要显示某菜单下一子菜单的帮助信息，需先打开此菜单界面，然后按下 Help 键，然后选中相应菜单即可。再次按下 Help 键可关闭当前帮助信息
5	Print	按下该键将执行打印功能
6	Measure	按下该键进入测量设置菜单。可设置测量、统计功能、全部测量等。测量可选择并同时显示最多任意五种测量参数，统计功能则统计当前显示的所有选择参数的当前值、平均值、最小值、最大值、标准差和统计次数。全部测量可同时显示所有电压参数、时间参数及延迟参数
7	Acquire	按下该键进入采样设置菜单。可设置示波器的获取方式(普通/峰值检测/平均值/高分辨率)、内插方式和存储深度(7K/14K/70K/140K/700K/1.4M/7M/14M)
8	Save/Recall	按下该键进入文件储存/调出界面。可存储/调出的文件类型包括设置文件、波形文件、图像文件和 CSV 文件

二、频谱仪

1. 频谱仪介绍

SSA3000X 系列配备入门级频谱分析仪中尺寸最大、分辨率最高的显示器。水平和垂直显示器尺寸更大、分辨率更高，以前所未有的清晰度显示更多信号细节。R&SRFPC 配备一流显示器，可显示信号测量的卓越质量。

SSA3000X 系列具备出色的射频性能，分辨率最高，频率范围介于 5 kHz～1 GHz，分辨率带宽可低至 1 Hz，跟踪源和独立连续波信号发生器，内置 VSWR 电桥，单端口矢量网络分析仪，具备史密斯圆图显示功能，随附远程控制软件支持 WiFi 连接等。

频谱仪如附图 B.2 所示，各按键说明如附表 B.3 所示。

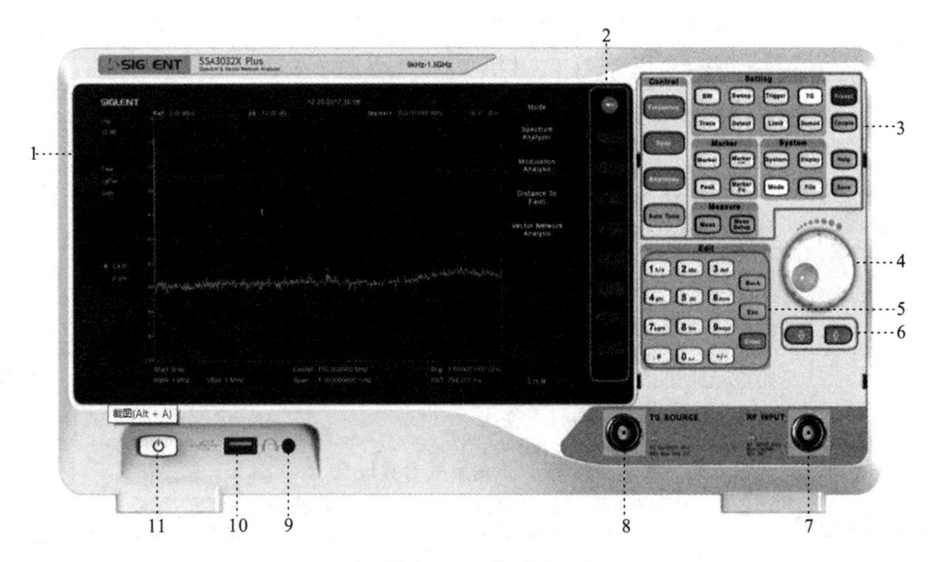

附图 B.2　频谱仪

附表 B.3　频谱仪按键说明

编号	按键说明	编号	按键说明
1	屏幕显示区	7	射频输入端，矢量网络分析 2 口
2	菜单控制键	8	跟踪源输入端，矢量网络分析 1 口
3	功能菜单键	9	3.5mm 耳机接口
4	方向旋钮	10	USB Host 支持 U 盘、鼠标键盘
5	数字/字母键盘	11	电源开关
6	方向选择键		

2. 部分功能设置介绍

频谱仪设置说明如附表 B.4 所示。

附表 B.4　频谱仪设置说明

参数控制区	功能描述
Frequency	频率设置，包括中心频率、起始频率、终止频率、中频步长等参数
Span	扫宽(X轴)设置，包括扫宽、全扫宽、零扫宽等及X轴类型(线性-对数)
Amplitude	幅度(Y轴)设置，包括参考电平、输入衰减、前置放大、幅度单位、Y轴类型(线性-对数)，以及幅度校正的相关参数设置
Auto Tune	快捷键，扫描全频段寻找能量最大的信号，将其移动至扫宽中心，并自动设置最优的测量参数
功能设置区	**功能描述**
BW	带宽设置，可设置分辨率带宽、视频带宽、视分比、平均类型(对数功率平均、RMS平均、电压平均)，以及选择3dB/6dB滤波器类型(EMI)
Trace	迹线控制，迹线选择、迹线类型设置、数学运算
Sweep	扫描时间、扫描时间规则、扫描模式设置及准峰值驻留时间
Detect	检波设置，为每条迹线设置独立的检波方式
Trigger	触发控制，自由触发、视频触发及外部触发的设置
Limit	限制线功能，设置各种通过或失败的限制条件
TG	跟踪源输出端口相关设置，跟踪源的信号幅度、幅度偏移及归一化功能。当跟踪源输出端工作时，该按键将点亮
Demod	音频解调，AM、FM音频检测及其参数设置
光标设置区	**功能描述**
Marker	光标标志、光标测量操作，光标表等设置
Marker—〉	光标操作的各种快捷设置，可快速将系统设置到光标所在位置
Marker Fn	噪声光标、N dB带宽、频率计、读数频率等高级光标测量功能
Peak	峰值的查找，及峰值表统计等
测量设置区	**功能描述**
Meas	在频谱分析仪模式下，选择信道功率、邻道功率比、占用带宽、时域功率、三阶交调、频谱监测等测量项目；在其他非频谱分析仪模式下，选择对应模式的测量项目
Meas Setup	选择对应模式的测量参数
系统设置区	**功能描述**
System	语言设置、上电/复位设置、接口设置、系统信息、日期时间设置、自测试
Mode	工作模式选择，切换频谱分析模式(默认模式)和其他模式。当分析仪工作在非频谱分析模式时，该按键将点亮
Display	显示设置，包括网络亮度、参考线、截屏反色设置等
File	文件系统设置，文件操作，调用和存储设置

续表

快捷设置区	功能描述
Preset	快捷键，将系统设置成指定复位状态
Couple	对分析仪中存在自动和手动模式的参数进行快捷设置
Help	帮助信息显示，按下此按键后，继续选择其他功能键，将显示相应功能键的功能解释和相应的 SCPI 命令；再次按下此按键，帮助显示关闭
Save	快捷键，可快速储存预先设置好的文件类型

三、失真仪

1. 功能介绍

失真仪主要用来测量音频信号及各种音频设备的非线性失真，也可作为音频电压表使用，并能对放大器及各种音频设备进行信噪比和频率特性的测试。

本仪器测试失真度定义为

$$K=\frac{\sqrt{U_2^2+U_3^2+\cdots+U_n^2}}{\sqrt{U_1^2+U_2^2+U_3^2+\cdots+U_n^2}} \tag{1}$$

测量失真度时，输入被测信号经过输入电路至自动电平调整电路，在此稳定输出1伏，并送至桥T型基波抑制器，在抑制器中把测量信号的基波分量抑制掉，保留所有谐波成分，然后通过表头电路测量大小。

由式(1)可知，失真度为输入信号的谐波分量与总输入信号之比，因自动电平调整电路的输出稳定为1 V，即式(1)的分母为1 V，所以表头电路测得的大小即为失真度。失真仪面板布置如下：

失真仪如附图B.3所示，各按键说明如附表B.5所示。

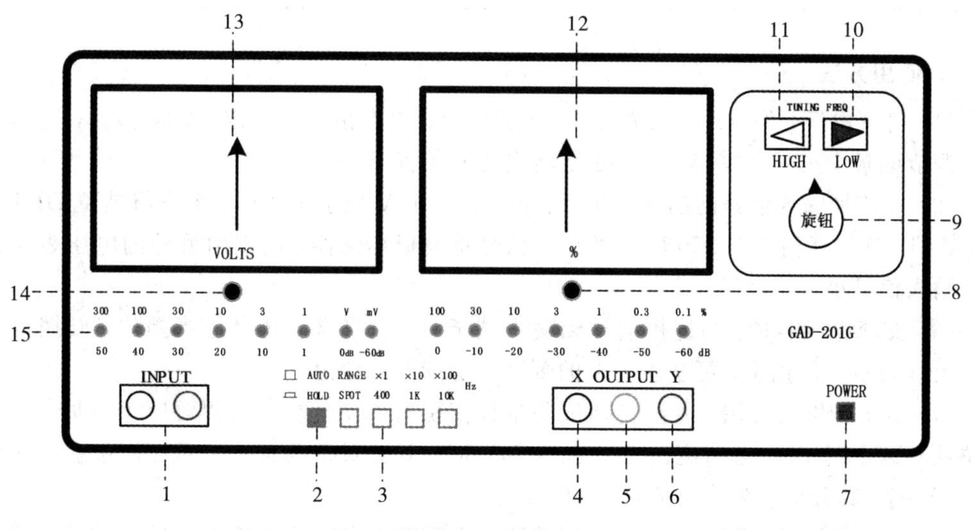

附图B.3 失真仪

附表 B.5 失真仪按键功能说明

编号	按键	说明
1	输入端子	用于测量失真度因子和交流电压值
2	自动和固定文件位功能选择	用于自动选择或固定测试中所设定的文件位两种功能
3	功能和频率文件位选择	选择 RANGE 时，配合×1、×10、×100，按任一钮，并将⑮旋钮设定在 20 Hz 到 20 kHz 内。选择 SPOT 时，可在 400、1K、10K 中选择一文件固定频率测试
4	X 轴输出端子	用于观察信号波形
5	地线输出端子	当使用 X 轴和 Y 轴输出时，此地线输出端子必须接地
6	Y 轴输出端子	在测量失真度时，这个接线柱用于观察全谐波信号输出的波形
7	电源开关	开关推到左边，测量挡位指引灯⑧会亮起，表示这个失真测试仪已启动，准备操作了
8	零失真调整	调整失真因素表头归零用
9	调谐频率设置旋钮	作用是调整频率而取得所需求的量测频率
10	低指引灯(调谐频率)	此灯亮起表示输入信号之基频低于阻波滤波的基本信号的中心频率比
11	高指引灯(调谐频率)	此灯亮起表示输入信号之基频高于阻波滤波的基本信号的中心频率比
12	失真表	表头指示刻度有：0%～1.12%、0%～3.5%、－20～＋1 dB 三项
13	位准表	这个指示表用来量测平均值，显示正弦波之有效值。其刻度有：0～1.12、0～3.5、－20～＋1 dB、－20～＋3.2 dBm 四项
14	零位准调整	调整电压显示表头归零用
15	测量挡位指引灯	指示目前量测的电压文件位及失真因素挡位

2. 使用方法

(1) 打开电源，将电源开关置于 OFF 的位置；检查指针零设定，如果偏移，则用小螺丝刀调节面板中央的归零螺丝⑨和⑩，将电源开关置于 ON 位置。

(2) 在施加输入信号前的注意事项：当输入 100 V 以上电压时，需先将挡位 HOLD 在 300 V 挡。施加任何大于 350 U_{rms} 的输入信号将会损坏仪器，请先用另外的电压表测量以确定输入信号小于 350 U_{rms}。

(3) 交流电压测量：当连接信号到输入端子时，它将自动选择适当挡位，以挡位测量⑧指引灯表示目前挡位，可从表头上的刻度盘上读取得数值。

(4) 分贝刻度的使用：显示在挡位测量⑧指引灯的下面数字，相对应于分贝刻度。其挡位从 0 到＋50 dB。当挡位在 1 V 到 300 V 时，其分贝值与读数一致；挡位在 1 mV 到 300 mV 时，其分贝值为读数值再减 60 dB。

(5) 失真度测量：为了抑制主要的谐波，这个失真表需要调整频率的陷波滤波器。这个仪器有自动位准控制和自动同步功能，但是必须调整频率作连续测量的功能。

a. 使用频率文件位选择设定输入的基本频率文件：×1(20 Hz 到 200 Hz)、×10(200 Hz 到 2 kHz)、×100(2 kHz 到 20 kHz)。

b. 设定调谐频率按钮⑮，高指引灯⑬和低指引灯⑭，将表头读数减至最小。

c. 如果输入信号的基本频率差不多等于仪器的基本频率，观测高和低的指引灯，检查哪个频率指引灯是亮的。当高指引灯是亮的时候，向左转动旋钮；当低的指引灯是亮的，向右转动旋钮，以增加或减少基本频率，然后关闭这两个指引灯。

四、杂音计

1. 功能介绍

JH5151 型杂音计是全集成电路的精密测量仪器。本仪器等效采用国际电信联盟 ITU 最新建议的电话衡重网络和广播衡重网络，更适用于有线通信的电话与广播的非衡重与衡重的杂音电压测量。

JH5151 型杂音计也可用于测量电平－100～＋20 dB，频率范围为 15～30 000 Hz 的宽频测量。

杂音计如附图 B.4 所示，各按键和接口说明如附表 B.6 所示。

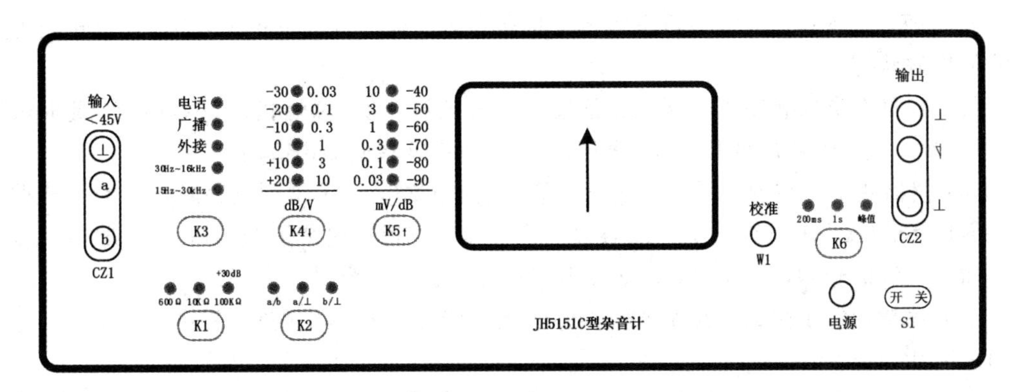

附图 B.4 杂音计

附表 B.6 杂音计按键和接口说明

序号	接口	说明
1	CZ1	平衡输入插座
2	CZ2	输出插座
3	CZ3	外接滤波器输入插座(在背面)
4	CZ4	外接滤波器输出插座(在背面)
5	W1	校准电平调节
6	S1	电源开关
7	K1	阻抗转换按键(依次为 600 Ω、高阻、100 kΩ)
8	K2	输入状态转换按键(依次为 a/b、a/⊥、b/⊥)
9	K3	功能转换按键(由上至下依次为电话、广播、外接、不加权、宽频)
10	K4/K5	电平测量按键(中间红灯亮为校准，按 K4 顺时针表示＋20～－90 dB 电平挡，按 K5 逆时针表示－90～＋20 dB 电平挡)
11	K6	时间常数转换按键(依次为 200 ms、1 s、峰值(检波))

2. 使用方法

(1) 本仪器使用 50 Hz、220 V 交流电，电源线接入电网后，按下电源开关 Sl，电源指示灯亮，各控制键对应的复位指示灯(LED)亮。开机 15 分钟后即可进行稳定工作。

(2) 为了保证仪器测量精度，在进行测量前先进行仪器调零和自校。

仪器调零：未开机前，调节电表下部圆孔螺口，使电表指针指示在∞位置。

仪器自校：开机后，状态如下。

Kl：第一个绿灯亮表示输入阻抗为 600Ω，每按一次该按键依次阻抗变化为 10 kΩ、100 kΩ。

K2：第一个绿灯亮表示输入为平衡输入，每按一次该按键依次转变为 a 对地和 b 对地的输入状态。

K3：第一个绿灯亮，该按键为功能转换键，每按一次该按键，依次转变为电话、广播、外接滤波器、不平衡(30 Hz～16 kHz)、宽频(30 Hz～16 kHz)等五种测量状态。

K4/K5：第一个绿灯亮表示该机正在仪表校准状态，该按键为电平转换键，每按一次 K4 按键电平向顺时针方向一次递减 10 dB，每按一次 K5 按键电平向逆时针方向一次增加 10 dB。

K6：第一个绿灯亮表示该机电表指示状态为 200 ms，每按一次该按键，依次转变为 1s 和峰值检波状态。

仪器校准在宽频状态下进行，改变 K3 键(按该键 4 次)绿灯指向宽频功能，此时表头指向 0 dB 位置，如果有偏离，调节电位器 Wl，使指针指向 0 dB 位置。

(3) 仪器测量将被测信号测量线插入输入插座 CZ1，为了被测电路阻抗匹配选择按键开关 K1 为 600 Ω，10 kΩ、100 kΩ(注意：输入信号不得超过最大允许电压)。如果被测信号叠加有直流信号时，杂音计输入端应串接带有隔直流电容器。

不加权杂音电压测量：点按 K3 键，第 4 个绿灯亮，按 K4 键逐渐提高灵敏度直到电表有明晰读数为止。

加权杂音电压测量：点按 K3 键，根据需要选定第 1 个绿灯亮，为电话加权测量。第 2 个绿灯亮，为广播加权测量。测量方法同上。

宽频测量：点按 K3 键，第 5 个绿灯亮，此时杂音计为一普通低频电平表。平衡输入范围为 15～30000Hz，电平测量范围为 100～＋20 dB。

(4) 本仪器表头指示可以是 dB(电平)也可以是 V(电压)。以 dB 为单位，0 dB 对应于 0.775 V。如果输入阻抗为 100 kΩ，该阻抗指示为红灯亮。此时，电表读数必须增加＋30 dB 或以电压数乘以 31.6 倍。

(5) 测量中时间开关按键 K6 常置于 200 ms 的位置，当输入信号为强烈波动的干扰电压时，可以转换为 1s 位置，这样可以得到较稳定的读数。

(6) 仪器如果暂不使用，请每半年通电检查一次，每次 8 小时左右。

参 考 文 献

[1] 戴绍港，居建林，许晓荣，等．通信原理实验[M]. 北京：经济科学出版社，2013.
[2] 樊昌信，曹丽娜．通信原理[M]. 7版．北京：国防工业出版社，2019.
[3] 樊昌信，宫锦文，刘忠成．通信原理及系统实验[M]. 北京：电子工业出版社，2007.
[4] 杨建华．通信原理实验指导[M]. 北京：国防工业出版社，2007
[5] PROAKIS J G, SALEHI M, BAUCH G. 现代通信系统[M]. 2版．刘树裳，译．北京：电子工业出版社，2005.
[6] TRANTER W H, SHANMUGAN K S, RAPPAPORT T S, 等通信系统仿真原理与无线应用[M]. 肖明波，等译．北京：电子工业出版社，2005.
[7] 达新宇，孟繁茂，邱伟．通信原理实验与课程设计[M]. 北京：北京邮电大学出版社，2005.
[8] 潘长勇，王劲涛，杨知行．现代通信原理实验[M]. 北京：清华大学出版社，2005.
[9] 王兴亮．数字通信原理与技术[M]. 西安：西安电子科技大学出版社，2000.